SUXING HUNNINGTU LIXUE XINGNENG
JI SHUZHI MONI

塑性混凝土力学性能及数值模拟

江志安 张宝增 唐贝 崔澈 著

中国水利水电出版社
www.waterpub.com.cn

·北京·

内 容 提 要

塑性混凝土具有低弹性模量、较高的适应变形能力和优异的防渗性能，在水利工程基础处理中被大量应用，其力学性能介于普通混凝土和土之间。当前国内外在其室内试验方法和标准、本构模型适应性等方面尚存在一定的差异。本书明晰了不同试验方法下塑性混凝土力学性能差异，揭示了其强度退化、塑性强化的微观机制，建立了国内与国外试验标准之间的联系，并明确了不同本构模型的适应性；建立了基于硬化土本构模型的塑性混凝土本构模型；最后，选取典型的实际工程进行了塑性混凝土防渗墙的数值模拟，揭示了塑性混凝土防渗墙的力学和变形行为。

本书可为塑性混凝土材料配比及结构设计提供一定的理论支持，也可供水利工程设计及科研领域的工程师和研究人员学习和参考。

图书在版编目（CIP）数据

塑性混凝土力学性能及数值模拟 / 江志安等著.
北京 : 中国水利水电出版社, 2025. 7. -- ISBN 978-7-5226-3495-1
Ⅰ. TU528.01；O242.1
中国国家版本馆CIP数据核字第2025BP5420号

书　　名	塑性混凝土力学性能及数值模拟 SUXING HUNNINGTU LIXUE XINGNENG JI SHUZHI MONI
作　　者	江志安　张宝增　唐贝　崔溦　著
出版发行	中国水利水电出版社 （北京市海淀区玉渊潭南路1号D座　100038） 网址：www.waterpub.com.cn E - mail：sales@mwr.gov.cn 电话：（010）68545888（营销中心）
经　　售	北京科水图书销售有限公司 电话：（010）68545874、63202643 全国各地新华书店和相关出版物销售网点
排　　版	中国水利水电出版社微机排版中心
印　　刷	天津嘉恒印务有限公司
规　　格	170mm×240mm　16开本　12印张　235千字
版　　次	2025年7月第1版　2025年7月第1次印刷
定　　价	72.00元

凡购买我社图书，如有缺页、倒页、脱页的，本社营销中心负责调换
版权所有·侵权必究

前言

中国水电基础局有限公司作为国内基础处理的领军企业，自20世纪80年代起，便对塑性混凝土开展了系统研究与应用。不仅在塑性混凝土防渗墙的设计、施工和检测方面积累了丰富的经验，还对塑性混凝土的物理力学性能及其演变规律进行了一定的探索。承建的西藏甲玛沟尾矿库基础塑性混凝土防渗墙，最大墙深119m，成墙面积5.5万m^2，最大墙厚1.0m，为目前世界上最深的塑性混凝土防渗墙，代表了塑性混凝土防渗墙建设的先进水平。

作为一种传统的水泥基复合材料，塑性混凝土以其低弹性模量、较高适应变形能力和优异的防渗性能在水利工程基础处理中被大量应用。相较于普通混凝土，塑性混凝土材料组分更为复杂，膨润土和黏土的加入降低了其强度，增强了塑性，使其力学性能介于普通混凝土和土之间。当前国内外在其室内试验方法和标准、本构模型适应性等方面尚存在一定的认识差异，这也在很大程度上限制了塑性混凝土的应用和发展。

本书从塑性混凝土的室内试验入手，明晰了不同试验方法下塑性混凝土力学性能差异。采用多种微观试验手段，揭示了其强度退化、塑性强化的微观机制；借助离散元细观模拟方法，提出了塑性混凝土的破坏机理，并揭示了单轴与三轴试验力学参数的关系，建立了国内与国外试验标准之间的联系。针对其应力应变特性，比较了以塑性损伤模型为代表的混凝土本构模型和以硬化土为代表的土的本构模型在描述塑性混凝土力学行为上的差异，并明确了不同本构模型的适应性。以此为基础，考虑损伤效应，建立了基于硬化土本构模型的塑性混凝土本构模型，并在有限元软件中进行了二次开发。最后，选取典型的实际工程，进行了塑性混凝土防渗墙的数值模拟，揭示了塑性混凝土防渗墙的力学和变形行为。

本书主要撰写分工如下：第 1 章由江志安撰写，第 2、6 章由张宝增撰写，第 3、4 章由唐贝撰写，第 5 章由江志安、崔漱撰写。感谢中国水电基础局有限公司各位领导和专家对本书编写的鼓励与支持！特别感谢中国电力建设集团首席专家肖恩尚先生的鼓励与帮助！感谢高德宇、赛冬拉·马学义、裴介渲等研究生的工作！

限于作者水平，不当之处在所难免，热忱欢迎各位读者、专家批评指正。

作者

2025 年 2 月

目录

前言

第1章 绪论 ··· 1
   1.1 概述 ··· 1
   1.2 塑性混凝土相关概念 ··· 2
   1.3 塑性混凝土的应用进展 ··· 8
   1.4 塑性混凝土力学性能的国内外研究 ····································· 14

第2章 塑性混凝土的力学性能及其微观机制 ································· 22
   2.1 塑性混凝土配合比设计 ·· 22
   2.2 试验设备及方法 ·· 23
   2.3 宏观力学试验结果及分析 ·· 24
   2.4 微观试验结果与讨论 ·· 38
   2.5 塑性混凝土力学性能小结 ·· 46

第3章 塑性混凝土力学性能的细观模拟 ····································· 48
   3.1 离散单元法的基本原理 ·· 48
   3.2 离散单元法接触模型 ·· 51
   3.3 参数标定试验 ·· 54
   3.4 塑性混凝土的细观破坏机理 ·· 58
   3.5 单轴力学参数-三轴力学参数关系建立 ·································· 63

第4章 常见塑性混凝土本构模型的适应性 ··································· 65
   4.1 基于混凝土本构模型描述塑性混凝土变形行为 ·························· 65
   4.2 基于土体本构模型描述塑性混凝土变形行为 ···························· 70
   4.3 用于描述塑性混凝土力学行为的本构模型参数选取 ······················ 75
   4.4 塑性混凝土本构模型适应性对比 ·· 89

第5章 考虑损伤的塑性混凝土本构模型开发 ································· 95
   5.1 考虑损伤演化的塑性混凝土本构模型 ···································· 95
   5.2 塑性混凝土本构模型实现流程 ·· 101
   5.3 基于ABAQUS平台的塑性混凝土本构模型开发 ·························· 111

  5.4 损伤方程参数确定 …………………………………………… 115
  5.5 塑性混凝土本构模型子程序验证 …………………………… 121

第 6 章 塑性混凝土防渗墙工程的数值模拟 ………………………… 126
  6.1 水利工程塑性混凝土防渗墙数值模拟 ……………………… 126
  6.2 尾矿坝塑性混凝土防渗墙数值模拟 ………………………… 141
  6.3 考虑损伤的塑性混凝土防渗墙数值模拟 …………………… 160

参考文献 ………………………………………………………………… 171

附录 ……………………………………………………………………… 178
  附录 1 UMAT 子程序接口代码 …………………………………… 178
  附录 2 塑性混凝土本构模型关键代码 ………………………… 178
  附录 3 调试方法设置 ……………………………………………… 184

第1章 绪　论

1.1　概述

塑性混凝土是一种低强度、低弹性模量、高塑性的混凝土。高塑性指的是塑性混凝土相比于普通混凝土，能够承受更大的应变。塑性混凝土通常水泥含量较低，添加有膨润土或黏土，还可能包括如 PFA（polyfluoroalkoxy，可溶性聚四氟乙烯）外加剂等其他材料。塑性混凝土具有以下特点：

（1）强度低。国内一般以立方体抗压强度作为塑性混凝土的抗压强度，建议 1~5MPa；西方国家习惯于用无侧限抗压强度作为塑性混凝土的抗压强度，国际大坝会议第 51 号公报建议小于 1.5MPa。而普通混凝土抗压强度一般大于 10MPa。

（2）弹性模量低。国内规范建议弹性模量为周围土体弹性模量的 1~5 倍，一般不大于 2000MPa；国际大坝会议 51 号公报建议："如果周围是均质土体，或者土体的杨氏模量随深度变化很小的情况下，墙体材料的弹性模量比周围土体大 4~5 倍是合适的"。而普通混凝土弹性模量一般在 10000MPa 以上。

（3）大应变。国内规范条文说明塑性混凝土极限变形可达 1%~5%，而普通混凝土极限变形为 0.08%~0.3%。

（4）防渗性能好。塑性混凝土渗透系数一般为 10^{-8}~10^{-6}cm/s。同时，塑性混凝土和易性好，不易离析，泵送难度低，能自流平，自密实[1]。

塑性混凝土由于具有上述特点，目前在防渗墙工程中得到了极其广泛的应用。

目前国内塑性混凝土主要用作临时围堰或维修加固工程的防渗墙，虽然也有将塑性混凝土防渗墙用于永久主体工程的案例（如山西册田水库），但一般情况下，主体工程仍然倾向于使用刚性混凝土防渗墙，当计算出现拉应力时，采用配筋的方式解决。主要原因就是担心塑性混凝土抗压强度太低而不能承受足够的压应力，墙体最终可能会被压裂；其次也担心塑性混凝土的抗渗性、抗冲刷性以及耐久性不能满足要求。而国外将塑性混凝土防渗墙用于永久防渗墙的案例更多一些，苏丹、文莱、毛里求斯等地均有大坝将塑性混凝土防渗墙用作坝基永久防渗墙，加拿大等美洲国家也有将塑性混凝土用于永久防渗墙的案例。

虽然塑性混凝土应用已经非常广泛，但这种材料还有待于进一步的研究与了解。首先是试验方案缺乏科学标准进行指导，DL/T 5303—2013《水工塑性混凝土试验规程》中说明，塑性混凝土的弹性模量为地基弹性模量的1～5倍，一般不大于2000MPa，但根据顾晓鲁等[2]研究成果，各类土体的弹性模量最大也只在50MPa左右，5倍的弹性模量最多也不会超过250MPa，这与规范DL/T 5303—2013中的说明相差甚远。采用不同的测试标准在试验结果上也存在差异，国内一般采用单轴无侧限抗压强度试验方法测定其主要力学指标（如弹性模量和抗压强度），但国外却倾向于采用三轴试验方法。试验方法的差异导致塑性混凝土的诸多力学指标显著不同，塑性混凝土应该采用哪种试验方法，选取哪些力学指标还有待研究。其次是适用于塑性混凝土的本构模型尚不统一，究竟应该采用土体的本构模型［如邓肯张（Duncan-Chang）模型、土体硬化模型］，还是应该采用混凝土的本构模型（如塑性损伤模型），也并未明确。

因此，为了更加深入地了解塑性混凝土的材料性能和力学特性，需要通过基本力学性能试验、材料微观试验、理论分析及数值模拟等方式对塑性混凝土的室内试验方法及力学指标差异、变形特性及其微观机制、本构模型适应性及其工程性能等问题进行深入研究，这对塑性混凝土的进一步推广使用具有重要的理论意义与实用价值。

1.2 塑性混凝土相关概念

1.2.1 塑性混凝土原材料

塑性混凝土和其他人工合成产品一样，其性能取决于组成原材料及其配合比，因此研究塑性混凝土，首先要研究这两方面[1]。与刚性混凝土不同，塑性混凝土的组成原材料除砂石骨料、水泥、水和外加剂外，还包括膨润土和黏土。

1. 水泥

水泥是影响塑性混凝土强度、弹性模量、极限应变、抗渗性和抗侵蚀性等特性的主要原材料。水泥是水硬性胶结材料，它与水作用后逐渐形成硬化的浆体，与其他材料合成后形成凝固的结晶体，最终形成混凝土中的凝胶体。为了解水泥特性，对运往工地的水泥，应测定其安定性、标准稠度、凝结时间、28d

抗压强度和比重。塑性混凝土应优先选用矿渣大坝水泥和矿渣水泥。水泥强度等级的选用应根据工程性质确定，承受高水头的永久性工程应选用强度等级高的水泥，反之，承受较低水头的临时性工程可选用偏低强度等级的水泥。

工程中最常用的水泥之一是普通硅酸盐水泥。当普通硅酸盐水泥遇水发生水化反应时，会产生大量的 Ca^{2+}。当把水泥掺入膨润土泥浆时，泥浆中的膨润土颗粒被吸附到水泥颗粒周围，并且水泥水化产生的 Ca^{2+} 会和钠基膨润土中的 Na^+ 迅速发生离子交换，使钠基膨润土变为钙基膨润土，而钙基膨润土的膨胀性、保水性以及流变性能均比钠基膨润土差，泥浆变得黏稠，难以搅拌均匀，由此还导致硬化后的泥浆强度、防渗性能变差。

2. 黏土和膨润土

黏土和膨润土是塑性混凝土中必不可少的材料，是决定其强度、弹性模量、变形以及渗透性能的重要因素，对降低其弹性模量具有关键作用。为此，要求黏土和膨润土必须含有足够黏粒（粒径小于0.005mm）和胶粒含量（粒径小于0.002mm），一般来说，含黏量应大于50%。黏土是岩浆岩和变质岩中硅酸盐矿物风化后形成的。黏土中的主要成分是黏土矿物，常见的有高岭土、蒙脱石、伊利石、海泡石等。黏土通常是以一种矿物为主的多种矿物混合体。以高岭石为主的称为高岭土，通常所说的黏土一般就是指它，而以蒙脱石为主的就专称膨润土。

膨润土又称斑脱岩、膨土岩等，是以蒙脱石为主要成分的黏土岩——蒙脱石黏土岩。膨润土最早被发现在美国的怀俄明州的古地层中，呈黄绿色，加水后能膨胀成糊状，后来人们就把凡是有这种性质的黏土统称为膨润土。膨润土的主要矿物是蒙脱石，也称微晶高岭石或胶岭石，是含少量碱及碱土金属的含水铝硅酸盐矿物。

天然膨润土按其蒙脱石中可交换性阳离子的种类和数量分类，可以分为钙基膨润土、钠基膨润土等。我国是以其主要可交换阳离子的类型来划分。如：钙基膨润土是指可交换阳离子以 Ca^{2+} 为主的膨润土；钠基膨润土是指可交换阳离子以 Na^+ 为主的膨润土。目前，我国也以碱性系数 K 来划分钙基膨润土和钠基膨润土，当 $K \geqslant 1$ 时，为钠基膨润土；当 $K < 1$ 时，为钙基膨润土。

膨润土的膨胀能力特别强，其原因是膨润土具有物理化学性强，结合水能力强等特性，通常在与水接触24h后开始水化，膨胀4～5倍，48h完成水化，变成原来颗粒体积的10～15倍甚至30倍的凝胶体。这种凝胶体像一堵防水墙，能阻止其他水分渗入，其渗透系数可有效降低。在垃圾填埋场中，使用膨润土做防渗衬里，可以节约大量的压实黏土。目前欧美大多数国家的规范都要求使用膨润土材料作为防渗衬里的一部分。在一些人工湖、渠道的底部和侧边，当需要减小渗透时，膨润土被制成土工织物膨润土垫（geosynthetic clay liner，

GCL），对渗透进行有效治理。膨润土本身就是一种渗透性能很小的材料，而且有着优越的膨胀性、分散性以及流变性能，因此在与其他材料配合（混合）作为防渗墙材料时，可以使防渗墙的渗透系数更小，与周围土体变形更为协调。目前，无论是水利水电工程中大坝、围堰、水库和渠道等的垂直防渗墙，还是环境保护工程中的垃圾填埋场、化工厂和有害工业废弃物（液）堆场等的垂直防渗墙，膨润土都是不可或缺的原材料之一。

3. 砂石骨料

砂的加入量对混凝土影响较大，因为它与混凝土中的水泥用量密切相关，其用量将直接影响混凝土的和易性，这对用导管法浇注混凝土至关重要。砂宜选用新鲜的石英含量高的河砂，其级配曲线应当平滑并且连续，细度模数为 2.4~2.8。适宜的砂率为 35%~45%。石子用天然卵石和人工碎石均可。为提高混凝土的流动性，宜用天然卵石。若需增加砂浆与骨料之间的胶结力，在条件许可时，也可掺入 20%~25%的碎石。石子的粒径尺寸由大到小应连续，并组成平滑的凸形的颗粒分析曲线，最大粒径尺寸不超过 40mm。小石与中石的比例（质量）以 4:6 为宜，否则容易堵管（如为 3:7 时，就易堵管），有条件时最大粒径以 20mm 为好。砂石中杂质应符合一般混凝土的要求。

4. 水

对塑性混凝土来说，水格外重要，它除了满足水泥水化的需求外，还为混凝土的流动性提供必要条件，当膨润土和黏土采用湿掺法时，必须保证足够的需水量。所用水应不含油污、糖类及铅锌盐类。为保证水的质量应进行化验。尤其当膨润土和黏土采用湿掺法时，当水中的 Ca^{2+} 浓度达到 $100\mu g/L$ 以上时，膨润土的湿胀性就会极度下降；达到接近于海水的浓度（$3400\mu g/L$）时，就会产生凝集。因此在配制泥浆时最好使用 Ca^{2+} 浓度不超过 $100g/L$、Na^+ 浓度不超过 $500\mu g/L$ 和 pH 值为 7 的水。

5. 外加剂

外加剂作用很重要，常见的外加剂可使塑性混凝土的强度提高 30%~60%，密实度加大。混凝土防渗墙的外加剂多选用减水剂，有时用缓凝型或引气型减水剂，有时还同时加入引气剂。所用的减水剂具有强烈的分散作用，它有效地降低了混合料的用水量，进而改变水泥的水化进程，促进水化矿物晶体的成长，优化水泥石孔隙结构，提高密实度。常用的分散剂为纯碱，掺量一般为黏土质量的 0.5%~1.0%，其作用是增大黏土的分散度，以制备所需密度的泥浆（用湿掺法拌和工艺）。另外使用的一种添加剂为 Na_2SO_4 早强剂，掺量为水泥质量的 1%~2%，它能提高早期强度 50%~100%。Na_2SO_4 对水泥的促硬和早强作用是因为它能与水泥熟料矿物水解析出 $Ca(OH)_2$ 发生转换反应，生成 NaOH 和 $CaSO_4$，NaOH 是一种活化剂，它能加速 $Ca_4Al_6SO_{16}$ 的形成、增加水泥石中

$Ca_4Al_6SO_{16}$ 的数量、提高水泥水化液相中的固相比例，导致水泥凝固的加快和早期强度的提高。水化 $Ca_4Al_6SO_{16}$ 产生体积膨胀，使水泥硬化后紧密度高、收缩小、不透水性强，抗硫酸盐腐蚀的能力也强。

1.2.2 塑性混凝土配合比设计原则

塑性混凝土配合比设计与普通混凝土相比有很大不同。普通混凝土配合比设计准则[1-2]基于充填原理，即水与胶凝材料组成水泥浆，水泥浆填充砂的空隙组成砂浆，砂浆填充石子的空隙组成混凝土，设计原则基于假定容重法或假定体积法。塑性混凝土配合比设计则是寻找各种材料组分最经济的组合，使塑性混凝土的各种性能满足设计要求。塑性混凝土配合比设计常采用假定容重法。比起刚性混凝土，塑性混凝土的配合比设计要复杂得多，这主要是因为：一方面，塑性混凝土随着其组成原材料的不同特性差别很大；另一方面，因组成塑性混凝土的原材料品种较多，要设计出符合要求的塑性混凝土，工作量大且又复杂。因此，要设计出一个既经济又性能良好的配合比是一项颇具难度的工作。为使配合比设计工作做得更好、取得更高的效率，建议遵循下述原则：

（1）与刚性混凝土防渗墙相比，塑性混凝土防渗墙有较高的安全度。为了获得更高的安全度，所选的配合比应使混凝土具有较小的模强比（即单轴压缩试验测得的28d弹性模量和28d抗压强度之比）。最好的情况下，所设计的配合比应使混凝土的模强比小于100；一般情况下，配合比使混凝土的模强比介于100～300之间；如果模强比超过500，就不太合宜了。

（2）设计塑性混凝土的配合比时，同时还应考虑与防渗墙相邻的土体性质的影响。一般认为，墙体的弹性模量为其相邻土体弹性模量的4～5倍为宜，最大不宜超过10倍。同时，还应使塑性混凝土的非线性指数（即初始模量与应变量为0.5%的割线模量之比）与围土的非线性指数相接近。计算表明，两者越接近，防渗墙的应力便越小。

（3）塑性混凝土防渗墙最大的优越性是它的经济性，特别是节省水泥。一般情况下，每立方米混凝土中水泥用量以100～150kg为宜，最多不宜超过200kg，对承受水力比降不高的，尤其是临时性的防渗墙，其水泥用量可降至40～100kg。

（4）为减少配合比设计的工作量，可尽量减少组成塑性混凝土的原材料的种类，例如使其只含水泥、砂石骨料、水和膨润土。三峡二期围堰采用的塑性混凝土仅由水泥、黏土、风化砂和水配合而成。

（5）为提高塑性混凝土的和易性，一般的塑性混凝土的用水量要大，尤其是当膨润土和黏土采用湿掺法时，其水灰比多大于2，一般为3～6，有时可达到

4~10。这可使其坍落度达到 20~25cm，扩散度达到 40~45cm。

（6）根据研究，塑性混凝土的破坏属于塑性剪切破坏，应以摩尔-库仑强度准则来判断其安全性。根据相关研究，塑性混凝土的抗剪强度指标与其中的骨料（砂、石合计）含量有关。为了得到较高的抗剪强度指标，以使其墙体的应力水平较低，就应使塑性混凝土中保有一定的骨料含量。

1.2.3 塑性混凝土的特性

国内外专家学者、工程技术人员通过大量的科学实验与研究发现，塑性混凝土具有许多优良的特性，归纳起来主要有以下几个方面[1,3]：

（1）塑性混凝土具有较低的弹性模量和较低的模强比，且可人为控制。塑性混凝土的弹性模量被定义为在 2000MPa 以下，仅为刚性混凝土的弹性模量的 1/10 左右。塑性混凝土可以通过调整配合比，人为地在较大范围内改变它的大小，模强比（即初始弹性模量与单轴抗压强度的比值，是混凝土的意向结构特性参数，模强比越小越好）一般变化范围在几十至几百，而刚性混凝土的弹强比为 1000~3000。人为改变弹性模量能够设计出弹性模量与防渗墙周围土层变形模量极为接近的塑性混凝土。

（2）塑性混凝土的初始模量不随围压的加大而增加。经过不同试样、不同围压、不同龄期的试验，发现塑性混凝土具有初始模量不随围压增加而增大，强度随着围压增加而增大的特性。这与一般土料的初始弹性模量随周围压力增加而明显加大的性质完全不同。这一特性为塑性混凝土在土石坝，尤其是中高土石坝中的应用合理性提供了新的重要依据。当防渗墙周围的土体由于坝身填土的加高四围压力的加大初始模量增加时，塑性混凝土的初始模量却并不增大，这必将使作用在防渗墙上的荷载向周围土体转移，从而有助于消除在刚性墙中由于墙体变形与土体变形不同而产生的高应力状态，且塑性混凝土的极限应变由于与四围压力的作用而显著提高，这些将大大改善墙体的工作条件，增加安全性。

（3）塑性混凝土具有较大的极限应变。塑性混凝土的极限应变值比刚性混凝土大得多。一般刚性混凝土的受压极限应变值为 0.08%~0.3%，而塑性混凝土在无侧限条件下，受压极限应变大都超过 1%，尤其在侧限条件下，极限应变超过了 12%，比刚性混凝土大数倍至十倍。极限应变大，说明材料适应变形的能力大。因此，塑性混凝土防渗墙能够承受比刚性混凝土大得多的变形。而且塑性混凝土的极限应变随着加荷速度减慢而逐渐增大，这对水利水电工程也是很有意义的，因为在一般情况下，土石坝的防渗墙受荷速度都是比较慢的。

（4）塑性混凝土具有与土料相似的应力-应变关系和破坏形式。通过塑性混凝土三轴实验曲线发现,塑性混凝土明显存在一个类似比例极限的折点,其数值相当于无侧限条件下试件脆性破坏的峰值强度,其峰值应变一般在 0.4% ~ 0.7%范围内变化。在该折点以下,材料的应力-应变曲线类似于直线,其斜率为初始模量。随着四围压力增大,应力-应变曲线逐渐变为加工硬化曲线,体变由剪胀变为剪缩,表现出明显的非线性性质,并接近于土的性质。因此采用摩尔库仑强度理论的强度指标内摩擦角和黏聚力来描述塑性混凝土的强度特性是合适的。

(5) 塑性混凝土的强度在三向受力条件下具有很大提高,且强度增长系数大。在三向受力条件下,塑性混凝土的强度几乎与围压成比例地增大,这就意味着随着围压的增加,塑性混凝土的强度在增大,从而提高了防渗墙的安全度。塑性混凝土的强度(随龄期)增长系数显著高于刚性混凝土。根据国外资料和当前研究数据,塑性混凝土 90d 的强度增长系数为 1.8~2.5,而刚性混凝土为 1.09~1.16。塑性混凝土 1a 龄期强度增长系数为 2.1~3.8,3a 龄期强度增长系数为 6。工程中一般采用 28d 龄期的强度作为设计强度,这就说明塑性混凝土实际运行中有较大安全储备。

(6) 塑性混凝土具有良好的抗渗性。由于塑性混凝土掺有较多的透水性小的黏土和膨润土,尤其是后者,对提高塑性混凝土的抗渗性起着极其重要的作用,使其渗透系数接近甚至小于刚性混凝土的渗透系数,一般为 $10^{-9} \sim 10^{-6} \mathrm{cm/s}$。而且塑性混凝土的渗透系数随着龄期延长而变小,法国几座塑性混凝土防渗墙的原型观测资料证明了这一点。其中一座塑性防渗墙经过 2 年多运行,渗透系数降低了近 20 倍。

(7) 塑性混凝土具有良好的抗震性。山西册田水库南副坝塑性混凝土防渗墙与刚性混凝土防渗墙在地震荷载作用下的动力对比计算分析结果为:在地震烈度为 7 度时,刚性防渗墙的拉应力增加了 17%,最大压应力增加了 12%,而塑性混凝土压应力仅增加 0.5%,不产生拉应力。这表明塑性混凝土防渗墙的抗震性能大大优于刚性墙,显示出塑性混凝土防渗墙在地震区土石坝中更具有其独特的优越性。

(8) 塑性混凝土具有良好的耐久性。国内外一些室内试验研究证实塑性混凝土具有良好的耐久性。按照塑性混凝土防渗墙抗侵蚀机理计算的山西册田水库南副坝塑性混凝土防渗墙的寿命为 330 年。1968 年建成的英国巴尔德赫堆石坝塑性墙、墙体承受水力比降为 92 的智利柯巴姆大坝塑性墙、墙体深度达 70m 的尼日利亚吉巴塑性墙,它们的水泥用量均低于 $100 \mathrm{kg/m^3}$,至今都在正常运行,足以证明塑性混凝土具有良好的耐久性。同时,塑性混凝土防渗墙具有随运行时间增长安全性增大的优点。塑性混凝土随龄期的增加,其强度有较大程度的提高,渗透性有较大程度的降低,使其后期的安全性提高。

1.3 塑性混凝土的应用进展

1.3.1 国外塑性混凝土发展和应用

塑性混凝土区别于普通混凝土的主要原因在于掺合了黏土、膨润土、粉煤灰以及其他外加剂,以达到增强在抵抗外力时表现出塑性行为的目的。因其良好的抗渗性能和变形性能,国内外将塑性混凝土材料主要应用于筑坝、大坝除险加固、围堰以及坝体的防渗墙工程中[4]。

塑性混凝土作为一种特殊的混凝土材料,最早起源于法国,在1957年首次应用于意大利的阿亚(Aja)河水电站工程围堰的防渗墙中。由于塑性混凝土相较刚性混凝土具有较低的弹性模量、较小的模强比以及较大的极限应变,因而在防渗墙工程中得到了广泛应用。在20世纪60年代,欧洲相继修建了大量塑性混凝土防渗墙工程(表1.1),如鲍尔德黑德坝(英国)、孔本托·别霍坝(智利)、韦尔内依坝(法国)、布龙巴赫坝(德国)、小罗特坝(德国)等,这些工程中塑性混凝土防渗墙最大墙深为20.0~122.5m,墙厚为0.6~1.2m[5]。其中,英国鲍尔德黑德坝(坝高48m,防渗墙最大墙深46.4m,墙厚0.6m)采用塑性混凝土防渗墙治理了心墙渗漏问题,在防渗效果上取得了较好效果,该工程的顺利运行促进了塑性混凝土在大坝防渗墙工程中的应用。在亚洲,日本的只见坝防渗墙工程也受塑性混凝土材料特性影响,其在应用塑性混凝土防渗墙工程时也取得了优良的防渗成效,该工程中塑性混凝土防渗墙与周围土体及岩层的变形协调性达到毫米级的控制效果[6]。

表1.1　国外部分已建塑性混凝土防渗墙工程特性表

工程名称	所在国家	建成年份	坝型	坝高/m	最大墙深/m	墙厚/m	成墙面积/m²
鲍尔德黑德坝	英国	1965	心墙土石坝	48	46.4	0.6	8240
孔本托·别霍坝	智利	1977	心墙土坝	40	55	0.8	16412
韦尔内依坝	法国	1982	土石坝	42	50	1.2	13000
科尔文坝	智利	1982	心墙土石坝	116	68	1.2	12800
杰巴坝	尼日利亚	1982	心墙土坝	40	70	0.8	36400
亚西雷塔坝	阿根廷	1983	心墙堆石坝	38	25	0.6	900000
柯巴姆	智利	1984	心墙土石坝	116	68	1.2	12800
布龙巴赫坝	德国	1985	土坝	40	40	0.6	12500
小罗特坝	德国	1985	心墙堆石坝	20	40	0.6	8500

续表

工程名称	所在国家	建成年份	坝型	坝高/m	最大墙深/m	墙厚/m	成墙面积/m²
纳沃霍	美国	1987	土坝	110	110	1	1100
只见坝	日本	1988	心墙堆石坝	20.5	21	0.8	3700
伊弗热唐	塞浦路斯	1988	土坝	70	40	0.8	2100
穆德山	美国	1990	土石坝	128	122.5	0.85	1100
阿格利	法国	1994	心墙堆石坝	57	66	1	10383
东部水库工程东坝	美国	1999	心墙堆石坝	56	34	0.9	23225
东部水库工程西坝	美国	1999	心墙堆石坝	87	40	0.9	14864
卡尔黑	伊朗	2000	心墙堆石坝	127	80	1	190000

通过对表 1.1 中的数据分析可知，国外水利工程中塑性混凝土防渗墙的主要特征如下：

（1）应用范围与功能定位。塑性混凝土防渗墙在国外水利工程中的应用呈现多样化，但核心功能是提供高效的坝基防渗解决方案。这些防渗墙广泛应用于心墙土石坝的建设中，作为长期稳固防渗措施的核心组成部分，而非仅限于临时性施工辅助措施。这表明，塑性混凝土因其独特的性能已被视为保障大型水利工程长期安全运行的关键技术之一。

（2）深度与规模。国外实施的塑性混凝土防渗墙普遍达到 40m 以上的墙深。这样的深度不仅考验着施工技术和设备的极限，也验证了塑性混凝土材料在深层地层中仍能保持良好防渗效果的能力。这种深部施工能力对于在复杂地质条件下确保大坝安全具有重大意义，尤其是在面对高水压和复杂水文地质条件时。

（3）结构设计与材料特性。在结构设计方面，塑性混凝土防渗墙的厚度多集中在 0.6~0.8m，该设计既满足了防渗需求，又考虑到了经济性和施工便利性。值得注意的是，墙体的变形模量普遍较低，这一特性使得其在承受地基变形时具有较好的适应性，减少了因应力集中引起的潜在破坏风险。此外，水力比降值的广泛分布说明了塑性混凝土防渗墙在不同水文条件下的适用性和灵活性。

（4）防渗性能与耐久性。防渗墙的渗透系数均严格控制在设计标准之内，确保了极低的渗透率，有效阻隔地下水流动，防止渗漏造成的结构安全隐患。同时，尽管塑性混凝土中水泥用量相对较小，但并不影响防渗屏障的持久性和稳定性，这一点在多个工程实例中得到了验证。这种材料经济性与性能优势的平衡，是其在国外水利工程中得到广泛应用的重要原因之一。

（5）技术创新与施工工艺。在施工工艺与技术革新方面，国外水利工程中采用了先进的施工技术和检测手段,如高密度电法无损检测,确保了防渗墙的完整性和连续性。这些技术的应用不仅提升了工程质量,还加快了施工进度,降低了施工风险,展现了现代水利工程追求高效与安全并重的发展路径。

综上所述,国外水利工程中塑性混凝土防渗墙的应用实践揭示了其在深度防渗、结构设计优化、材料性能调控以及施工技术创新等方面的显著成就。这些特点和经验为全球范围内同类工程提供了宝贵的参考,同时也为未来水利工程的可持续发展和技术创新指明了方向。

1.3.2 国内塑性混凝土发展和应用

我国对塑性混凝土的研究起步相比国外发达地区较晚,但发展较为迅速,自20世纪80年代以来,我国对于塑性混凝土的研究与应用逐步展开,并取得了一系列成果。特别是在防渗墙施工技术方面,由于塑性混凝土良好的可灌性和凝结后形成的致密不透水结构,使其成为土建及水利领域的重要材料之一。清华大学、郑州大学、长江科学院、中国水利水电基础工程局以及水利部下属的设计院等在塑性混凝土结构设计理论与结构静、动力响应方面研究取得了大量成果,对塑性混凝土在我国后续发展中起到了开拓研究领域的作用[6]。国内首次使用塑性混凝土材料的防渗墙,是位于新疆的乌拉泊水库除险加固工程,该工程中塑性混凝土防渗墙最大墙深50m,墙厚为0.8m。此后,塑性混凝土材料在我国围堰工程中逐渐被使用,并取得了良好的防渗效益,见表1.2。如福建水口水电站、北京十三陵抽水蓄能电站、小浪底以及三峡二期围堰等围堰工程,塑性混凝土材料在这些工程中应用的防渗成效,为我国塑性混凝土防渗墙工程的建设发展和广泛应用奠定了扎实的基础[7]。

表1.2 国内部分已建塑性混凝土防渗墙工程特性表

工 程 名 称	所在地	建成年份	最大墙深/m	墙厚/m	成墙面积/m²
十三陵抽水蓄能电站	北京	1990	31.6	0.8	5000
水口水电站主围堰	福建	1990	46.7	0.8	17800
册田水库南副坝	山西	1991	32.5	0.8	1157
小浪底上游围堰	河南	1994	73.4	0.8	13832
横山水库	江苏	2002	19.3	0.3	15200
岳城水库	河北	2000	56	0.8	49000
长江干堤	湖北	1999	20	0.3	27215
黄河水库	吉林	1973	19.7	0.3	6738
滨田水库	江西	1958	29	0.35	53000
希尼尔水库	新疆	2003	13	0.3	18800

续表

工程名称	所在地	建成年份	最大墙深/m	墙厚/m	成墙面积/m²
槐扒水库	河南	1999	28.5	0.6	5500
龙泉湖水库	黑龙江	2004	50.3	0.4	4036
紫坪铺上游围堰	四川	2002	34.5	0.8	2723
门楼水库大坝	山东	1997	32.9	0.8	21797
珊溪水库围堰	浙江	1998	28.1	0.8	4848
蘑菇湖大坝加固	新疆	2002	24.5	0.3	26000
向家坝围堰	四川	2005	81.8	0.8	51788
长江同马大堤	安徽	1995	25	0.3	51500
象山水库	黑龙江	2004	40	0.35	12330.65
汉江遥堤	湖北	2002	20	0.3	97565
昌马水库	甘肃	2001	33	0.8	5500
牟山水库	山东	2005	27	0.6	98651
下坂地水利枢纽	新疆	2010	85	1	23928
兴隆水利枢纽	湖北	2010	70	0.6	98100
引黄灌溉龙湖调蓄工程	河南	2011	40	0.4	780000
长河坝上游围堰防渗墙工程	四川	2011	82.3	1	7804
长河坝下游围堰防渗墙工程	四川	2011	78	1	10049
南水北调济南东湖水库	山东	2012	21.8	0.3	96000
米兰河山口	新疆	2013	48	0.6	4425
荆江大堤	湖北	2015	85	0.6	150000
霞浦核电海工工程	福建	2018	45	0.8	14000
阳泉水库除险加固工程	湖南	2020	48.9	0.6	26064
黄材水库除险加固工程	湖南	2020	60.7	0.8	22156
屯六水库	广西	2021	34	0.6	2808
寒葱沟水库除险加固工程	黑龙江	2022	37.6	0.8	14200
巴家咀水库	甘肃	2023	70	1	33817
大南沟水库	内蒙古	2023	42	0.6	14616
洞庭湖区堤防加固工程	湖南	2023	60	0.55	800000
白莲河水库主坝防渗墙工程	湖北	2023	66.7	0.8	11147
小河西水库	内蒙古	2024	26.7	0.4	32200

对比国外塑性混凝土应用工程，我国水利工程领域中已建塑性混凝土防渗墙的特色与应用模式，展现出了鲜明的本土化特点与发展趋势，具体体现在以

下几个方面：

（1）在国内水利工程建设中，塑性混凝土防渗墙技术更多地被应用于病险水库的除险加固工程，扮演着提升既有水利设施安全性能的关键角色。此外，它也在一些临时性工程项目中发挥了重要作用，这反映出国内在老旧水利设施维护和特定防渗需求快速响应方面的策略选择。

（2）国内防渗墙设计倾向于采用较厚的墙体，其中 0.8m 成为常见的标准厚度，这不仅增强了结构的整体稳定性和耐久性，也适应了国内复杂多变的工程环境和特定的施工条件，体现出在设计上的实用主义取向。

（3）国内塑性混凝土防渗墙在抗渗性能上表现出色，其渗透系数低于国际同类工程，表明在材料配方与施工工艺上实现了创新与优化，有效提高了水密性，为水利工程的长期安全运行提供了更为坚实的保障。此外，模量强度虽相对较低，却意味着材料在保持良好力学性能的同时，具备更好的变形适应能力，增强了结构的整体韧性。

（4）在材料使用上，国内工程倾向于加大每立方米塑性混凝土中的水泥用量，这一做法虽然可能增加了部分成本，但也显示出对工程质量与耐久性的高度重视。相较于国外工程，这种材料配比的选择，反映了国内在追求工程实效与长期效益平衡上的考量，以及对特定施工环境和质量标准的适应策略。

综上所述，国内水利工程中塑性混凝土防渗墙的应用，不仅在工程定位上侧重于病险治理与临时需求的快速响应，而且在结构规格、防渗性能、材料优化及成本控制等方面展现出了一套符合国情特色的解决方案。这些特点不仅体现了国内水利工程技术的持续进步与创新，也为全球水利建设领域提供了宝贵的经验与启示。

为了促进社会经济的发展和满足人们的生产生活需求，我国的水利工程建设数量正在不断增加，塑性混凝土防渗墙在水利工程中的应用越来越广，发挥的作用也越来越重要。塑性混凝土防渗墙技术为水利工程因地制宜，利用技术手段最大限度地节约资源与减少对环境负面影响的绿色生态环保设计打开了新思路。

除了水利工程，塑性混凝土防渗墙在生态防护工程中应用也十分普遍。安徽省合肥市龙泉山生活垃圾填埋场生态修复工程中，采用塑性混凝土防渗墙和双排孔灌浆帷幕结合的方式，构建了垃圾填埋场周边垂直防渗体系，并取得了良好防渗效果。山西省晋祠泉域汾河为了有效增加水域补给量，促进复流，改善河道生态环境，通过在生态补水工程中布设塑性混凝土防渗墙，提高了蓄水区周边地基防渗能力和承载能力，保障了蓄水区水量稳定。为了防控场地污染扩散，保障周边居民身体健康以及章江下游水质安全，位于章江上游河畔的冶炼厂通过采用塑性混凝土防渗墙和帷幕灌浆的垂直防渗体系施工方案，将污染源封闭，以阻止污染物进入周围土壤和水体，并防止地下水和地表水进入场地内，从而达到控制污染物扩散的效果。有研究采用"钝化＋塑性混凝土防渗墙隔离＋生态封闭"联合技术对污染场地进行修复治理，结果表明，该受污染场地重金属浓度明显低于目标值，且场地达到其使用标准，成本合理，修复后该区域可建设为生态公园。塑性混凝土防渗墙设计、施工等方面的研究具有创新性且应用前景广泛，对经济、社会、生态的效益显著。

在尾矿坝工程中，面对日益严格的环境保护要求和复杂的地质条件，塑性混凝土防渗墙技术已成为不可或缺的解决方案之一。由于尾矿通常含有大量有害化学物质和重金属，传统的防渗措施往往难以满足长期的环保标准和安全需求。塑性混凝土凭借其独特的可塑性和较优的防渗性能，被广泛应用于尾矿坝的建设与加固中，以构建坚固且耐久的防渗屏障。塑性混凝土防渗墙能有效阻止尾矿废水向周围土壤和地下水源渗透，大幅降低环境污染的风险，确保周边生态环境和居民饮水安全。此外，随着施工技术和材料科学的进步，塑性混凝土的配方可根据不同尾矿特性和现场条件进行定制调整，进一步提升了其在复杂工程环境下的应用灵活性和有效性，从而在确保尾矿坝稳定性和生态安全的同时，也促进了资源的可持续利用和环境保护的和谐共生。国内外应用塑性混凝土防渗墙技术的尾矿坝工程众多，其中包括但不限于非洲某浮选铜选矿厂尾矿库和我国的三山岛金矿、内蒙古铅锌选矿尾矿库、西藏甲玛沟、云南铜业乌龙河尾矿库以及内蒙古黄岗矿Ⅲ矿区尾矿库等。这些工程实践突出表明，塑性混凝土防渗墙在处理含有环境敏感及有害物质的尾矿、实施有效环境保护措施、遏制地下水污染方面，发挥了不可替代的作用，体现了其作为先进防渗措施的科学性和实用性。

在核工程领域，塑性混凝土凭借卓越的抗渗、耐久和黏聚性被应用于核辐射防护、防渗隔离墙构建以及核废料存储区，有效构筑安全屏障，防止放射性物质泄漏，保障环境安全与设施稳定性。有研究为配置防核辐射高性能混凝土材料，在塑性混凝土中加入钢珠、硼玻璃砂以及"中子吸收剂"等，结果表明防辐射混凝土表观密度和密实性均有所提高，同时为改善混凝土与钢珠、碎石等粗集料的黏聚效果，建议使用坍落度为70mm左右的塑性混凝土。在核反应堆厂房、辅助设施建筑以及隔离防护设施等方面，塑性混凝土的应用不仅提供了结构的稳定性和承重能力，还为人员和设备的安全提供了可靠的保障。

综上所述，塑性混凝土作为一种高性能多用途建筑材料，不仅在水利工程、尾矿坝建设、生态维护及核安全防护等领域发挥了关键作用，提升了工程项目的整体效能与安全性，而且对促进环境保护、维持生态平衡及确保人类社会的可持续发展作出了实质性贡献，进一步验证了塑性混凝土材料在现代工程建设中不可或缺的价值与地位。

1.4 塑性混凝土力学性能的国内外研究

1.4.1 塑性混凝土性能研究

国内外学者针对塑性混凝土力学特征与变形性能进行了大量深入研究,对三轴试验中塑性混凝土破坏形态、围压影响、龄期等问题进行了对比分析,提出了塑性混凝土弹性模量、抗压强度和变形行为的计算评价方法[8-11]。Mahboubi et al.[12]通过对塑性混凝土的养护龄期、膨润土掺入量、水泥含量以及多轴状态下围压对其抗剪强度和渗透效果的影响进行了深入研究,结果表明:围压、膨润土的掺入量与塑性混凝土的塑性行为相关联,在多轴受力下,围压的增加可抑制塑性混凝土平行于垂向荷载的裂纹扩展,从而增强其弹性模量、抗压强度以及极限应变,而抗压强度和弹性模量随膨润土掺入量的增加以及水泥含量的减少而降低。Hinchberger et al.[13]针对塑性混凝土力学特性与渗透性能进行了研究,发现塑性混凝土强度与弹性模量随龄期增加而增加。一般来说,随着龄期的增加,塑性混凝土抗压强度也会呈现增大的趋势,另外塑性混凝土在低围压状态下应力-应变曲线中应力峰值后呈现应变软化性,且随着围压的增加,其本构关系中应变软化现象逐渐减弱,即塑性混凝土的破坏强度增加[14]。文献[15]和[16]也得到了类似的结果,塑性混凝土在低围压下与普通混凝土力学性能相似,其受力时力学演变行为主要由内部颗粒间的黏聚力控制,呈现脆性破坏,而高围压下的力学行为主要由内摩擦角分担,其破坏模式逐渐向土体靠拢呈现延性破坏。部分学者的研究也得到了与之相符的理论[17-20]。在无侧限抗压强度试验中,塑性混凝土受压产生的横向拉应力高于其材料本身较低的抗拉强度而逐渐发生破坏,材料在受压时纵向裂隙发展贯穿呈现出脆性性质,因此,在多轴受力状态下,材料受侧限压力的作用,其受压时产生的侧向应变随围压增大而减小,一定程度上抑制了裂纹的发展,相较于单轴受力状态,塑性混凝土在多轴状态下抗压强度表现更强。

塑性混凝土养护环境对其强度也有影响,李家正等[21]在气雾养护(38℃)条件下得到,不同龄期的塑性混凝土抗压强度和弹性模量,均高于水下养护(20℃)环境与标准养护(20℃)环境。除龄期、膨润土掺入量、围压等对塑性混凝土强度有影响以外,不同的水灰比与水胶比也会造成塑性混凝土抗压强度产生较大差异,抗压强度随水泥强度与含量增加而增加,合理改善外加剂如粉煤灰、硅灰的颗粒大小以及引水剂的含量,同样可增加塑性混凝土抗压强度,实现低弹性模量、大变形的同时具有较高抗压强度的控制效果[22-23]。

塑性混凝土防渗墙在深地环境中受到周围土体多方向力的不均匀作用,因此，其抗剪切强度不达标则容易发生剪切破坏，进一步导致开裂影响稳定性及抗渗性。张鹏等[24]参照土工直接剪切试验方法，研究了材料组分在不同配比下对塑性混凝土抗剪强度的影响规律，发现抗剪强度随水胶比的减小而增强，合理控制粉煤灰掺量的同时减小膨润土与黏土的含量，也可增强塑性混凝土的抗剪强度。

塑性混凝土抗弯强度与极限挠度是反映其力学特性的重要指标。高丹盈针对塑性混凝土强度和韧性建立了抗弯强度与挠度曲线计算模型，研究了纤维、粉煤灰、硅灰的掺量对塑性混凝土抗弯强度的影响，结果表明，纤维掺量 $0.9 kg/m^3$ 时，峰值割线模量降低幅度最大，而粉煤灰和硅灰掺量的增大，同样对峰值割线模量产生减弱作用[25]。此外，基于合适的特征参数数据库，使用随机森林（random forest, RF）模型和极限梯度提升（extreme gradient boosting, XGB）模型进行塑性混凝土弯曲强度预测，并基于 SHA（successive halving algorithm）模型分析了各输入参数对弯曲强度的影响，结果表明，特征参数中对混凝土抗折强度影响最显著的是水胶比，水胶比与抗弯强度负相关；养护龄期对弯曲强度的影响仅次于水胶比，且呈正趋势；当粉煤灰用量大于40%、矿渣或硅灰用量大于30%时，掺入胶凝材料会降低抗弯强度[26]。

塑性混凝土因其抗渗性的特性，在大量防渗工程中充分发挥挡水性能，因此，研究评价塑性混凝土渗透性具有重要意义。Rumer et al.[27] 开展了塑性混凝土抗渗性能研究试验，结果发现塑性混凝土防渗墙与掺加膨润土的土料防渗墙渗透系数相似。Bagheri et al.[28] 也进行了类似的试验，研究发现增加硅灰掺量的同时降低水泥的含量，塑性混凝土渗透系数降低为初始的1/80，另外合理改善水胶比可保持弹性模量不变，同时渗透系数降低为原来的1/10。有学者通过格子玻尔兹曼方法模拟水力传导率和速度场，分析硅灰改性塑性混凝土的孔隙分布、孔喉尺寸、孔隙形状、孔隙体积和配位数，结果表明，塑性混凝土防渗墙中的孔喉大部分为微孔和微流道，连通孔隙率约为25.89%，防渗墙采用硅灰改性塑性混凝土，能够以较低的成本实现水利施工应用中的良好抗渗要求[29]。文献[30]研究水胶比和钡离子存在条件对塑性混凝土渗透性的影响，结果发现，水胶比的降低和膨润土含量的增加都会导致渗透率降低，且龄期的增长也会降低渗透率，钡离子抑制水化产物的形成以及集料与胶凝材料之间的黏结，导致密实度下降，孔隙率增加，对渗透性产生不利影响。Trivedi et al.[31] 研究了英国坎布里亚郡德里格低渗透废物处置场塑性混凝土防渗墙渗透性能，研究表明实验室可达到的渗透系数为 $10^{-9} cm/s$。Combrinck et al.[32] 的研究证明，在研究塑性混凝土开裂时考虑塑性沉降和塑性收缩开裂的综合影响的必要性。也有研究表明塑性混凝土的工程特性与pH值和电导率相关，得到了塑性混凝土水导率随pH值/电导率升高而降低，pH值/电导率与塑性混凝土的强度和水导率呈良好的指数函数关系[33]。

塑性混凝土力学参数除主要受材料内部组分影响以外，试验中荷载施加速度也会对其产生影响。有研究为确定塑性混凝土的机械和水力特性进行了应力松弛和控制加载速度试验，结果表明塑性混凝土受加载速度的影响较大，其抗压强度随加载速度的增加呈现上升的趋势[13,34]。

1.4.2 塑性混凝土本构模型研究

本构模型是描述材料在不同应力状态下的变形行为和力学性能的数学模型，对于塑性混凝土这种具有高度复杂性、不确定性的材料而言，一般线性弹性本构模型无法准确模拟其应力-应变关系曲线以及材料内部损伤发展等力学演变行为，因此，建立准确的本构模型有助于深入理解其内在的物理机制和破坏规律。

学者们针对塑性混凝土应力-应变关系，对塑性混凝土本构模型的适应性开展了大量研究。高丹盈等[35]为分析真三轴作用下塑性混凝土力学性能，通过开展真三轴试验，运用强度理论研究了 45 组标准养护 46d 的塑性混凝土立方体试件正八面体破坏准则，提出了塑性混凝土二参数、三参数以及四参数的多项式和线性表达式。郑州大学和华北水利水电大学[36]对塑性混凝土领域的研究范围较为丰富。胡良明[37-39]通过研究水胶比、水泥用量、黏土掺量、膨润土用量及砂率对塑性混凝土的影响，并参照混凝土试验规范[40]，结合清华大学对混凝土应力-应变试验研究提出的建议[41]，针对不同养护龄期的塑性混凝土开展了单轴压缩、弯拉与抗折试验，基于单轴及三轴压缩试验结果，建立了塑性混凝土单、三轴应力-应变关系二次、四次多项式数学模型。王四巍[6]采用类似研究方法，对 63 个立方体试件、63 个棱柱体试件、63 个圆柱体试件开展了单轴试验，基于试验数据采用分段多项式函数拟合，得出了塑性混凝土单轴受压应力-应变关系模型；并根据 Griffith 微裂纹理论对 60 个圆柱体试件进行了三轴受压试验，提出了塑性混凝土强度破坏准则，并建立了三轴受压状态下塑性混凝土本构关系[42]。

修正剑桥模型（modified cam-clay model，MCC）对塑性混凝土在高约束压力下应力-应变曲线模拟效果良好，但随着围压的降低，塑性混凝土应力屈服后内部裂纹扩展，此时较小的约束压力对微裂纹扩大的抑制效果较弱，导致产生的应变软化现象逐渐显著。因此，Flessati et al.[43]基于修正剑桥模型无法满足模拟塑性混凝土软化效应的考虑，提出了一种新的水泥-膨润土本构模型（cement-bentonite constitutive model），经验证，该模型对塑性混凝土受压发生损伤产生的应变软化现象有较好的模拟效果。混凝土的宏观非线性行为取决于微裂缝的形成，为了确定塑性混凝土的塑性行为，非线性构造模型应能考虑最大剪切强度、硬化-软化行为以及刚度随约束压力的变化。Kotlar et al.[44]通过分析塑性混凝土的试验数据，提出了可预测塑性混凝土材料硬化-软化行为的方程，所提出的修正模型能够模拟塑性混凝土在排水三轴试验加载条件下的应力-应变行为，且能够正确模拟塑性混凝土的体积行为，尤其是延性较高的塑性混凝土。有学者将废旧汽车轮胎粉碎成橡胶颗粒掺入塑性混凝土中，通过单轴压缩和三轴压缩试验得到相应的应力-应变关系，结合摩尔-库仑破坏准则进行回归分析，结果表明，塑性混凝土的峰值应力随着橡胶颗粒含量的增加而降低，但峰值应变随着橡胶颗粒含量的增加而增加[45]。文献[46]研究了黏土和膨润土超长龄期（540d）塑性混凝土的三轴应力-应变关系，通过试验发现，围压对塑性混凝土应力-应变曲线上升段斜率影响较小，并基于试验结果提出了塑性混凝土峰值割线模量的计算公式以及三轴受压本构数学模型，该本构模型的建立为塑性混凝土三轴抗压性能数值模拟分析提供了较为科学的依据，进一步推动了塑性混凝土在防渗墙工程中的应用。

王清友[47]早在1992年就提出了塑性混凝土非线性分析问题，对常规三轴破坏形态、围压影响、龄期影响等问题进行了研究，分析了常规三轴特性，并提出了基于邓肯张模型的非线性分析方法。王丹净[48]的研究结果表明，塑性混凝土的应力-应变曲线可分为弹性变形、塑性屈服、断裂破坏和残余变形四个变形阶段，随浸水时长增加，塑性混凝土抗压强度与弹性模量逐渐减小。以往对塑性混凝土本构模型的研究中，大多学者主要是通过提出分段函数、高阶多项式拟合以及修正本构模型参数的方法实现塑性混凝土应力-应变数值分析，而将本构模型通过编程语言二次开发嵌入于数值模拟软件的研究方法，可推动塑性混凝土本构模型的研究进展，拓宽塑性混凝土的应用范围。例如，邓明基[49]、滕彦磊[50]基于ABAQUS软件UMAT子程序平台，对邓肯张本构模型进行了二次开发，在此基础上对塑性混凝土防渗墙结构受力以及变形协调性进行了计算与分析。该方法成功实现邓肯张本构模型嵌入ABAQUS，对塑性混凝土本构模型的研究具有推动意义，同时拓宽了ABAQUS软件在混凝土与土体材料的使用范围。

综上所述，对于塑性混凝土本构模型方面的研究大多集中在两个方面，以描述混凝土力学行为为主的摩尔-库仑（M-C）模型、塑性损伤模型和以描述土的力学行为为主的剑桥模型、邓肯张模型，但无论哪种模型，在模拟塑性混凝土屈服后变形行为、应变软化以及模型实用性方面，都存在一定缺陷，都需要在现有模型基础上进行进一步的二次开发。

1.4.3 本构模型二次开发研究

本构关系和强度准则是材料力学理论的重要构成部分，是对材料进行力学理论分析和数值模拟研究的重要基础。目前国内外学者为研究混凝土、岩土以及土体材料在复杂条件下的力学演变行为,已采用多种编程语言开发的方法,将推导得到的不同本构模型嵌入到软件当中,以便后续对工程问题进行计算分析。

1. 常规本构模型二次开发

吴子牛等[51]基于C♯语言对ABAQUS内置的GUI进行了二次开发,在不打开ABAQUS软件的情况下,直接通过编程语言进行数值模拟的计算分析,该方法可大大降低软件使用者的操作难度,减少科研人员熟悉软件复杂界面的时间,从而提高科研的效率。

徐祥[52]针对Tresca和M-C屈服面棱角出现的奇异数值和尖角问题,通过圆柱或圆锥体来代替尖角进行"圆化"处理,并推导了非相关联流动势函数,考虑ABAQUS内嵌的M-C模型不能反映岩土材料在弹性阶段的非线性力学行为,而邓肯张模型是较好的非线性本构模型,结合邓肯张模型可反映该力学行为的非线性特性和M-C模型的优点,建立了非线性与理想塑性相耦合的本构模型,该模型在弹性阶段用邓肯张模型描述材料本构关系的非线性行为,在达到塑性屈服后,采用M-C模型来描述材料本构关系的塑性行为,并将修正的本构模型基于Fortran语言编写了相应的UMAT用户子程序。戴自航等[53]也针对M-C准则的六边形在角点处存在数值奇异的问题,推导了光滑的Gudehs-Argyris(G-A)角隅模型,构造了该准则的流动势函数,采用Fortran语言在ABAQUS的平台上开发了相应的用户子程序UMAT,并采用不考虑第二主应力影响的常规三轴试验和考虑第二主应力影响的真三轴数值模拟试验,验证了该子程序的正确性。

黄雨等[54]利用ABAQUS提供的用户子程序平台,开发了下负荷面剑桥模型,基于该模型模拟计算了超固结土的固结排水试验和固结不排水试验,并与解析解对比分析该子程序的计算精度,验证了开发的正确性。司海宝等[55-56]也基于UMAT用户子程序将邓肯张模型、南水模型以及与砂土状态相关的本构模型进行了二次开发,用Fortran语言编写三轴排水试验点模型程序,采用模型计算得到的参数反推本构关系,验证了二次开发的正确性,该研究解决了ABAQUS内嵌的本构模型库中缺少反映材料硬化、剪胀、软化以及应力路径对形变产生影响的问题。冯嵩等[57]摒弃传统增量理论与全量理论,使用广义塑性理论,基于试验数据拟合模型屈服面,采用完全隐式应力积分算法在UMAT子程序上开发了广义塑性力学的双屈服面本构模型,通过常规三轴试验结果与模拟结果对比,验证了该双屈服面模型的正确性。庄海洋等[58-59]在Yang和Ahmed研究的基础上,对砂土液化大变形本构模型进行了修正,并基于ABAQUS开发了该本构模型的UMAT子程序,拓宽了三维砂土液化大变形的计算方法。黄炜等[60]将适用于大多数材料的统一强度理论本构模型,通过

ABAQUS 子程序 UMAT 进行了二次开发，并对复杂的生态复合墙结构进行了模拟分析。

方雨菲等[61]考虑时间效应，构建了应力-应变随时间变化的本构模型。该模型适用于黏土等颗粒材料，并编入 ABAQUS 子程序中，基于有限元结果与试验结果对比，验证了该本构模型的准确性与适用性。唐洪祥等[62]基于 ABAQUS 用户子程序 UMAT 平台，编写了考虑黏土强度各向异性局部变形的修正 Drucker-Prager（D-P）本构模型，通过与试验结果拟合分析，验证了该模型的准确性。由于邓肯张本构模型没有考虑中间主应力的影响，而对于具有显著剪胀性的土体或岩石，在复杂应力状态下，中间主应力对其体积变化和流动特性影响较大。因此，郑力嘉[63]建立了考虑中间主应力影响的邓肯张模型，基于 ABAQUS 用户子程序 UMAT 进行了二次开发，通过对基坑开挖工程的模拟分析，验证了该本构模型二次开发的可靠性与有效性。崔旋等[64]基于 Runge-Kutta 显示积分算法，将一种可描述尾砂力学特性的改进广义塑性模型编入到 ABAQUS 软件的 UMAT 用户子程序中，该研究可为尾矿库的应力变形计算以及结构安全评价提供帮助。杨曼娟[65]推导了基于 Rankine 准则的修正摩尔-库仑双屈服面模型，基于完全隐式的向后欧拉算法，编写了 UMAT 用户子程序，并将该模型应用于隧道锚杆结构的数值模拟计算分析。岑威钧等[66]基于沈珠江模型编写了三种应力积分算法的 UMAT 子程序，包括基本增量法、中点增量法及带自动控制误差的修正欧拉返回算法，对三种积分算法的模拟结果进行了对比分析。

2. 硬化土本构模型二次开发

Schanz et al.[67]针对硬化土模型的构成和验证进行了深入研究，此后，国内外学者对硬化土模型的参数研究、有限元应用以及编程开发做了许多工作。

董正方等[68-69]对硬化土本构模型（hardening soil model, HS）进行了详细阐述与推导，基于隐式积分算法编写了硬化土本构模型的算法程序，并介绍了相应的实现步骤和流程，结合开源软件 OpenSees 材料接口实现了硬化土本构模型的嵌入，通过与土体三轴试验结果对比，验证了硬化土模型二次开发的可靠性与有效性，并研究了该模型在不同阻尼比以及不同激振频率下对均匀场地的动力分析影响。

王祥秋等[70]通过推导硬化土本构模型的关键算法，采用 Fortran 语言，利用 ABAQUS 用户子程序 UMAT 编写了基于显示积分算法的硬化土模型，并将数值模拟计算结果与三轴试验结果对比，验证了该本构模型二次开发的准确性。该研究为软黏土地下深基坑复杂施工力学形态分析提供了较大帮助，并进一步推动了硬化土本构模型的应用。

姜兆华等[71]根据塑性理论，推导并建立了硬化土本构模型的有限差分增量迭代格式，通过 FLAC 3D，采用 Visual C++语言编写了硬化土模型的计算格式，利用疏松与密砂试验结果与模型模拟结果对比验证二次开发的准确性。王春波等[72]也采用类似方法，通过 Visual C++语言编写了动态链接库文件并导入到 FLAC 3D 中，将数值模拟计算结果与室内多种应力路径三轴试验进行对比分析，验证了硬化土本构模型在 FLAC 3D 中二次开发的可靠性。学者们的研究在一定程度上弥补了 FLAC 3D 材料库的不足，并为后续本构模型开发以及工程数值模拟分析提供了更多的参考。

3. 损伤本构模型二次开发

Kachanov[73]在研究金属材料的蠕变特性时，最先提出损伤力学、连续因子、有效应力等概念。此后，损伤力学理论逐渐向其他材料领域蔓延，根据损伤性质，可分为弹性损伤、塑性损伤、疲劳损伤及蠕变损伤等[74]。

李翻翻等[75-76]在引入帽盖屈服面的修正 D-P 双屈服面模型基础上，将塑性损伤和塑性硬化变量引入迭代算法中编制了 UMAT 子程序，通过黏土岩常规三轴试验，对比验证了新模型在描述应力峰值后出现软化现象的准确性。许梦飞[77]结合岩石弹塑性理论，损伤力学、渗流理论以及有限元算法，建立了 Hoek-Brown 弹塑性多因素损伤耦合模型，通过室内三轴试验反演损伤模型中的参数，利用 Fortran 语言编写了该模型的求解程序，该模型对材料损伤扩展出现的应力峰值后应变软化现象模拟效果较好。黄海峰[78]基于改进 Harris 函数的统计损伤本构模型反演了红层泥岩在不同围压下的力学参数，而后将损伤模型与传统 Burgers 蠕变本构相串联，通过 Visual C++编程语言实现了改进 Burgers 模型在 FLAC 3D 上的二次开发。

Zhang et al.[79]针对连续损伤力学的研究提出了三点建议：①在描述材料的宏观和微观裂隙时选取合适的损伤变量；②选取合理的损伤演化方程描述材料的损伤演化行为；③耦合损伤力学与本构关系描述材料的损伤演变规律。曹文贵等[80-81]基于对岩石损伤软化效应的考虑建立了岩石统计损伤本构模型，反映了岩石损伤演化的全过程，同时探究了围压对损伤的影响。陈松等[82]基于摩尔-库仑准则考虑节理几何特征及力学特性，建立了宏细观缺陷耦合作用的断续裂隙岩体损伤本构模型，该模型能较好地描述节理参数对岩石强度的影响。蒋邦友等[83]考虑岩石的塑性流动和损伤软化特性，基于 Mogi-Coulomb 强度准则，建立了真三轴条件下岩石弹塑性损伤本构模型，该模型采用等效应变的指数函数来表征损伤演化规律。伍文龙等[84]针对邓肯张模型无法模拟堆石料应变软化的缺陷，基于统计损伤理论，建立了损伤模型与邓肯张模型相耦合的修正邓肯张模型，该模型可准确模拟堆石料损伤破碎的全过程，且模型参数较少、形式简洁。刘世藩等[85]基于热力学理论，在相场损伤模型框架中引入弹塑性本构模型和硬化准则，建立了可表征岩石材料塑性硬化和峰后软化的弹塑性相场损伤模型，该模型能够反映岩石二维和三维复杂宏细观裂纹扩展的全过程。王卫华等[86]通过推导理想软化过程中黏聚力与轴向塑性应变之间的函数关系，基于摩尔-库仑强度准则，建立了黏聚力弱化的岩石峰后应变软化本构模型，该模型可准确描述岩石峰后损伤软化演变行为。

第 2 章

塑性混凝土的力学性能及其微观机制

在水利工程中，塑性混凝土防渗墙被埋在土体内部，其强度和弹性模量至关重要。首先，塑性混凝土防渗墙应该具有足够的强度来承受水压以及周边土体压力等荷载；其次，塑性混凝土防渗墙应该具有较低的弹性模量，与周围土体协同工作，如果它的弹性模量远大于周围土体的弹性模量，土体和墙体没有协调变形能力，防渗墙就会开裂，这会大幅降低其抗渗性能，严重影响其工作性能。在部分研究中，塑性混凝土的抗压强度参数是通过单轴抗压强度来测定的。我国 DL/T 5303—2013《水工塑性混凝土试验规程》中就规定，以立方体抗压强度作为塑性混凝土的抗压强度。西方国家（主要指采用英美标准国家）更多地将塑性混凝土视为土，也仍习惯于用无侧限抗压试验确定塑性混凝土的抗压强度。但防渗墙埋在土中，塑性混凝土处于三轴应力条件下，因此，在另一部分研究中，塑性混凝土力学性能采用三轴试验进行测试。

根据以往的研究成果，本章分别对塑性混凝土试件单轴和三轴抗压强度试验结果进行分析，并从微观层面解释塑性混凝土"低强高韧"性能产生的机制。

2.1 塑性混凝土配合比设计

试验研究和工程应用表明，塑性混凝土的水灰比通常在 1.5～4 这一范围内，通过试配，选取的塑性混凝土水灰比为 1.32～3.02，容重为 2277～2303kg/m³，水泥、膨润土、砂、石、外加剂等均取较为常见的掺量，综合考虑研究目的与塑性混凝土特点，设计了 15 组配合比，见表 2.1。

其中砂子为黄色河砂，细度模数为 2.84，干砂表观密度为 2740kg/m³，吸水率为 1.2%，含泥量为 4.5%；石子粒径为 5～20mm，20mm 粒径含量为 6%，表观密度为 2780kg/m³，吸水率为 0.72%；水泥为鑫达山 P·O 42.5；膨润土为黄色，比重为 2.744，液限为 81.9%，塑限为 33.4%，塑性指数为 48.5，颗粒分析：粒径 0.075mm 以下颗粒占比为 96.9%，粒径 0.005mm 以下颗粒占比为45.5%，粒径0.002mm颗粒以下占比为25.1%；奈系减水剂掺量为1.8%。

表2.1　　　　　　　　　塑性混凝土配合比

编号	掺量/(kg/m³)						水胶比	砂率
	水泥	膨润土	砂	石	水	外加剂		
K1	100	100	857	852	302	3.6	1.510	0.501
K2	120	100	848	843	302	3.96	1.373	0.501
K3	140	100	839	834	302	4.32	1.258	0.501
K4	160	100	830	825	302	4.68	1.162	0.502
K5	180	100	821	816	302	5.04	1.079	0.502
K6	140	70	870	866	290	3.78	1.381	0.501
K7	160	70	861	857	290	4.14	1.261	0.501
K8	180	70	852	848	290	4.5	1.160	0.501
K9	200	70	843	839	290	4.05	1.074	0.501
K10	220	70	834	830	290	4.35	1.000	0.501
K11	120	85	865	860	295	3.69	1.439	0.501
K12	140	85	856	851	295	4.05	1.311	0.501
K13	160	85	847	842	295	4.41	1.204	0.501
K14	180	85	838	833	295	3.975	1.113	0.501
K15	200	85	829	824	295	4.275	1.035	0.502

2.2　试验设备及方法

按照表2.1配合比，根据GB/T 50123—2019《土工试验方法标准》，共制作90组直径150mm，高300mm的塑性混凝土试件，其中45组进行三轴试验，轴向加载速率取0.4mm/min，每种配比均以200kPa、400kPa、600kPa为围压进行三次试验，另外45组进行单轴压缩试验，每种配比重复试验三次，取平均值。三轴试验采用的设备为SY250型应变式三轴仪（试件尺寸：ϕ150mm×300mm；轴向荷载：0～300kN；周围压力：0～1500kPa；体变量测精度：0.1mL）。单轴试验采用的设备为电子式万能材料试验机。试验方案见表2.2。

表2.2　　　　　　　　　试　验　方　案

编号	试验	围压/MPa	轴向加载速率/(mm/min)
K1～K15	静力三轴剪切试验	0.2、0.4、0.6	0.4
K1～K15	单轴压缩试验	—	0.4

2.3 宏观力学试验结果及分析

2.3.1 单轴试验结果

选取的塑性混凝土试件在单轴试验中的加载速度为 0.4mm/min，此处是为了与三轴试验的加载速度保持一致，使结果对比更加具有说明性。图 2.1 所示为单轴试验塑性混凝土试件破坏型式，主要为压碎型破坏，如图 2.1（a）所示；也有剪切型破坏以及压碎剪切混合型破坏，如图 2.1（b）和（c）所示。图 2.2 为塑性混凝土试件单轴试验的应力-应变相关曲线。

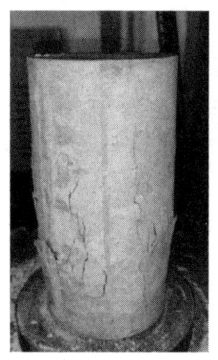 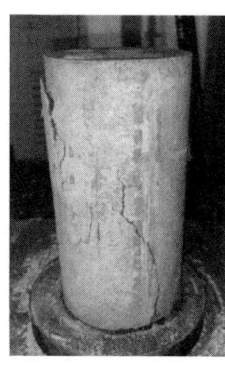 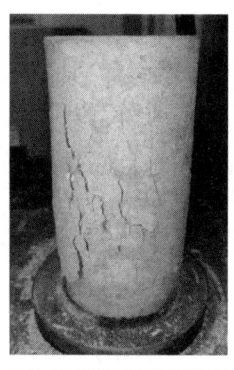 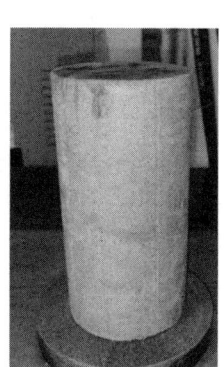

（a）压碎型破坏　　（b）剪切型破坏　　（c）压碎剪切混合型破坏　　（d）原试件

图 2.1　单轴试验塑性混凝土试件破坏型式

从图 2.2 中可以看出，塑性混凝土试件的单轴抗压强度在 1.0～5.0MPa 之间，并且随着水泥含量的增加，试件的抗压强度明显增加。峰值应力所对应的轴向应变在 0.30%～0.70% 之间，并随着膨润土含量的减小而增加，膨润土掺量为 100kg/m^3 时（试件 K1～K5），峰值应变的平均值为 0.387%，应力下降至峰值强度 50% 时的应变平均值为 0.881%；当膨润土掺量为 85kg/m^3 时（试件 K11～K15），峰值应变的平均值为 0.491%，应力下降至峰值强度 50% 时的应变平均值为 0.865%；膨润土掺量为 70kg/m^3 时（试件 K6～K10），峰值应变的平均值为 0.602%，应力下降至峰值强度 50% 时的应变平均值为 0.945%。

图 2.3 和图 2.4 分别为塑性混凝土试件的单轴抗压强度与水灰比（单位体积中水的质量与水泥的质量之比）以及水胶比（单位体积中水的质量与水泥和膨润土质量之和的比）的关系，从图 2.3 中可以看出，试件的单轴抗压强度会随水灰比的增加而减小，平均来说，水灰比每增加 0.1，抗压强度约下降 180kPa。

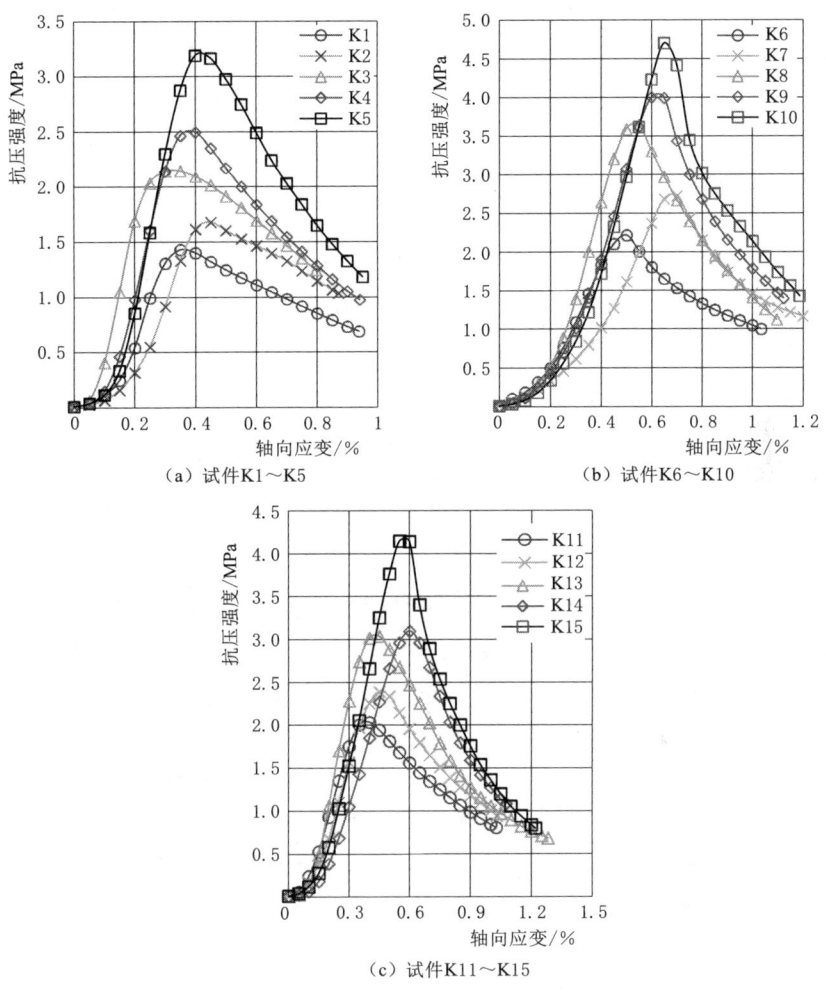

图 2.2 塑性混凝土试件单轴试验的应力-应变相关曲线

从图 2.4 中可以看出，试件的单轴抗压强度呈现出随水胶比的增加而减小的趋势，平均来说，水胶比每增加 0.1，抗压强度约下降 570kPa。

2.3.2 三轴试验结果

1. 抗压强度

图 2.5 为围压对塑性混凝土试件抗压强度的影响。可以清楚地看到，抗压强度随着围压的增加而显著增加，围压的增加导致试件最大承载能力以及破坏模式的改变。在低围压条件下，试件的破坏以脆性为主，其峰值应变一般在 0.5%～1.5%的范围内变化，并表现出清晰的峰值和随后的软化；而在高围压

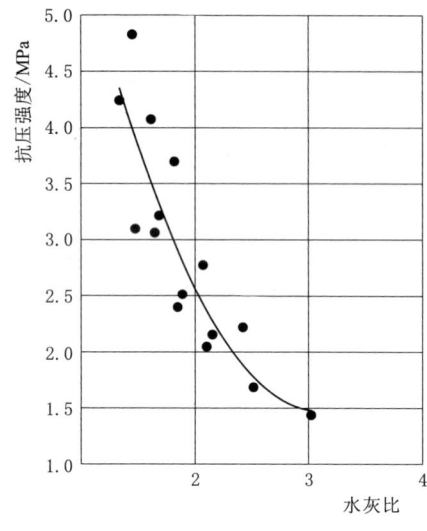

图 2.3 单轴抗压强度与水灰比的关系　　图 2.4 单轴抗压强度与水胶比的关系

条件下，试件的破坏更加具有韧性，其峰值应力对应的轴向应变也更大，并且出现极为明显的水平变化段，体变由剪胀逐渐变为剪缩，材料更加接近土体的性质，表现出明显的非线性。同时，当膨润土用量一定时，水泥的用量越大，试件应力-应变曲线的峰值和随后的软化越明显，即混凝土/土泥的掺量值越大，应力水平变化段越明显。这种类型的行为在胶结岩土材料中十分常见，其他研究人员也报道过[29,34]。有的学者认为，在围压较低时，破坏机制由骨料间的黏结作用所决定；但在围压较高时，破坏机制主要由摩擦特性[42]决定。有的学者认为，在低围压时，试件在压缩过程中会产生许多微裂纹以及一些宏观裂缝，导致了试件强度的下降；而在高围压时，微裂纹减少，只有几个宏观裂缝，是导致试件相比低围压表现出延性的原因。

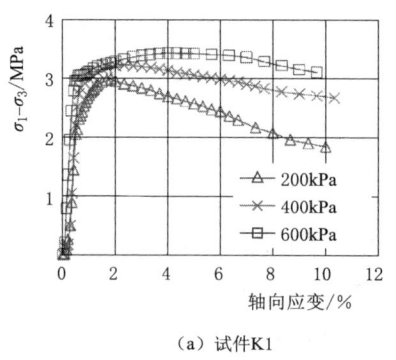
（a）试件K1

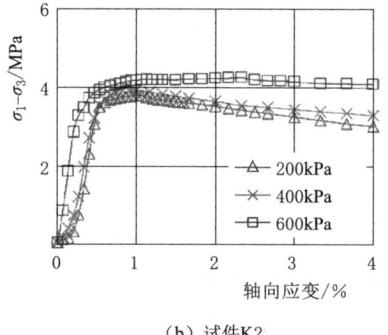
（b）试件K2

图 2.5（一）　围压对塑性混凝土试件抗压强度的影响

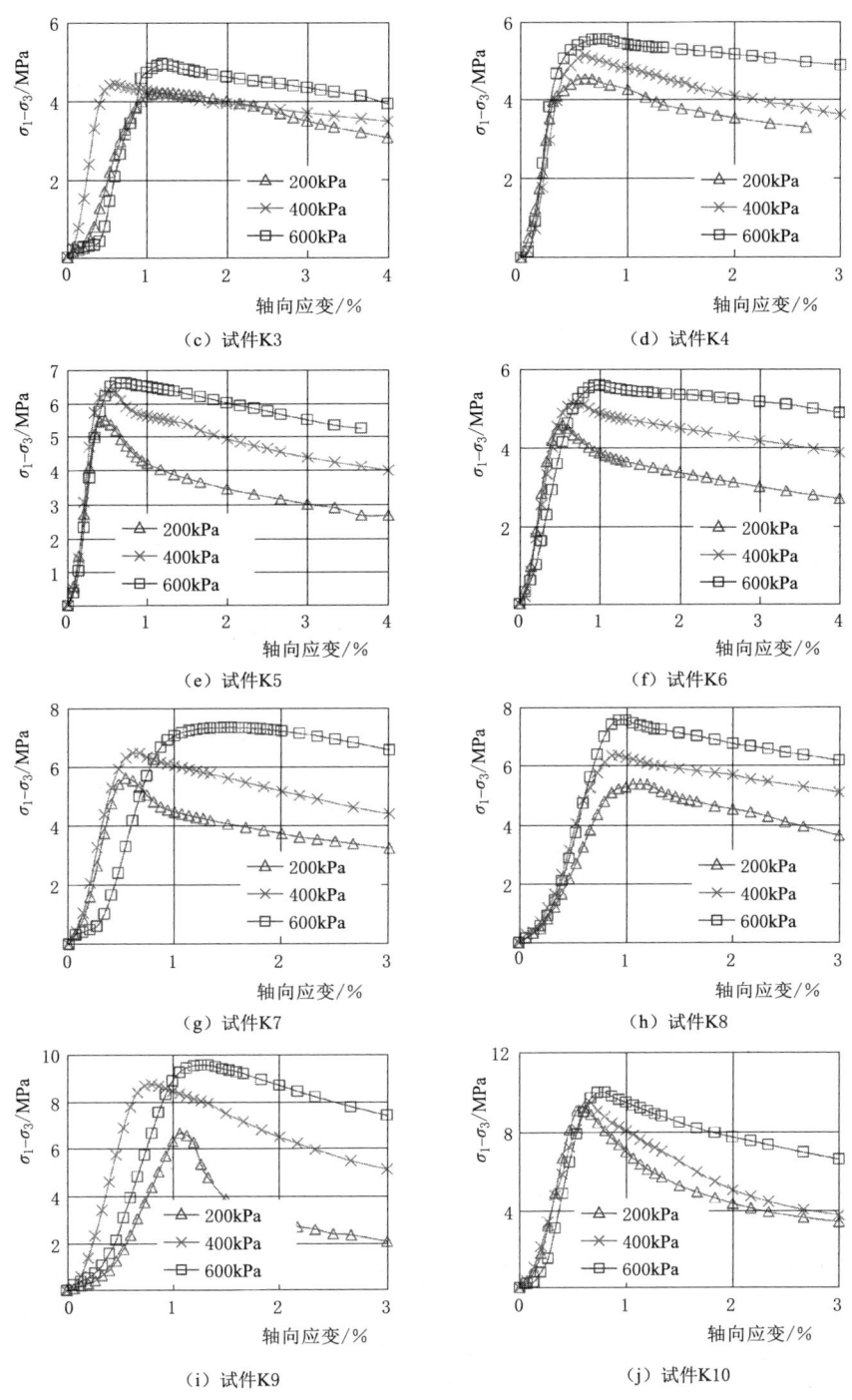

图 2.5（二） 围压对塑性混凝土试件抗压强度的影响

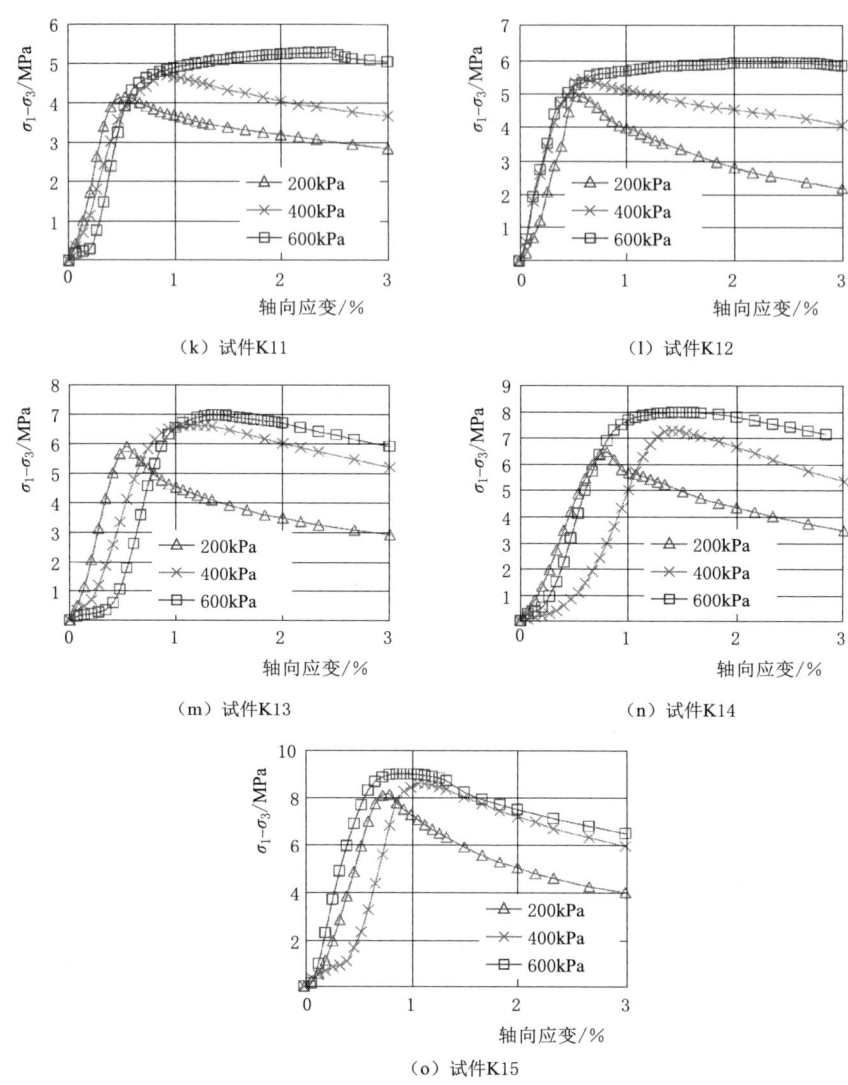

图 2.5（三） 围压对塑性混凝土试件抗压强度的影响

图 2.6 所示为不同围压下水灰比和水胶比对塑性混凝土试件抗压强度的影响，图 2.6（a）～（c）分别为在 200kPa、400kPa 和 600kPa 围压下水灰比对塑性混凝土试件强度的影响，如图所示，在膨润土掺量相同的条件下，试件的抗压强度随着水灰比的增加而降低，并且这一趋势随着膨润土掺量的增加而减缓。当围压为 200kPa 时，水灰比每提高 0.1，试件的抗压强度约下降 350kPa；当围压为 400kPa 时，水灰比每提高 0.1，试件的抗压强度约下降 380kPa；当围压为 600kPa 时，水灰比每提高 0.1，试件的抗压强度约下降 400kPa，这说明抗压强

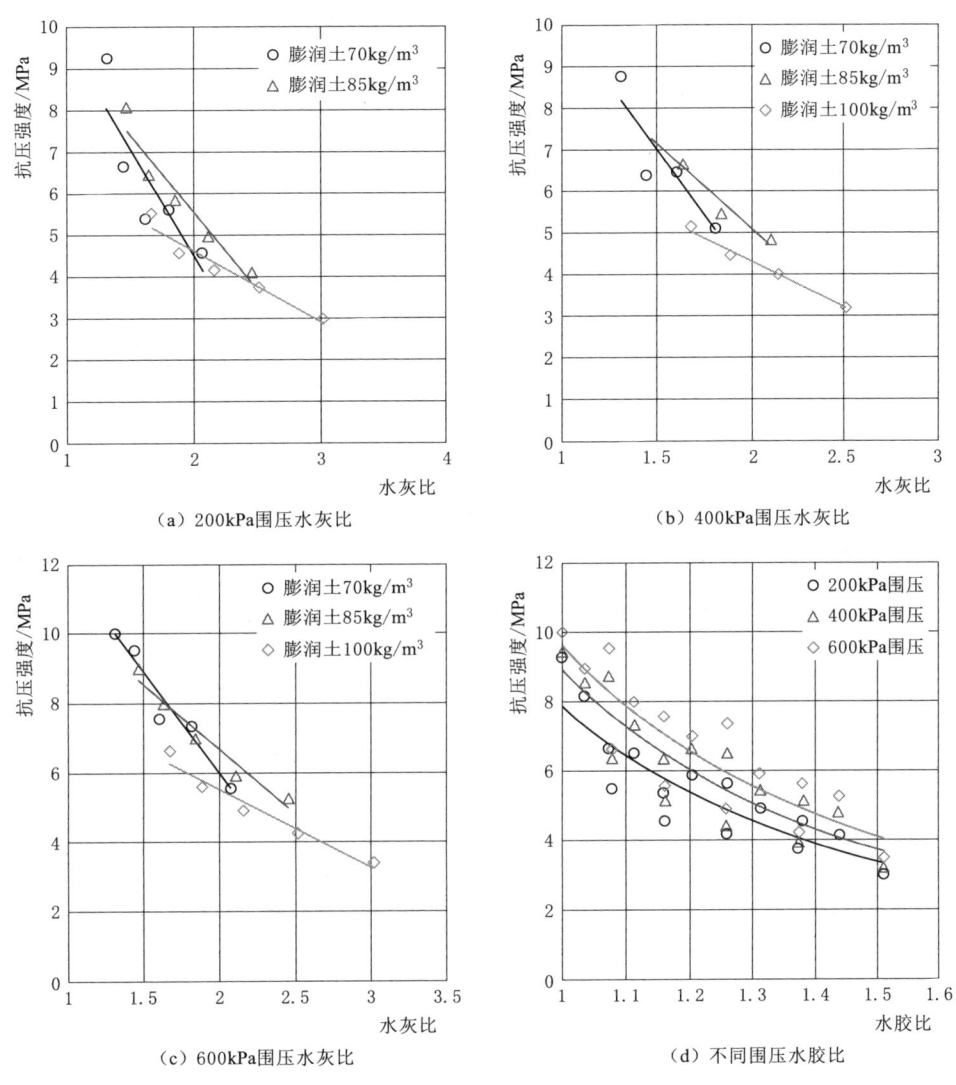

图 2.6 不同围压下水灰比和水胶比对塑性混凝土试件抗压强度的影响

度随水灰比增加而减小的规律随着围压的增加而变得更加显著。图 2.6（d）为不同围压下水胶比对塑性混凝土试件抗压强度的影响，可以看出，随着水胶比的增大，试件抗压强度明显下降，且在不同围压下强度降低的趋势相近，水胶比每提高 0.1，抗压强度平均降低约 1000kPa。

2. 弹性模量

为了探究围压对塑性混凝土弹性模量的影响，不同围压（200kPa、400kPa、600kPa）下、15 组配比的塑性混凝土弹性模量见表 2.3。从中可以看出，塑性混凝土试件的弹性模量并没有随着围压的增大而增大，而是有时增大有时减小，这表明塑性混凝土的这一力学特性与土体的并不相同。

表 2.3　　　　　　　围压对塑性混凝土弹性模量的影响　　　　　　单位：kPa

编号	围压		
	200kPa	400kPa	600kPa
K1	870	864	873
K2	1157	1116	1497
K3	699	1341	961
K4	1726	1665	2187
K5	1974	2488	2203
K6	1334	1236	963
K7	1584	1749	1272
K8	786	1203	1400
K9	998	1746	1358
K10	2431	2078	2484
K11	973	946	1243
K12	1022	1179	1236
K13	1452	1124	1392
K14	1064	1018	1364
K15	1419	1783	2020

塑性混凝土这一与土体完全不同的力学性质，有利于其在土石坝尤其是中高土石坝防渗墙中的应用，坝身填土的加高将会导致塑性混凝土防渗墙周围土体所受围压的增加，以及其弹性模量的增加，但围压的增加对塑性混凝土弹性模量的影响不大，所以作用在防渗墙上的力可以转移到周围的土体上，从而缓解墙体本身的应力。同时围压的增加还会导致塑性混凝土防渗墙的极限强度与极限应变提高，这也会加强塑性混凝土的工作性能，提高安全性。

由表 2.3 可知，试件弹性模量随围压的变化并无明显规律，随着围压的增加，试件弹性模量有增加有减小也有近似不变，弹性模量与围压的关系并不明显。图 2.7（a）为试件弹性模量随水灰比的变化，从图中可以看出试件弹性模量有随水灰比增加而减小的趋势，但数据的离散性非常大；图 2.7（b）为试件弹性模量随水胶比的变化，从图中可以看出试件弹性模量有随水胶比增加而减小的趋势，但同弹性模量与水灰比的规律一样，数据的离散性非常大。

3. 抗剪强度参数

如图 2.8 所示，三轴试验下塑性混凝土试件的破坏形式与单轴情况下并不相同，三轴情况下，塑性混凝土试件的破坏型式为典型的塑性剪切破坏，破坏后试件表面有清晰的带状剪切面。因此，可以采用摩尔-库仑准则，应用黏聚力

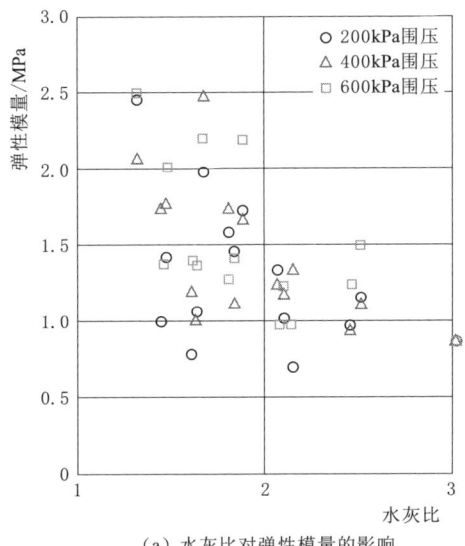
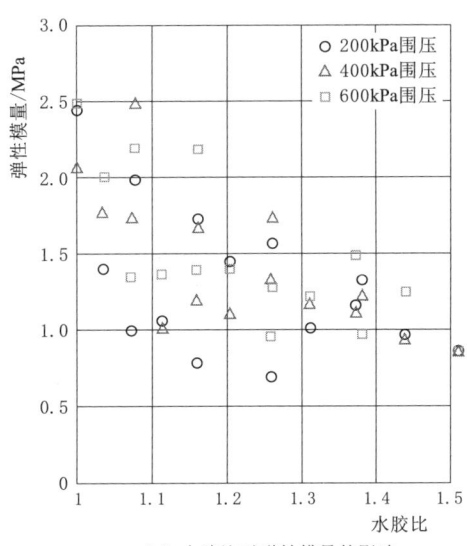

（a）水灰比对弹性模量的影响　　　　（b）水胶比对弹性模量的影响

图 2.7　弹性模量与各参量的关系

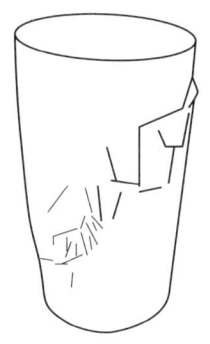

图 2.8　三轴试验试件压碎型式示意图及实际图

C 以及内摩擦角 φ 来描述塑性混凝土的力学特性。

图 2.9 和图 2.10 为 200kPa、400kPa 和 600kPa 围压下 15 组试件破坏时的莫尔圆和强度包络线，从中可以得到，塑性混凝土试件三轴试验得出的 C 值在 0.836~2.565MPa 范围内变化，φ 值在 20.9°~52.3°范围内变化。

水灰比对塑性混凝土抗剪强度参数的影响如图 2.11、图 2.12 所示。结果表明：水灰比的增大会导致塑性混凝土黏聚力整体上略有增大的趋势，而内摩擦角随水灰比变化的规律并不明显。在水灰比较小时，内摩擦角水灰比的增大而增大；但水灰比较大时，内摩擦角又有随水灰比增大而减小的趋势。内摩擦角与黏聚力的变化规律呈恰好相反的态势，即整体上讲，当内摩擦角随水灰比

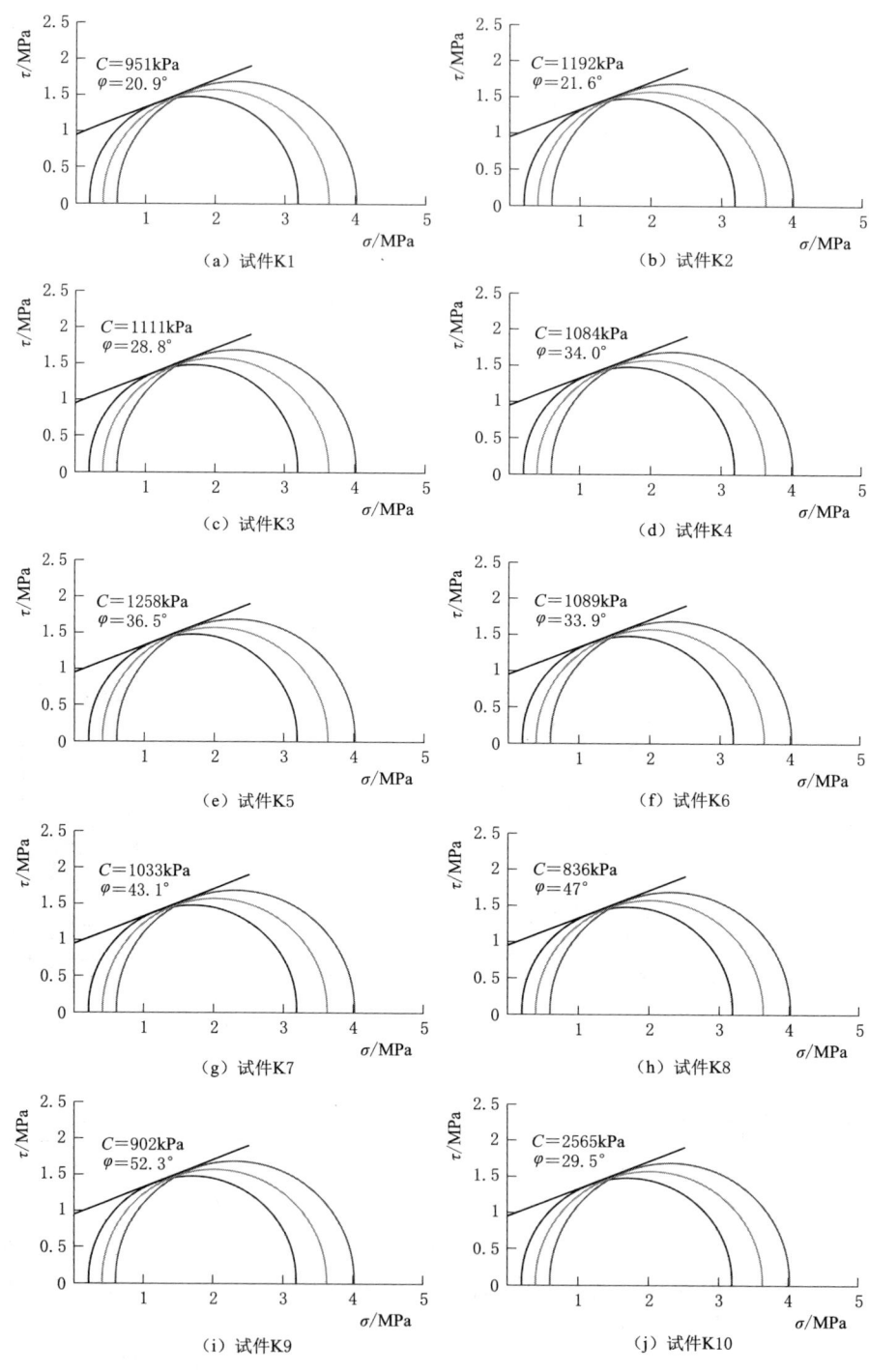

图 2.9 K1～K10 的莫尔圆与强度包络线

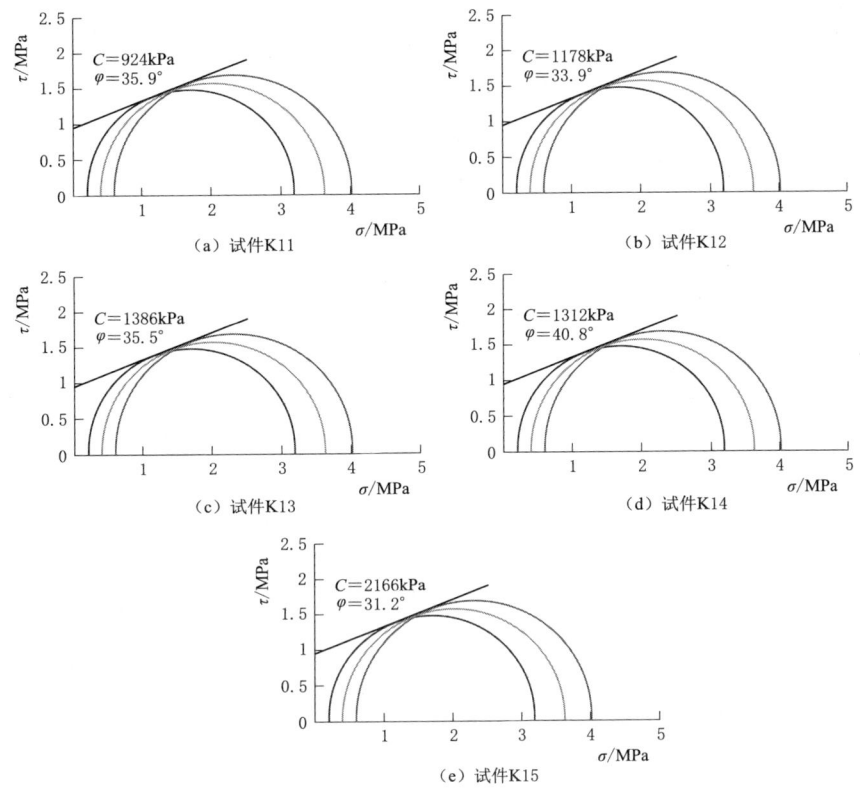

图 2.10　K11～K15 的莫尔圆与强度包络线

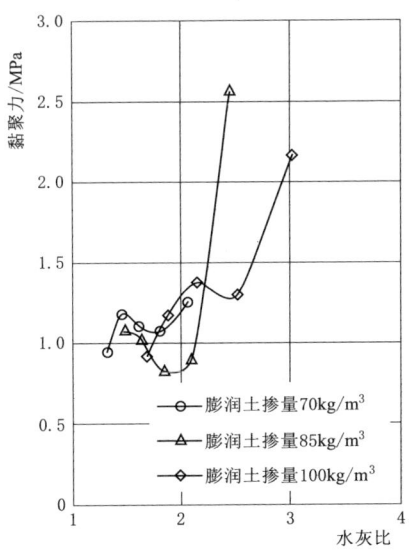

图 2.11　黏聚力随水灰比的变化

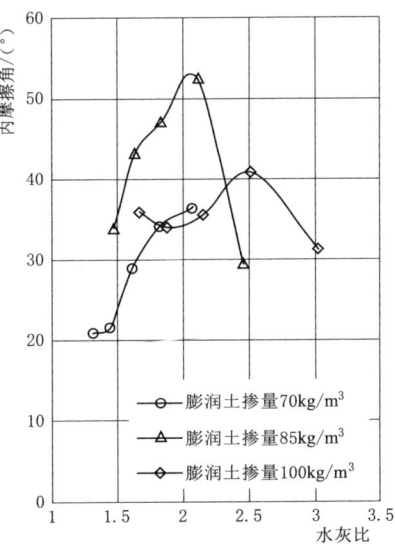

图 2.12　内摩擦角随水灰比的变化

的增加而减小时,黏聚力有随水灰比增加而增大的趋势;而当内摩擦角随水灰比的增加而增大时,黏聚力有随水灰比增加而减小的趋势。这与某些学者提出的土体规律相类似[43]。

2.3.3 单轴试验与三轴试验结果对比

1. 抗压强度

图 2.13 为单轴试验与不同围压下三轴试验的试件抗压强度对比,可以明显看出,三轴条件下的试件抗压强度要高于单轴条件下的抗压强度,从数值上来看,200kPa 围压下的试件抗压强度平均比单轴条件下的试件高 13.79%,400kPa 围压下的试件抗压强度平均比单轴条件下的试件高 27.25%,600kPa 围压下的试件抗压强度平均比单轴条件下的试件高 38.29%。除此之外,单轴与三轴条件下的试件,其抗压强度均随水灰比、水胶比的减小而明显增大。

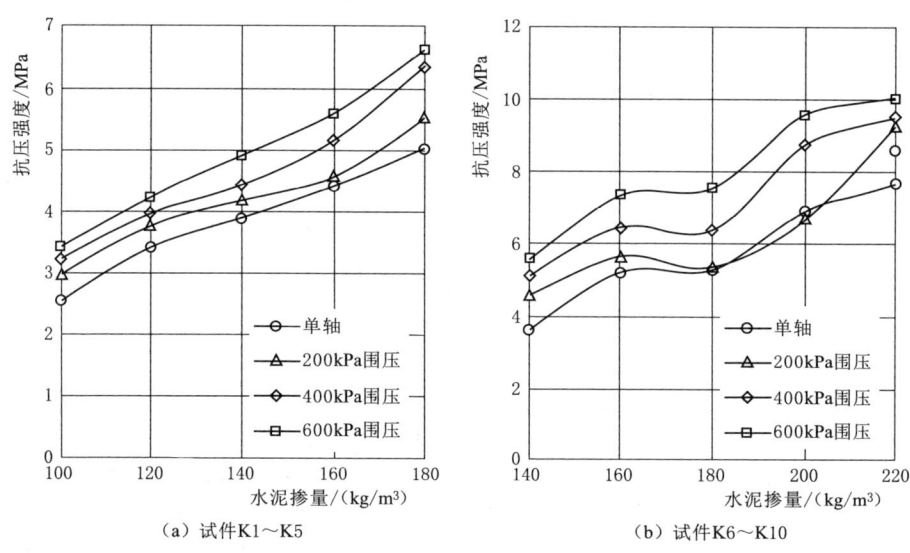

图 2.13 单轴与三轴试验试件抗压强度对比

2. 弹性模量

单轴试验与不同围压下三轴试验的试件弹性模量对比见表 2.4,通过数据分析可知,三轴条件下试件的弹性模量明显比单轴条件下的大,200kPa 围压下的试件平均比单轴条件下的试件弹性模量高出 36.432%,400kPa 围压下的试件平均比单轴条件下的试件弹性模量高出 50.01%,600kPa 围压下的试件平均比单轴条件下的试件弹性模量高出 57.06%。而不同围压下的三轴试验得出的结果从数据变化趋势上来看并无规律。

表 2.4　　　　　　　　单轴与三轴试验试件弹性模量对比

编号	单轴弹性模量/kPa	200kPa 围压		400kPa 围压		600kPa 围压	
		弹性模量/kPa	超过单轴比例/%	弹性模量/kPa	超过单轴比例/%	弹性模量/kPa	超过单轴比例/%
K1	855.5	870	26.49	864	25.41	873	26.92
K2	815.3	1157	4.4	1116	0.7	1497	35.07
K3	1273.4	699	−12.77	1341	67.35	961	19.93
K4	1184.9	1726	73.36	1665.5	67.28	2187.3	119.69
K5	1370.1	1974	76.06	2488	121.9	2203	96.49
K6	738.0	1334.2	64.91	1236.2	52.8	963.2	19.05
K7	694.8	1584	73.11	1748.8	91.13	1271.7	38.98
K8	1209.6	786.2	−29.09	1203.6	8.46	1400.5	26.26
K9	1140.5	997.6	−5.42	1746	65.72	1357.7	28.86
K10	1238.8	2431.5	83.49	2078	56.82	2484.5	87.49
K11	829.5	972.9	37.05	945.8	33.23	1243.4	75.15
K12	870.6	1022.5	18.02	1178.7	36.05	1236.5	42.73
K13	1196.5	1452.3	60.21	1123.7	23.96	1391.6	53.51
K14	790.8	1064.7	32.42	1017.7	26.58	1364	69.65
K15	1099.0	1418.9	41.11	1782.7	77.29	2019.7	100.86

塑性混凝土作为混凝土的一种，其力学性质介于土与混凝土之间，与普通混凝土存在不小的差异，例如其具有低强度、低弹性模量、高塑性等特点，尤其是在高围压三轴试验中反映出来的延性与土体较为相似，因此本章对适用于土体以及适用于混凝土的经典本构模型进行了分析，并选择了塑性损伤模型、D-P模型、硬化土模型以及摩尔-库仑模型进行对比，最后通过数值模拟对比了塑性混凝土对四种本构的适应性。

2.3.4　四点弯曲抗折试验分析

抗折强度作为混凝土关键的力学属性之一，不仅是评估其整体强度的关键指标，更是评判混凝土延展性程度的核心参照。本章节旨在通过一系列抗折强度测试，探究在塑性混凝土试件中添加不同比例膨润土对抗折性能所产生的效应。

1. 试验概况

本次试验采用 150mm × 150mm × 550mm 标准试件，参照规范 GB/T 50081—2019《混凝土物理力学性能试验方法标准》进行，试验设备为 WDW-

300电子式万能材料试验机,加荷速度为0.02MPa/s,试验示意如图2.14所示。每组配比进行三次试验,结果取平均值。本次抗折试验塑性混凝土原材料与前节塑性混凝土三轴试验配合比设计选取的原材料一致,通过调控不同比例膨润土掺量设计了三组配合比,见表2.5。

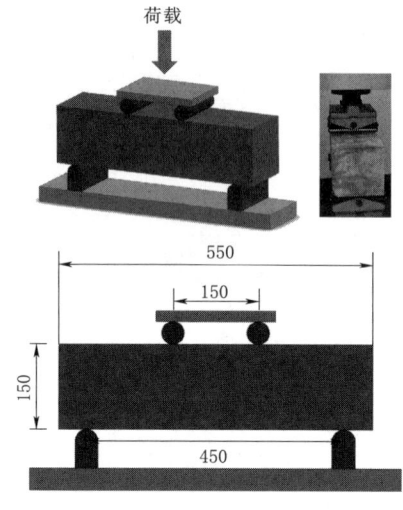

图2.14 抗折试验示意图
(单位:mm)

2. 试验结果分析

图2.15展示了塑性混凝土试件在抗折试验中荷载-挠度变化关系。由图可知,塑性混凝土荷载-挠度曲线分为弹性阶段、塑性硬化阶段和峰后软化阶段。随着膨润土含量的增加,屈服点挠度逐渐增大,屈服强度逐渐减小,表明塑性混凝土脆性减弱、延性增强。屈服后,荷载随着挠度增大逐渐上升直至峰值点,此时荷载则为抗折强度对应的破坏荷载,曲线在该阶段表现为应变硬化特征。峰值荷载后,曲线表现为应变软化特征,随着膨润土含量的增加,塑性混凝土破坏模式由脆性破坏特征向延性破坏特征转变。另外,发现未掺膨润土的试件在应变软化阶段未出现明显残余强度,对比表明抗折试验中膨润土对塑性混凝土峰后延性行为具有重要贡献。

表2.5　　　　　　　　塑性混凝土抗折试验参数表

编号	掺量/(kg/m³)					
	水	水泥	膨润土	砂	石子	外加剂
BC1	290	180	0	896	967	6
BC2	290	180	70	851	848	6
BC3	290	180	100	822	817	6

塑性混凝土抗折强度计算如下:

$$f_f = \frac{Fl}{bh^2} \tag{2.1}$$

式中:f_f为塑性混凝土抗折强度,MPa;F为试件破坏荷载,N;l为试件设备中支座跨距,mm;h为试件高度,mm;b为试件宽度,mm。

塑性混凝土在不同膨润土掺量下的抗折强度试验如图2.16所示。由图可知,常规混凝土的抗折强度最大。随着膨润土掺量由0增加至70kg/m³和100kg/m³时,塑性混凝土抗折强度减小了28.1%和42.3%,由此可以发现,

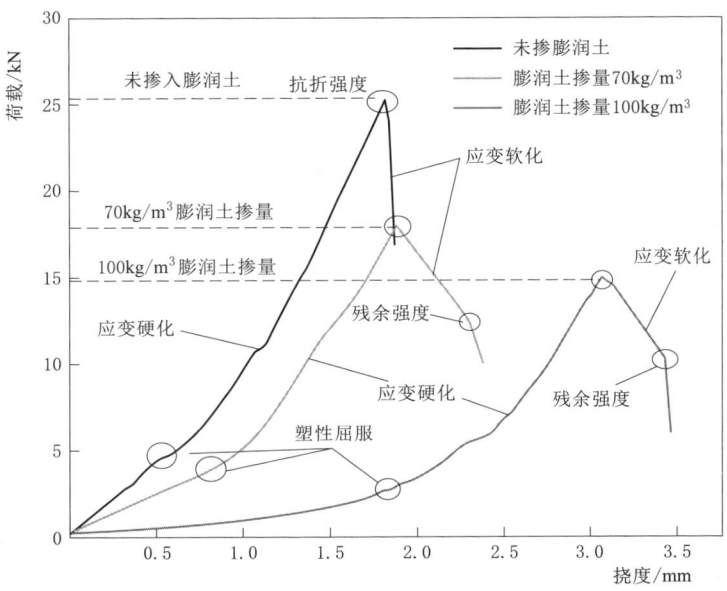

图 2.15 塑性混凝土抗折强度随挠度变化图

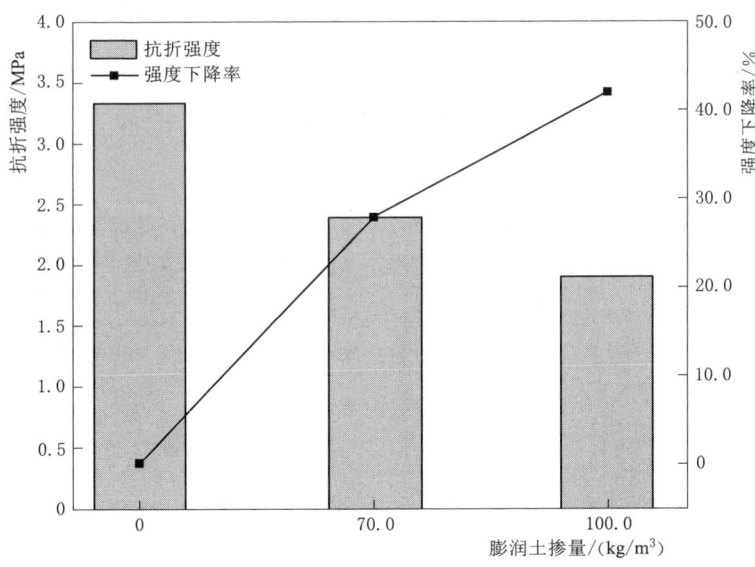

图 2.16 塑性混凝土抗折强度随膨润土掺量变化图

塑性混凝土抗折强度随膨润土掺量的增加呈下降趋势。值得注意的是，膨润土掺量为 $0\sim70\text{kg/m}^3$ 与 $70\sim100\text{kg/m}^3$ 时，抗压强度减小值分别为 1.31 和 2.12，即当膨润土掺量达到 70kg/m^3 后，塑性混凝土抗折强度受膨润土掺量变化敏感性逐渐降低。

2.4 微观试验结果与讨论

2.4.1 SEM 分析

塑性混凝土属于非均质多孔复合材料，内部微观结构对宏观力学特性的影响是研究该材料力学性能发展演化机理的关键。为分析膨润土掺量对塑性混凝土微观结构的影响，分别对不同膨润土掺量的试件进行了 SEM 扫描电镜试验和 XRD 衍射分析。将膨润土添加到水泥浆液后，水泥的水化产物 CH 溶解稀释出 Ca^{2+} 和 OH^-，强碱性环境促进了膨润土中 SiO_2 和 Al_2O_3 的溶解，Si^{2+}、Al^{3+} 分别与水泥水化过程中释放的 Ca^{2+} 和 OH^- 进行火山灰反应，在颗粒表面形成凝胶结构 CSH、晶体结构 CAH 和针状结构 AFt 等水化物，如图 2.17 所示。

(a) 钙矾石（AFt）   (b) 氢氧化钙（CH）

(c) 水化硅酸钙（CSH）   (d) 无水水泥

图 2.17 典型水化产物的微观形态

如图 2.18 所示，从膨润土掺量对微观颗粒孔洞的影响中可看出，当膨润土掺量为 $70 kg/m^3$ 时，试件内部的微观组织结构最致密。膨润土加入水泥浆液后，颗粒溶解吸附在骨料表面，将大量的自由水吸收转化成内部结合水。在塑性混凝土凝结硬化过程中，内部大量水分挥发，颗粒表面形成蜂窝空间网络结构。

随着膨润土掺量增加,颗粒间的孔洞通道数量和尺寸大幅度增加,反映了膨润土对塑性混凝土宏观抗压强度的削弱作用,这与宏观力学试验得到的结论一致。

（a）K2（$B=70kg/m^3$）

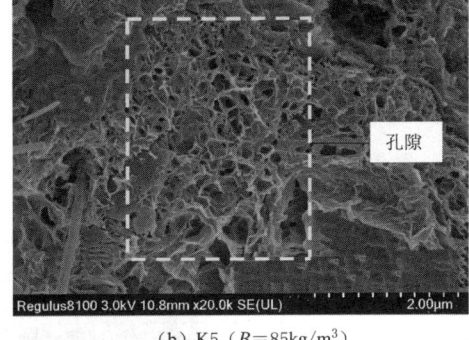
（b）K5（$B=85kg/m^3$）

（c）K8（$B=100kg/m^3$）

图 2.18　膨润土掺量对微观颗粒孔洞的影响

膨润土掺量对塑性混凝土胶结作用的影响如图 2.19 所示。随着膨润土掺量增加,促进了 CSH 等水化凝胶产物的生成,颗粒黏结作用逐渐增强,骨料间隙被填充,颗粒棱角减小,骨料界面过渡区（interfacial transition zone,ITZ）明显增多,导致塑性混凝土宏观性能出现黏聚力增加,内摩擦角减小的现象。当膨润土掺量过多时,ITZ 附近形成了低黏结强度的颗粒聚集体和团簇状。这主要是由于水化反应与火山灰反应的速率差异和含水量不足,导致膨润土颗粒水化不完全,产生了低黏结强度颗粒聚集体和弱连接絮凝体,颗粒表面粗糙度增加。因此塑性混凝土宏观抗剪性能出现黏聚力减小,内摩擦角增大的趋势。

2.4.2　XRD 分析

不同膨润土掺量试件的 XRD 衍射图谱如图 2.20 所示。由于 CSH 和未完全水化的水泥熟料硅酸钙矿物的衍射峰较接近,因此不对 CSH 水化产物的物相变

(a) K3（$B=70\text{kg/m}^3$）

(b) K6（$B=85\text{kg/m}^3$）

(c) K9（$B=100\text{kg/m}^3$）

图 2.19　膨润土掺量对微观颗粒间隙的影响

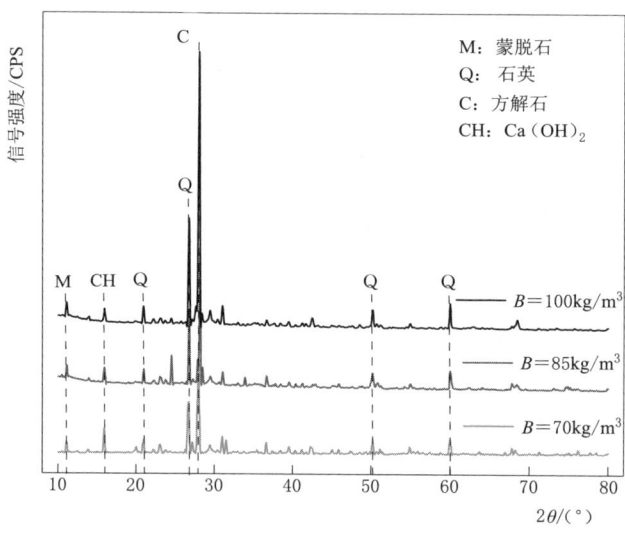

图 2.20　不同膨润土掺量试件的 XRD 衍射图谱

化进行分析。由图可得，随着膨润土掺量增加，塑性混凝土试件中的熟石灰和石英含量明显增加，峰值强度大幅提高。膨润土掺量从 $70kg/m^3$ 增加至 $85kg/m^3$ 时，CH 含量逐渐减少，第一特征衍射峰强度明显降低，说明 CH 既与膨润土中的活性成分发生火山灰反应，同时又与 CO_2 发生碳化反应，增加了 CH 消耗量；当膨润土掺量从 $85kg/m^3$ 增加至 $100kg/m^3$ 时，CH 含量和衍射峰强度变化较小，这是由于火山灰反应速率较低，高掺量膨润土大量吸收水分产生塑化效应，延缓了水泥水化反应，从而降低了 CH 的消耗速率。同时也从晶体物相层面验证了膨润土对塑性混凝土宏观力学性能的影响是由塑化效应和固化效应同时作用和相互制约的结果。

2.4.3　BSE 分析

混凝土是一种非均质多相复合材料，其宏观力学性能发展主要取决于内部的微观结构和物相成分演变。为揭示常规混凝土和塑性混凝土的宏观力学性能差异性机制，分别对普通硅酸盐混凝土和塑性混凝土进行了背散射分析（back scattered eletron，BSE），定量分析两种混凝土体系内物相体积分数随养护龄期的演变规律。其中塑性混凝土中的膨润土取代量为 10% 水泥质量分数。BSE 图像中的物相划分主要基于灰度值的差异性。在砂浆中，黑色区域一般代表孔隙物相，亮度最高的区域一般被认为是未水化的熟料矿物区域，两个物相之间的区域一般代表水化产物物相。其中孔隙物相划分的灰度阈值确定一般采用溢出准则，未水化熟料物相的灰度阈值一般取试样的灰度值累积频率的第一个极值点，如图 2.21（a）所示。如图 2.21（b）所示，根据确定的灰度阈值对 BSE 图像中的不同物相进行了划分，其中孔隙为深蓝色区域，水化产物为淡蓝色区域，未水化熟料为红色区域。

图 2.22 为基于条带分析法确定的两种混凝土体系内物相在不同龄期的平均分布，一共划分为 15 个条带，每个条带宽度为 $10\mu m$。随着与骨料距离的增加，两组混凝土体系的总体趋势是孔隙率降低，水化产物增加，未水化熟料增加。从两组混凝土的孔隙率分布可以看出，从骨料表面到砂浆区域存在明显的梯度变化，这是 ITZ 的独有特征：孔隙率高。同时也可看出，靠近骨料-砂浆界面处的微观结构与其他砂浆区域的微观结构明显不同。ITZ 的微观结构主要由骨料表面的"墙壁效应"和"泌水效应"决定。对于砂浆来说，骨料颗粒就像一堵墙嵌入在砂浆中，在骨料-砂浆界面扰乱了水泥颗粒的堆积。较小的水泥颗粒会占据骨料附近的区域，而较大的水泥颗粒则会远离骨料表面。大水泥颗粒的缺乏导致该区域水灰比相对较高，最终导致该区域的孔隙率高于砂浆其他区域，水化产物也更低。同时，较高的水灰比和较少的大水泥颗粒促进了小水泥颗粒的水化反应，因此 ITZ 区域内的未水化颗粒体积占比小于砂浆其他区域。随着

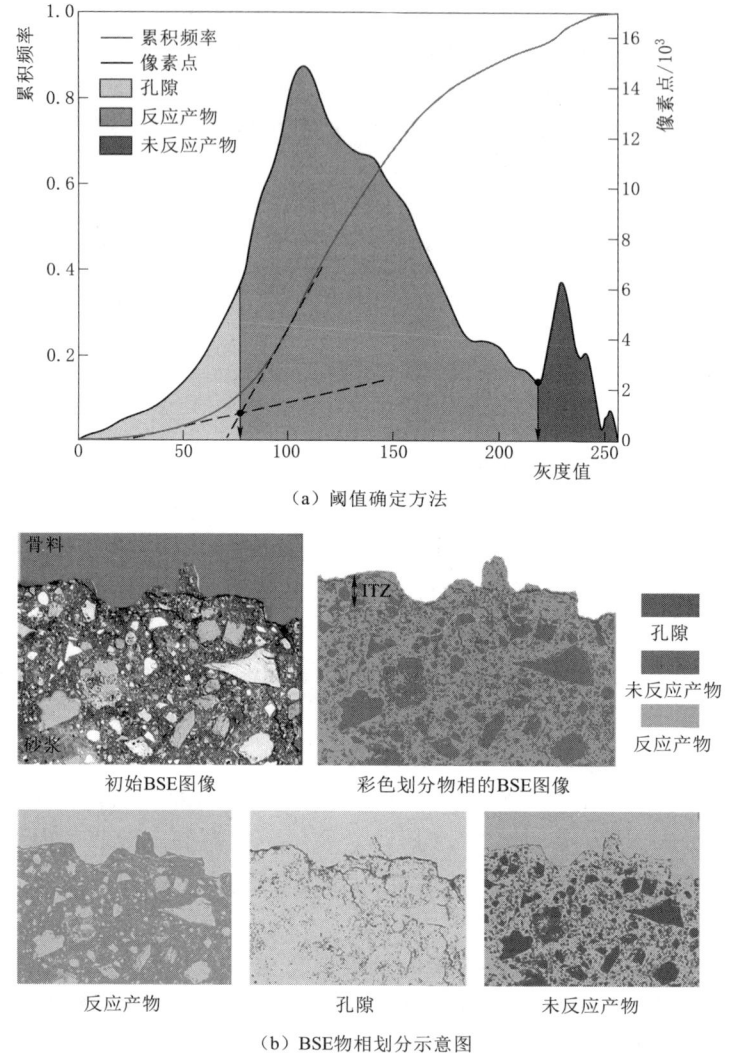

图 2.21 BSE 背散射分析准则

龄期增加,两组混凝土体系的孔隙率逐渐减小,水化产物增加,未水化颗粒减小。不同物相随养护龄期的演变机理可归因于水化作用产生了大量水化产物,从而使微观结构变得更加致密。同时可以发现,随着龄期增加,离骨料表面较近的孔隙率变化幅度大比离骨料表面较远的区域更明显。这表明,与其他砂浆区域相比,靠近骨料-砂浆表面的区域内水化过程更快。主要是因为在骨料表面附近,小颗粒的胶凝材料起主导作用。因此,高水胶比和胶凝材料的大比表面积会加速该区域内的水化过程。

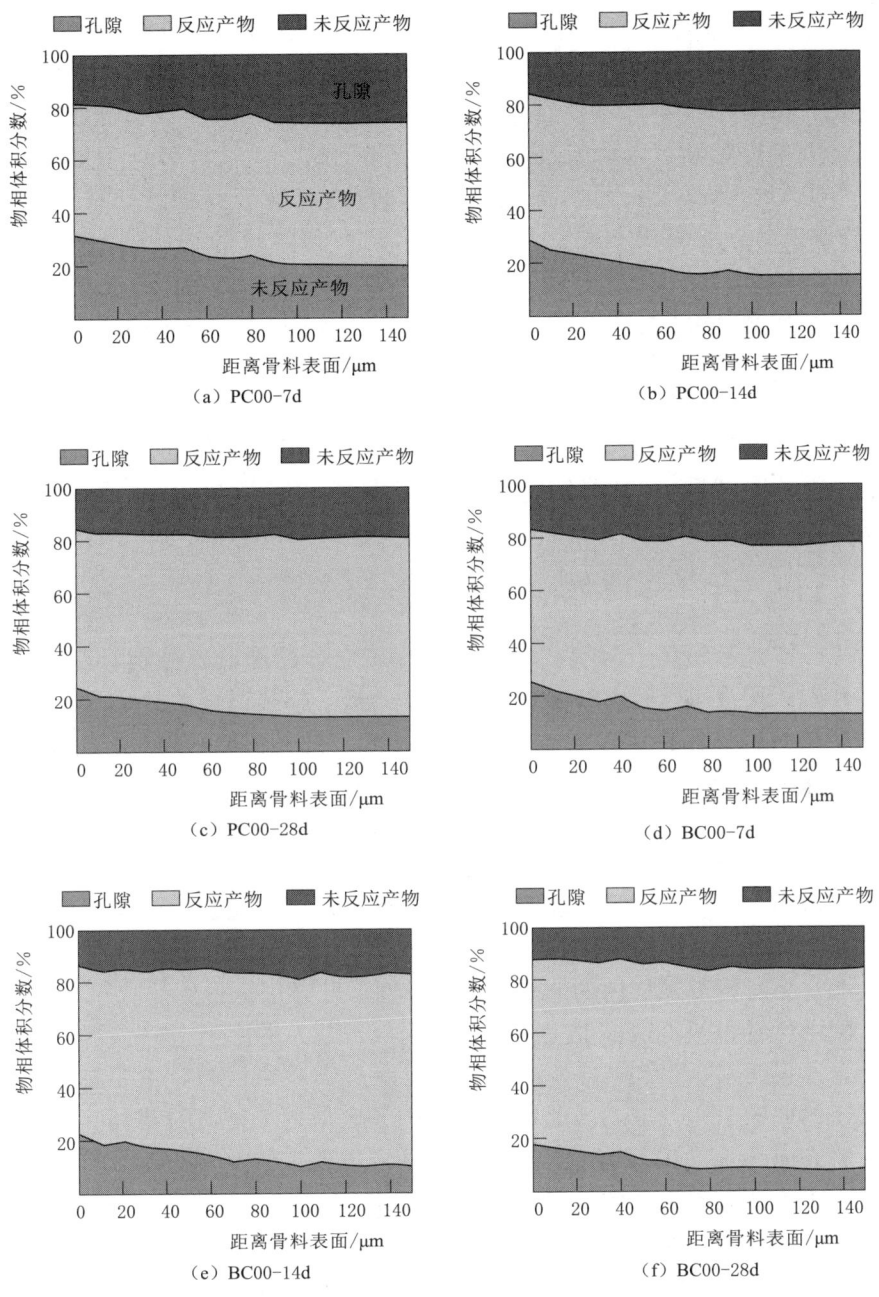

图 2.22 普通硅酸盐混凝土（PC）和塑性混凝土（BC）在不同龄期物相体积分数与骨料表面距离的关系

随着龄期从 7d 增加到 28d，普通硅酸盐混凝土的孔隙率体积分数从 17.6% 减小到 12.7%。当膨润土取代 10% 的水泥后，混凝土体系的孔隙率由 25.8% 降至 17.47%。由于膨润土的高吸水性，使混凝土具有更高的水胶比，从而产生更高的初始孔隙率。此外，随着龄期的增加，塑性混凝土的孔隙率降低幅度比普通硅酸盐混凝土更显著。结果表明，水化产物的填充效应导致体系的总孔隙率降低，并且塑性混凝土内后期发生了火山灰反应。随着养护龄期从 7d 增加到 28d，普通硅酸盐混凝土和塑性混凝土的水化产物含量分别从 62.82% 增加到 73.74% 和从 51.77% 增加到 64.68%，这种现象可归因于膨润土颗粒的火山灰反应较慢。在胶凝材料中，水化产物的含量与抗压强度具有一定的相关性。各养护龄期内普通硅酸盐混凝土的水化产物体积分数均高于塑性混凝土，这与抗压强度的变化趋势一致。此外在养护龄期内，塑性混凝土内未反应熟料的体积分数普遍高于普通硅酸盐混凝土。这种差异同样可以归因于膨润土取代了 10% 水泥颗粒。在搅拌过程中，膨润土颗粒吸收了大量的有效水分，从而减少了水泥水化所需的自由水，阻碍了参与水泥水化的离子的溶解和沉积。

2.4.4 EDS 分析

为进一步揭示膨润土对混凝土体系内物质成分的影响，分别对普通硅酸盐混凝土和塑性混凝土进行 BSE-EDS 线扫描分析。扫描试样的龄期为 28d，扫描试样的区域为靠近骨料表面的 $80\mu m$ 砂浆区域，如图 2.23（a）和（d）所示。两组试样的线扫描结果如图 2.23（b）和（e）所示，可以看出粗骨料的 Si 元素含量更高，但是 Ca 元素和 Al 元素的含量更低，这是由于该试验采用的骨料为硅质骨料。同时在砂浆区域的 Si 和 Al 元素含量较少，而 Si 含量相对较高，但是三种元素的含量较为稳定，随距离变化较小。而三种元素在两组试样的骨料-砂浆界面 ITZ 区域内变化非常明显，而两组试样的元素变化趋势也存在较大差异，下面主要对两组试样内的元素变化差异性展开详细分析。

从图中可看出两组试样 ITZ 内的 Ca 元素分布较不稳定，而在砂浆内的分布较稳定。这表明 Ca 元素在 ITZ 内的移动速率高于砂浆区域，主要是由于 Si 元素对 CH 的成核阻碍效应，因此在多孔的 ITZ 区域内 CH 含量更高。对于 Si 元素，骨料表面的 Si 元素含量比砂浆区域更少，表明 ITZ 区域内形成含 Si 元素的水化产物含量小于砂浆区域。同时相比于普通硅酸盐混凝土，在塑性混凝土 ITZ 内的 Si 元素含量更高，并且 ITZ 和砂浆区域内 Si 元素的变化更缓和。这表明相比于普通硅酸盐混凝土，塑性混凝土 ITZ 内的水化程度更高，主要归因于 ITZ 内出现的火山灰反应。而两组试样的 Al 元素分布趋势较为一致。此外，相比于普通硅酸盐混凝土，塑性混凝土在砂浆区域内的 Ca 元素含量更低，Si 元素和 Al 元素含量更高。这可能是由于膨润土的主要化学成分导致的，其中膨润土颗粒

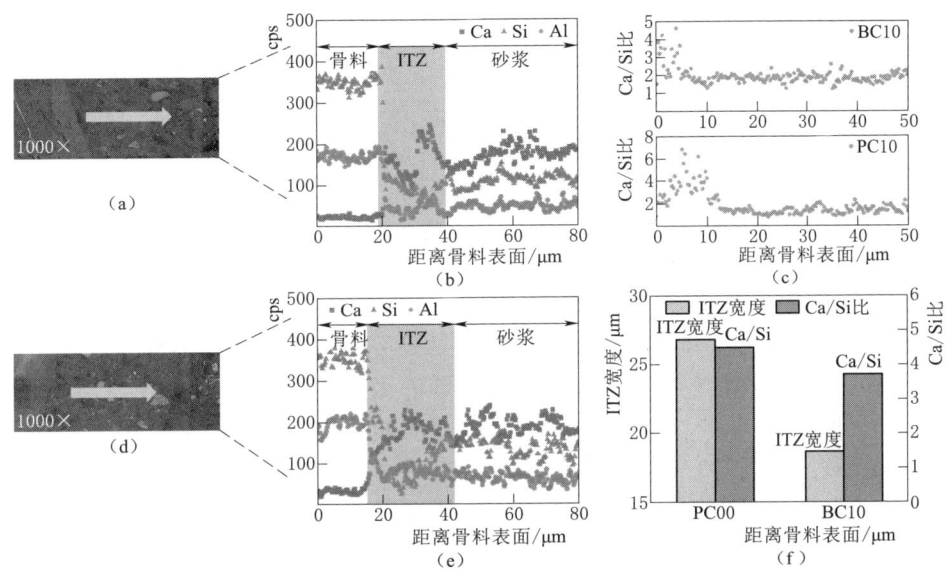

图 2.23 普通硅酸盐混凝土(PC)和塑性混凝土(BC)
在 28d 龄期的线扫描 EDS 分析

的 CaO 含量为 2.36%，SiO_2 含量为 51.21%，Al_2O_3 含量为 13.5%。

两组试样中从骨料表面到砂浆区域的 Ca/Si 比值如图 2.23（c）所示。随着离骨料表面距离的增加，两组试样内 Ca/Si 比值在前 $10\mu m$ 内急剧下降，随后逐渐趋于稳定。水化产物 CH 晶体和 C-S-H 凝胶的平均 Ca/Si 比为 1.8～4.9。C-S-H 凝胶含量越高，对应的 Ca/Si 比越低。图 2.23（f）为两组试样在 ITZ 中的平均 Ca/Si 比值，两组试样内 Ca/Si 比值差异性较大。塑性混凝土 ITZ 的 Ca/Si 平均值和峰值分别为 3.76 和 4.53，而普通硅酸盐混凝土的 Ca/Si 平均值和峰值分别为 4.50 和 7.30。塑性混凝土 ITZ 内的 Ca/Si 值更低，主要是因为塑性混凝土内的火山灰反应，水泥水化反应产生的 CH 晶体与活性矿物成分发生反应生成更多的 C-S-H 凝胶。而膨润土的掺入使得塑性混凝土内的 Ca/Si 比更高。较高的 Ca/Si 比表明水化产物中硅酸盐链聚合程度较差，这也是 CH 和形孔结构存在的证据。结果表明，随着膨润土的掺入，砂浆内的硅链聚合程度更低。此外，在 ITZ 区域内的离子变化较为剧烈，因此可以通过离子变化确定 ITZ 的宽度。普通硅酸盐混凝土的 ITZ 宽度为 $26.77\mu m$，塑性混凝土的 ITZ 宽度为 $18.64\mu m$，比硅酸盐混凝土降低了 35%，这可以归因于许多因素。普通硅酸盐混凝土 ITZ 内的水分含量高，孔隙率更高。而在塑性混凝土内，有效水分被膨润土掺入吸收，降低了 ITZ 内局部的高水胶比。膨润土颗粒和火山灰反应产物的微填充效应增强了 ITZ 的微观结构，包括孔隙率和 ITZ 宽度，因此塑性混凝土的韧性更高。塑性混凝土抗压强度减小的主要原因也可归因于砂浆水化产物硅链聚合程度的减小。

2.5 塑性混凝土力学性能小结

1. 宏观力学性能

塑性混凝土试件的单轴抗压强度在 1.0~5.0MPa 之间,并且随着水泥含量的增加,试件的抗压强度明显增加。峰值应力所对应的轴向应变在 0.30%~0.70% 之间,并随着膨润土含量的减小而增加。塑性混凝土三轴抗压强度随着围压的增加而显著增加。围压的增加导致试件最大承载能力以及破坏模式的改变。可以看出,在低围压条件下,试件的破坏以脆性为主,其峰值应变一般在 0.5%~1.5% 的范围内变化,并表现出清晰的峰值和随后的软化;而在高围压条件下,试件的破坏更加具有韧性,其峰值应力对应的轴向应变也更大,并且出现极为明显的水平变化段,体变由剪胀逐渐变为剪缩,材料更加接近土体的性质,表现出明显的非线性。同时,当膨润土用量一定时,水泥的用量越大,试件应力-应变曲线的峰值和随后的软化越明显,即 B/C 的值越大,应力水平变化段越明显。随着膨润土掺量由 0 增加至 $70 \mathrm{kg/m^3}$ 和 $100 \mathrm{kg/m^3}$ 时,塑性混凝土抗折强度减小了 28.1% 和 42.3%,可以发现,塑性混凝土抗折强度随膨润土掺量的增加呈下降趋势,但是塑性混凝土的延展性能随着膨润土掺量增加而明显改善。

2. 试验方法差异

三轴条件下的试件抗压强度要高于单轴条件下的抗压强度,从数值上来看,200kPa 围压下的试件抗压强度平均比单轴条件下的试件高 13.79%,400kPa 围压下的试件抗压强度平均比单轴条件下的试件高 27.25%,600kPa 围压下的试件抗压强度平均比单轴条件下的试件高 38.29%。除此之外,单轴与三轴条件下的试件,其抗压强度均随水灰比、水胶比的减小而明显增大。三轴条件下试件的弹性模量明显比单轴条件下的大,200kPa 围压下的试件平均比单轴条件下的试件弹性模量高出 36.432%,400kPa 围压下的试件平均比单轴条件下的试件弹性模量高出 50.01%,600kPa 围压下的试件平均比单轴条件下的试件弹性模量高出 57.06%。塑性混凝土作为混凝土的一种,其力学性质介于土与混凝土之间,与普通混凝土存在不小的差异,例如其具有低强度、低弹性模量、高塑性等特点,尤其是其在高围压三轴试验中反映出来的延性与土体较为相似。

3. 微观机制

膨润土加入水泥浆液后,颗粒溶解吸附在骨料表面,将大量的自由水吸收转化成内部结合水。在塑性混凝土凝结硬化过程中,内部大量水分挥发,颗粒表面形成蜂窝空间网络结构。随着膨润土掺量增加，颗粒间的孔洞通道数量和尺寸大幅度增加，反映了膨润土对塑性混凝土宏观强度的削弱作用。同时添加膨润土，促进了CSH等水化凝胶产物的生成，颗粒黏结作用逐渐增强，骨料间隙被填充，颗粒棱角减小，膨润土颗粒吸收了大量的有效水分，因此提高了ITZ区域内水泥颗粒的水化程度，包括孔隙率和ITZ宽度，同时ITZ区域内的Ca/Si比明显减小，表明膨润土颗粒的微填充效应增强了ITZ的微观结构，因此塑性混凝土的韧性更高。塑性混凝土抗压强度减小的主要原因也可归因于砂浆水化产物硅链聚合程度的降低。

第3章

塑性混凝土力学性能的细观模拟

单轴和三轴试验方法得到的塑性混凝土力学指标存在差异,为了进一步揭示这种差异特性,本章利用离散单元法模拟塑性混凝土在不同力学试验方法下的力学行为,揭示塑性混凝土的细观破坏机理,并对比分析两种试验方法对塑性混凝土的力学性能的影响,深入分析塑性混凝土在围压效应和尺寸效应下的细观变形破坏特征。同时结合室内试验成果,采用多元非线性公式定量描述塑性混凝土单轴力学参数-三轴力学参数的经验函数关系,并结合室内试验结果对经验公式的准确性进行验证,以期为进一步了解塑性混凝土的工程力学特性提供参考。

3.1 离散单元法的基本原理

3.1.1 运动定律[87-89]

颗粒中心的合力和合力矩控制颗粒是否发生运动,运动定律决定了运动特性。颗粒的运动主要有平移运动和旋转运动两种形式。在平移运动的过程中,颗粒单元的中心位置矢量 P、速度 v 和加速度 a 发生了变化。旋转运动主要由角速度 ω 和角加速度 β 表示。

颗粒单元平移运动的计算公式如下:

$$F = m(a - g) \tag{3.1}$$

式中:F、m、g 分别为颗粒单元的外荷载、质量和重力加速度;a 为加速度。

颗粒单元旋转运动的表达式为

$$M = \frac{dH}{dT} \tag{3.2}$$

式中:M 和 H 分别为颗粒单元的合力矩和角动量。

假设在每一个颗粒单元中建立局部坐标系,坐标系的原点为颗粒的质心,则可以用欧拉方程的形式对旋转运动的表达式进行简化,如下所示:

$$\begin{cases} M_1 = I_1\beta_1 + (I_3 - I_2)\omega_3\omega_2 \\ M_2 = I_2\beta_2 + (I_1 - I_3)\omega_1\omega_3 \\ M_3 = I_3\beta_3 + (I_2 - I_1)\omega_2\omega_1 \end{cases} \quad (3.3)$$

式中：M_1、M_2、M_3 分别为不同主轴方向上合力矩的分量；I_1、I_2、I_3 分别为颗粒单元在不同主轴方向上主惯性矩；β_1、β_2、β_3 为颗粒单元对于不同主轴的角加速度；ω_1、ω_2、ω_3 是不同主轴方向的角速度。

将颗粒单元视为均质球体，则其质心和中心重合，因此 $I_1 = I_2 = I_3$。式（3.3）可以简化为

$$M_i = I_i\beta_i = \left(\frac{2}{5}mR^2\right)\beta_i \quad (i=1,2,3,\cdots,n) \quad (3.4)$$

通过差分法得到颗粒平移运动和旋转运动的表达式分别如下：

$$a = \frac{1}{\Delta t}\left[v^{(t+\Delta t/2)} - v^{(t-\Delta t/2)}\right] \quad (3.5)$$

$$\beta = \frac{1}{\Delta t}\left[\omega^{(t+\Delta t/2)} - \omega^{(t-\Delta t/2)}\right] \quad (3.6)$$

式中：t 为计算时间；Δt 为时间步长。

将式（3.5）和式（3.6）分别代入到式（3.1）和式（3.4）中得

$$v^{(t+\Delta t/2)} = v^{(t-\Delta t/2)} + \left[\frac{F(t)}{m} + g\right]\Delta t \quad (3.7)$$

$$\omega^{(t+\Delta t/2)} = \omega^{(t-\Delta t/2)} + \frac{M(t)}{I}\Delta t \quad (3.8)$$

根据式（3.7）和式（3.8），可以得到时间步长对应的颗粒单元的速度和角速度。在下一个时间步长中，将计算得到速度和角速度重新代入式（3.5）和式（3.6），对颗粒单元的速度和角速度进行更新。同时，由颗粒单元的速度可以得到其中心的位置坐标如下：

$$P^{(t+\Delta t/2)} = P + v^{(t+\Delta t/2)}\Delta t \quad (3.9)$$

由式（3.9）得到颗粒单元中心的位置后，需要重新判断颗粒间的接触特性，并求出颗粒单元中心的合力和合力矩。利用公式进行反复迭代，直至颗粒单元间的合力和合力矩满足平衡条件。

3.1.2 力-位移法则

在颗粒离散单元法中，主要有两种接触方式：颗粒单元与颗粒单元（球-球）接触和颗粒单元与墙体（球-墙）接触。在颗粒离散单元法中，接触区域内存在接触力和相对位移，力-位移定律可描述二者之间的关系。图 3.1 为两种接触模型的示意图。C 为颗粒单元的接触点，单位法向向量为 $\mathbf{n}_i$；U 为颗粒重叠量，

可分解为法向相对接触位移 U_n 和切向相对接触位移 U_t；d 为接触对象形心之间的距离；$\boldsymbol{P}$ 为位置矢量；R 为颗粒单元的半径。

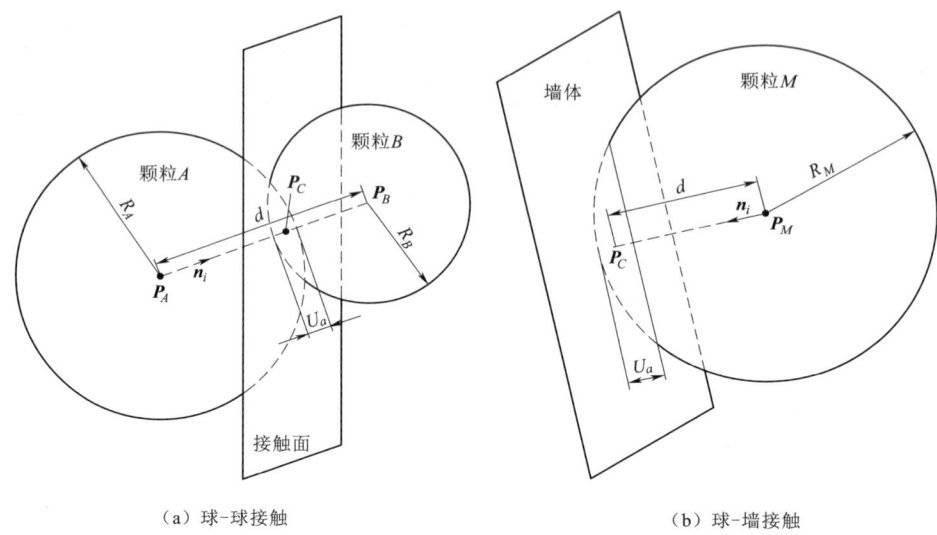

（a）球-球接触　　　　　　　　　　　　（b）球-墙接触

图 3.1　颗粒离散单元法的两种接触模型

当颗粒 A 和颗粒 B 发生接触时，单位法向向量 $\boldsymbol{n}_i$ 的计算公式为

$$\boldsymbol{n}_i = (\boldsymbol{P}_A - \boldsymbol{P}_B)/d \tag{3.10}$$

颗粒单元形心间的距离用 d 表示，其计算公式如下：

$$d = |\boldsymbol{P}_A - \boldsymbol{P}_B| = \sqrt{(\boldsymbol{P}_A - \boldsymbol{P}_B)\boldsymbol{P}_A - \boldsymbol{P}_B} \tag{3.11}$$

法向相对接触位移 U 的表达式为

$$U = R_A + R_B - d \tag{3.12}$$

对于球-墙接触，接触法向为二者垂线的连接方向，该接触的法向相对位移表示式为

$$U_n = R_M - d \tag{3.13}$$

当 $U_n \geqslant 0$ 时，接触对象间发生接触，二者之间有重叠量，颗粒单元呈现受压的状态；当 $U_n < 0$ 时，接触对象间不发生接触，也没有重叠量，颗粒单元呈现受拉的状态。

接触点 C 的位置矢量如下：

$$\begin{aligned}\boldsymbol{P}_C &= \boldsymbol{P}_A + (R_A - U_n/2)\boldsymbol{n}_i \,(\text{球-球接触})\\ \boldsymbol{P}_C &= \boldsymbol{P}_M + (R_M - U_n/2)\boldsymbol{n}_i \,(\text{球-墙接触})\end{aligned} \tag{3.14}$$

接触力矢量 $\boldsymbol{F}_i$ 是由法向接触力分量 F_n 和切向接触力分量 F_t 组成，计算公式为

$$\boldsymbol{F}_i = F_n + F_t \tag{3.15}$$

其中法向接触力分量 F_n 计算如下：
$$F_n = K_n U_n \quad (3.16)$$
式中：K_n 为法向接触刚度，具体数值随着接触模型的变化而改变。

对于切向接触力分量 F_t，在接触发生的初始阶段，F_t 为 0。随着计算的循环，颗粒单元的运动会使接触区域内产生切向相对接触位移，从而使切向接触力发生变化。切向接触力的变化量会在原有切向接触力的基础上进行叠加。

切向接触力变化量的表达式如下：
$$\Delta F_t = -K_t \Delta U_t \quad (3.17)$$
式中：K_t 为切向接触刚度；ΔU_t 为切向相对位移的增量。

切向接触力分量的表达式为
$$F_t' = F_t + \Delta F_t \quad (3.18)$$
式中：F_t 为初始切向力；ΔF_t 为切向力的变化量；F_t' 为变化后的切向力。

3.2 离散单元法接触模型

3.2.1 颗粒流 PFC 计算软件

PFC 是一款以颗粒流单元方法为基本原理的计算分析程序，适用于描述和分析散体或胶结材料的细观力学特征和受力变形，能模拟固体破裂和裂纹扩展，可以用于研究材料和结构上的破裂、底层断裂等现象。PFC 具有以下优点：从细观角度模拟物理介质，通过简单描述颗粒相互作用的方法获取研究材料的力学特征和宏观力学参数，避免由于设定宏观本构模型而引入复杂的参数。PFC 软件将黏结接触的断裂作为坚硬固体最根本的破坏原因，可以模拟材料从细观裂纹起裂、扩展到宏观贯通整个过程。PFC 还可以从细观尺度出发进行材料的多场耦合及动力学模拟。基于上述优势，PFC 在岩土、采矿、石油等领域得到广泛运用。

PFC 通过分析组成材料的颗粒随外荷载的变化体现材料的宏观力学行为，使用力-位移模型描述颗粒之间的相互作用，包括颗粒之间的黏结、滑移等现象。因此，选择合适的力-位移模型描述颗粒间接触的力学行为是成功使用 PFC 模拟材料的关键。PFC 假定构成材料的圆球颗粒是刚性的，颗粒之间的接触存在三种相互作用：①刚性接触，用于模拟颗粒之间的法向和切向相对位移产生的法向弹性力和切向弹性力；②滑移接触，用于模拟颗粒之间的摩擦力，控制摩擦力和胶结破坏后的残余摩擦力；③黏结接触，将颗粒黏结起来，允许传递弯矩和扭矩。在三种接触的基础上，软件内置多种接触模型，其中常用于模拟材料静力学特性的黏结接触模型有线性黏结接触模型、平行黏结接触模型、平行节理接触模型。

线性黏结接触模型假定颗粒之间的黏结接触作用在接触点上,因此只能分析接触力不能分析接触应力,多用于模拟离散尺寸的大尺寸颗粒组成的材料。平行黏结接触模型在线性黏结模型的基础上,将点接触的形态改为矩形(2D情况)或者原型(3D情况)接触,平行黏结接触模型可以分析黏结接触面上的应力,因此广泛应用于胶凝材料。平行节理接触模型在平行黏结接触模型上,在颗粒黏结面上加一层节理面,节理面可以分为不同单元,每个单元有不同的破坏以及受力状态。平行节理接触模型通过多个单元的设置将接触面再次细分,能表现颗粒间接触的部分破坏特征,因此可以再现更为复杂的断裂破坏现象,但平行节理接触模型运算量相比平行黏结接触模型成倍增加,运算时间长。

3.2.2　平行黏结接触模型简介

鉴于混凝土材料是胶结材料,且混凝土细观尺度非均质特征需要大量小尺寸颗粒表现,运算速度受限于数量众多的颗粒,因此不使用接触单元多的平节理模型,使用平行黏结模型开展混凝土单轴受压破坏三维数值模拟。

平行黏结接触模型包含黏结接触和线弹性接触两部分,黏结接触可以等效为一系列刚度相同的法向与切向弹簧(本书不考虑黏弹性),这些弹簧均匀分布在以接触点为中心的接触面上,接触形状在二维为单位宽度的矩形,三维为圆盘的示意图,如图3.2所示。从图3.2中可看出,黏结弹簧的作用方向与无黏结时线弹性接触模型的点接触方向相同。黏结接触可以通过给定临界值自动判断,当颗粒间距离小于该值时,颗粒黏结被自动激活。颗粒黏结后不能旋转,但可以承受力矩,此时弹簧作用包含线性弹簧与黏结弹簧,当黏结弹簧所受的应力超出极限时黏结被破坏,平行黏结接触模型退化为仅存在线弹性接触模型的状态,不再承受弯矩和扭矩。

黏结接触模型作用在颗粒上的力 F_C 和力矩 M_C 按照接触模型分类如下:

$$F_C = \overline{F} + F^l \tag{3.19}$$

$$M_C = \overline{M} \tag{3.20}$$

式中:$\overline{F}$ 和 F^l 分别为黏结接触与线性接触的作用力;$\overline{M}$ 为黏结接触的合力矩。

$\overline{F}$ 可以根据接触面方向分解为垂直于接触面的法向力 $\overline{F}^n$ 和沿接触面的切向力 $\overline{F}^s$,$\overline{F}^n > 0$ 时,颗粒受拉力作用,$\overline{M}$ 可以分解为扭矩 $\overline{M}^t$ 和弯矩 $\overline{M}^s$($\overline{M}^t = 0$,2D情况下)。

当黏结的两个颗粒之间产生相对移动 $\Delta\delta$,相对转动 $\Delta\theta_b$ 和相对扭转 $\Delta\theta_t$,作用在颗粒间的接触力和力矩产生变化。按方向将 $\Delta\delta$ 分解为法相增量 $\Delta\delta^n$ 和切向增量 $\Delta\delta^s$,黏结接触的切向力 $\overline{F}^s$、法向力 $\overline{F}^n$、弯矩 $\overline{M}^t$ 和扭矩 $\overline{M}^t$ 通过下式更新:

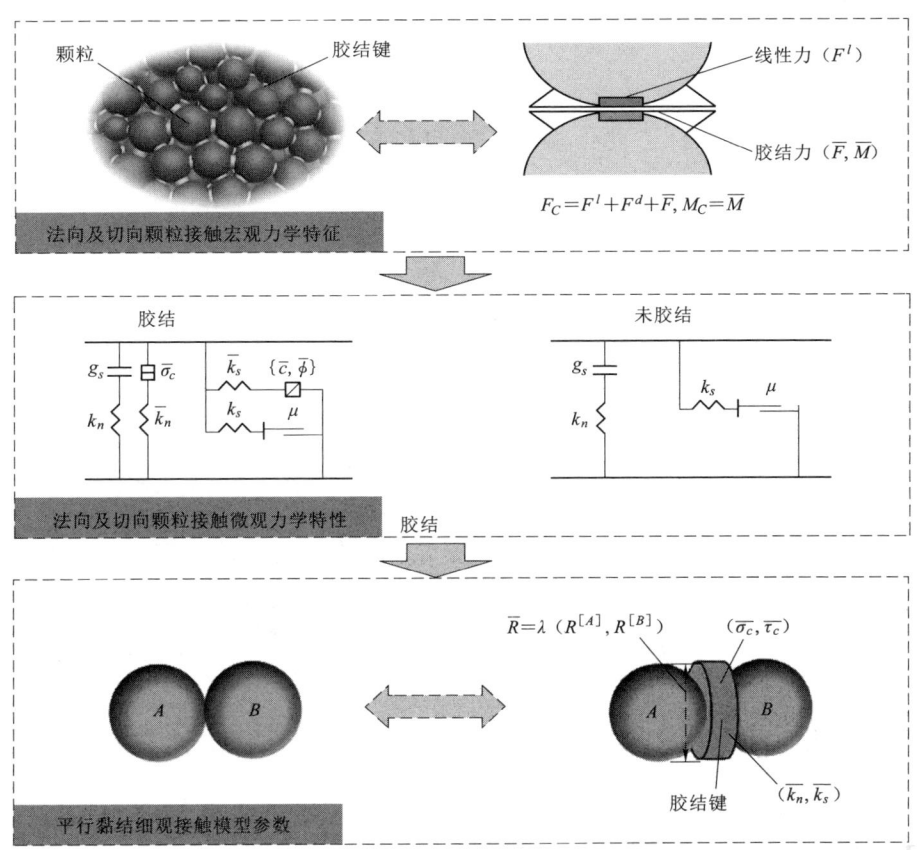

图 3.2 平行黏结接触模型

$$\overline{F}^n = \overline{F}^n - \overline{k}^n \Delta \delta^n \overline{A} \quad (3.21)$$

$$\overline{F}^s = \overline{F}^s - \overline{k}^s \Delta \delta^s \overline{A} \quad (3.22)$$

$$M^b = M^b - \overline{k}^n \Delta \theta^b \overline{I} \quad (3.23)$$

$$M^t = M^t - \overline{k}^s \Delta \theta^t \overline{J} \,(3\mathrm{D}) \quad (3.24)$$

式中：$\overline{k}^n$ 为黏结接触的法向刚度；$\overline{k}^s$ 为黏结接触的切向刚度；$\Delta \delta$ 和转角等颗粒之间相对位置的变化通过接触颗粒的位置计算，颗粒位置通过作用在颗粒上的合力计算；A 为接触的面积；$\overline{I}$ 为接触的抗弯刚度；$\overline{J}$ 为接触的抗扭刚度。

平行黏结接触模型中，截面法向和切向强度中任一计算值超过规定值时，平行黏结键发生破坏，平行黏结接触模型退化为线性模型，力-位移关系、强度包络线如图 3.3 和图 3.4 所示，具体的力-位移计算法如下：

$$\overline{\sigma}_{\max} = \frac{\overline{F}_n}{A} + \frac{|M_b|\overline{R}}{\overline{I}} < \overline{\sigma}_c \quad (3.25)$$

$$\overline{\tau}_{\max} = \frac{|\overline{F}_s|}{\overline{A}} + \frac{|\overline{M}_t||\overline{R}|}{\overline{J}} < \overline{\tau}_c \qquad (3.26)$$

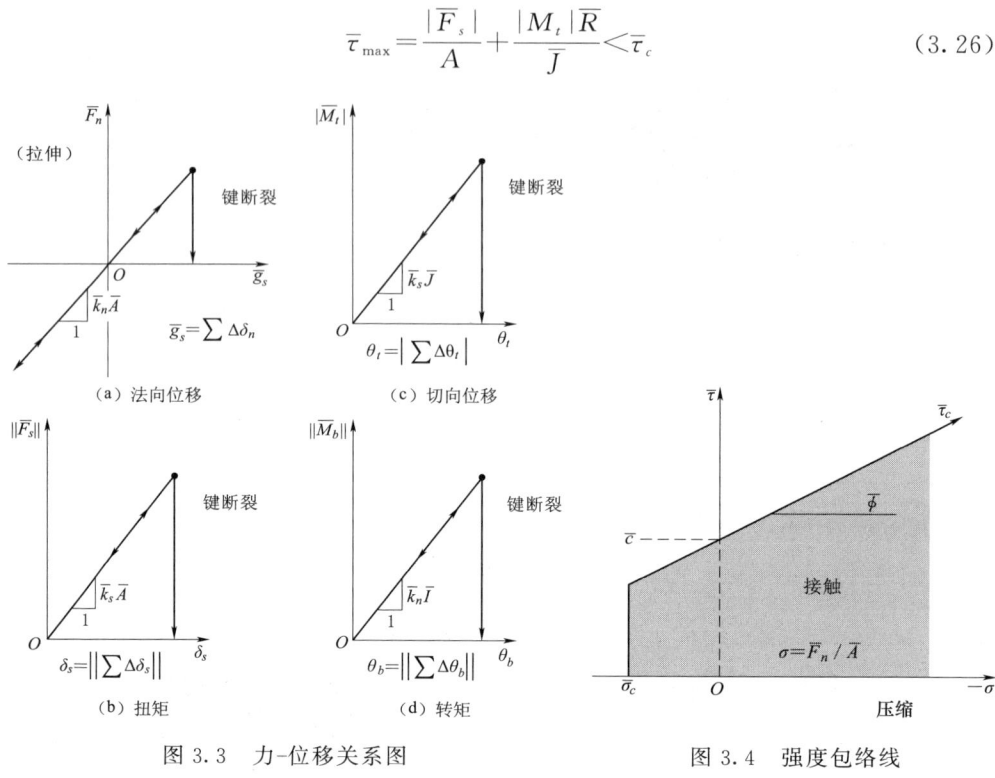

图 3.3　力-位移关系图　　　　　　图 3.4　强度包络线

3.3　参数标定试验

　　选取合理的细观参数是使用 PFC 开展数值模拟的关键。PFC 平行黏结接触模型细观参数选取使用逆推的方法，通过材料宏观力学响应反推出细观参数。平行黏结接触模型参数被分为颗粒参数与接触参数两类，颗粒参数包括颗粒密度，弹性接触的弹性模量，法向切向刚度比和颗粒间滑动摩擦系数。接触参数包括黏结接触的弹性模量，法向切向刚度比，抗拉强度，黏聚力和内摩擦角。

3.3.1　试验模型

　　建立柔性边界三轴试验离散元模型示意图的步骤如图 3.5 所示。单轴试验的离散元模型与三轴试验离散元模型一致，只是不需要加墙体边界条件和围压荷载，因此对于单轴试验离散元试验不作另外的解释。

　　（1）边界模拟。基于 PFC‒FLAC 耦合接口建立柔性膜边界，调整柔性膜边界的局部坐标，使柔性膜边界上的所有节点对准试样的中心轴线，便于后续围压的施加。采用 shell 单元在柔性膜边界节点上建立墙体边界，同时生成上下

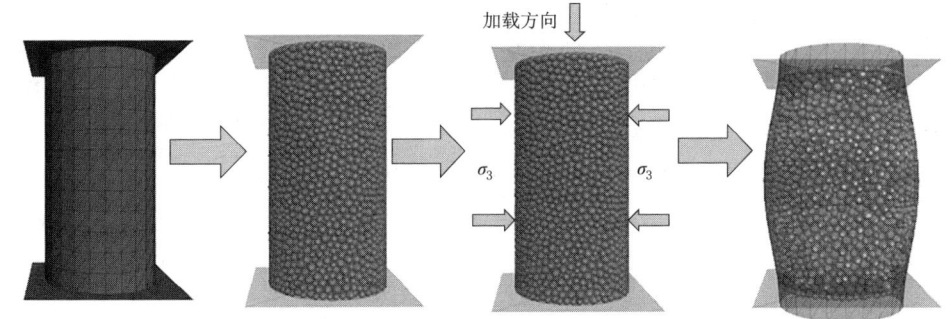

图 3.5　三轴试验离散元模型示意图

刚性加载板，加载板超出四周墙体边界 30mm。耦合接口 Socket I/O 确保了 FLAC 耦合边界节点与 PFC 墙体端点的位移连续性和应力连续性。

（2）试样生成。在柔性边界墙体内采用半径放大法随机生成目标孔隙率的球形颗粒，试样直径为 150mm，高度为 300mm，最小粒径设为 3mm，最大粒径与最小粒径的比值为 1.66，生成的颗粒数为 13759 个。颗粒间的接触设为平行胶结模型，颗粒与墙体间的接触设为线性接触模型，并将接触参数赋值到相应的接触模型。通过伺服机制消除试样内部的不平衡应力和位移，使得试样内部颗粒达到稳定状态。

（3）模型加载。模型内部颗粒达到稳定状态后，保持侧向墙体的围压状态，控制上下加载板的压缩速率进行加载。通过 fish 语言编写监测函数，监测模型试验的应力-应变行为，控制试验进度。记录加载过程中试样位移矢量图和接触力链图，以供后续的结果分析。

3.3.2　参数敏感性分析

在离散元模拟中，细观接触模型参数的选取是否能反映材料真实宏观力学特性的关键。由于研究方法的局限性和实际内部结构的复杂性，目前还没有建立系统且详细的接触力学理论来描述细观颗粒与宏观力学响应之间的定量关系。因此，通过控制变量法分析各细观接触变量对宏观力学特性的敏感性，为后续的三轴参数标定提供参考。

本节主要分析有效模量、刚度比、pb_ten、pb_coh 四种细观参数对宏观力学特性的影响，敏感性分析如图 3.6 所示。由图 3.6（a）可得，随着有效模量增加，材料的宏观弹性模量几乎呈线性增加，峰值强度也随之增加，幅度较小。由图 3.6（b）可得，随着刚度比增加，材料的宏观峰值强度变化趋势不明显，变化幅度在 0.5MPa 以内，弹性模量逐渐减小。由图 3.6（c）可知，在一定范围内，宏观峰值强度和弹性模量均随 pb_ten 增加而增大，当 pb_ten 与 pb_coh

相差较大时，pb_ten 对材料宏观力学响应影响较小。结合图 3.6（d）可知，宏观峰值强度与 pb_coh 大致呈线性关系，当 pb_coh 与 pb_ten 相差较大时，pb_coh 对材料的宏观弹性模量影响较小。这是由于在线性平行胶结模型中，颗粒间的黏结强度 pb_ten、pb_coh 相互影响，胶结键的破坏主要取决于两种黏结强度谁先达到破坏值，因此 pb_ten 和 pb_coh 不宜相差太大。

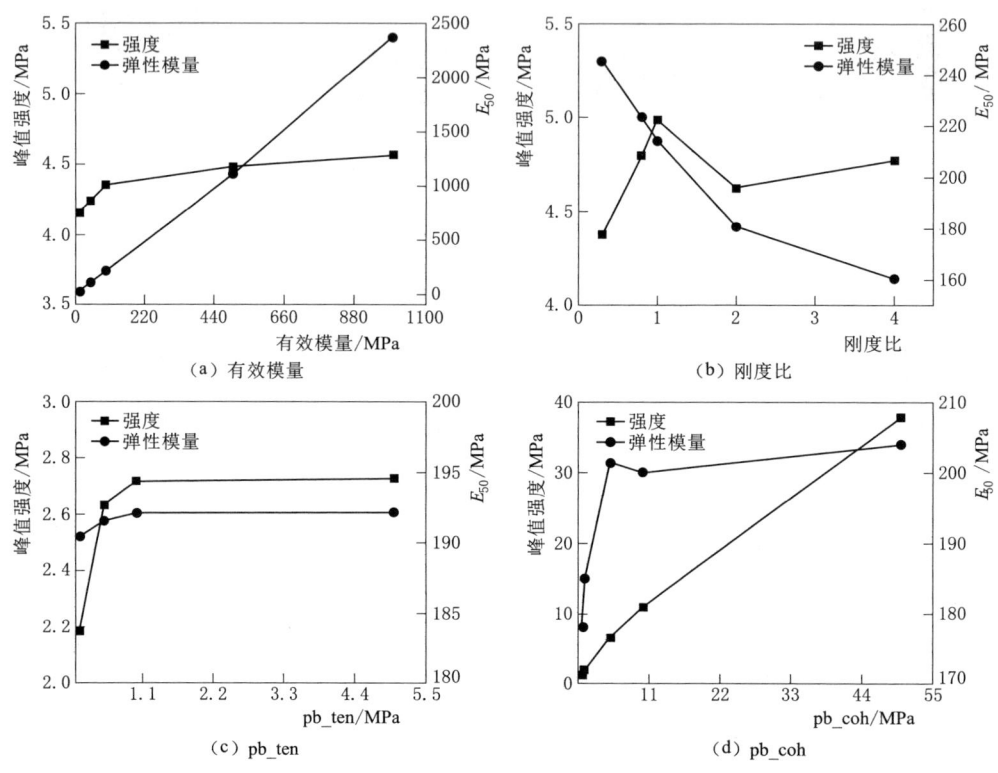

图 3.6　细观接触参数对宏观力学性能的影响

以上为线性平行胶结模型中主要单一细观参数对材料宏观力学特性的影响，材料宏观弹性模量主要与有效模量和刚度比有关，对有效模量的变化更敏感；材料宏观峰值强度主要与 pb_coh、pb_ten 相关，峰值强度对 pb_coh 改变最为敏感。结合图 3.6 可得，各细观参数之间也存在相互影响，因此本章只对宏-细观参数进行定性敏感性分析，不考虑定量关系表达式。

3.3.3　标定结果

结合上述的宏-细观参数敏感性分析，对塑性混凝土三轴数值模型试件进行细观参数标定，当数值模拟得到的应力-应变曲线与室内试验结果基本接近时，即认为所选取的细观参数能够反映真实材料的宏观力学行为。通过多次试算标定的塑性混凝土细观参数见表3.1。

表3.1 塑性混凝土试样细观接触参数

接触类型	接触模型	E	kratio	pb_coh	pb_ten	pb_rmul	pb_fa	μ
球—墙	线性黏结接触模型	7×10^8	2	1.4×10^6	8×10^6	0.2	36.7	—
球—球	平行黏结接触模型	7×10^8	2	—	—	—	—	0.5

室内三轴试验所用的仪器为SY250型三轴压缩试验仪，三轴试验的加载速度为0.4mm/min；塑性混凝土主要由P·O 42.5鑫达山水泥、粗骨料、钙基膨润土、细砂和奈系减水剂组成；三轴试件采用圆柱体，试样尺寸为$\phi150mm\times300mm$；砂率设为0.5。具体的塑性混凝土试样配合比设计及三轴力学强度见表3.2。

表3.2 塑性混凝土试验配合比设计和基本力学参数

编号	掺 量/(kg/m³)				不同围压下的破坏强度/MPa		
	水泥	膨润土	粗骨料	水	200kPa	400kPa	600kPa
S1	160	100	825	302	4.56	5.15	5.57

在200kPa、400kPa、600kPa围压下，数值模拟所得到的应力-应变曲线和室内试验结果如图3.7所示。由图3.7可知，数值模拟结果与室内三轴试验曲线的吻合度较好，均表现出应变硬化现象，峰值强度也较接近。两者存在明显的区别是室内试验存在明显的压密阶段，这主要是由于试验中的颗粒生成方法采用的是半径放大法，导致模型内部结构在初始阶段已达到平衡状态，加载过程直接从弹性阶段开始。因此，所标定的细观接触参数能较好地模拟塑性混凝土试样的宏观力学特征。

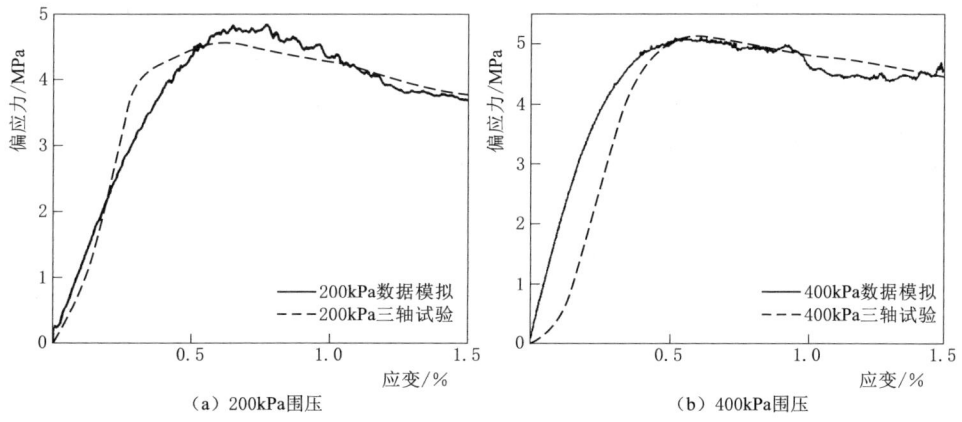

(a) 200kPa围压　　　　　　　　(b) 400kPa围压

图3.7（一） 数值模拟与室内试验结果对比

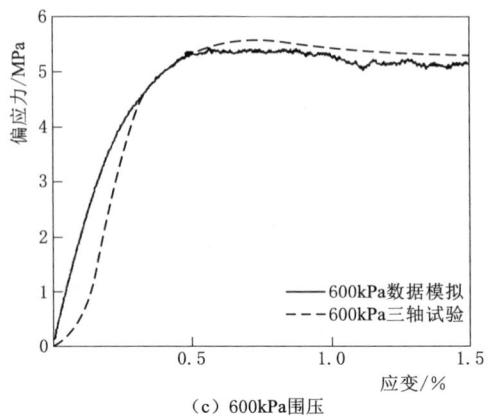

(c) 600kPa围压

图 3.7（二） 数值模拟与室内试验结果对比

3.4 塑性混凝土的细观破坏机理

3.4.1 不同围压下的塑性混凝土细观破坏机理

基于标定出的细观接触参数，通过伺服机制对试样开展围压分别为200kPa、400kPa、600kPa、800kPa的大型三轴试验数值模拟，图3.8为试样的宏观力学特性与围压的关系。结合图3.8（a）可得，不同围压下试样的应力-应变曲线均存在明显的硬化阶段，这与实际试验的结果一致。试样的峰值强度和弹性模量随围压变化的关系如图3.8（b）、（c）所示。从图中可看出，随着围压增加，试样的峰值强度和弹性模量均有大幅度增加，且强度与围压之间满足线性关系，弹性模量增加的趋势逐渐变缓。这是由于围压增大对试样的膨胀变形有一定的抑制作用，从而增强了试样的整体性，有效提高了试样的承载性。

选取不同轴向应变时刻试样剖面的颗粒位移矢量图和接触力链变化图，进一步分析塑性混凝土试样破坏剪切带的形成及演变机理，如图3.9所示。总体上看，不同围压下试样破坏后均呈现出侧向不均匀膨胀变形，与室内试验现象相吻合。对比不同围压下塑性混凝土试样的颗粒位移矢量图，在加载初期，与墙体接触的局部颗粒首先发生移动，主要的运动趋势表现为法向向外运动，即上下端部颗粒向试样中部移动，试样中部颗粒向侧向移动，从而形成剪切带。随着轴向应变增加，斜截面处局部转动的颗粒逐渐相互连接贯通，内部剪切带基本形成，试样开始出现不均匀鼓胀变形。而后随着轴向应变继续增加，试样达到破坏状态，剪切带不断扩大贯通，呈现出了渐近破坏的发展过程，试样整体呈现鼓胀变形。

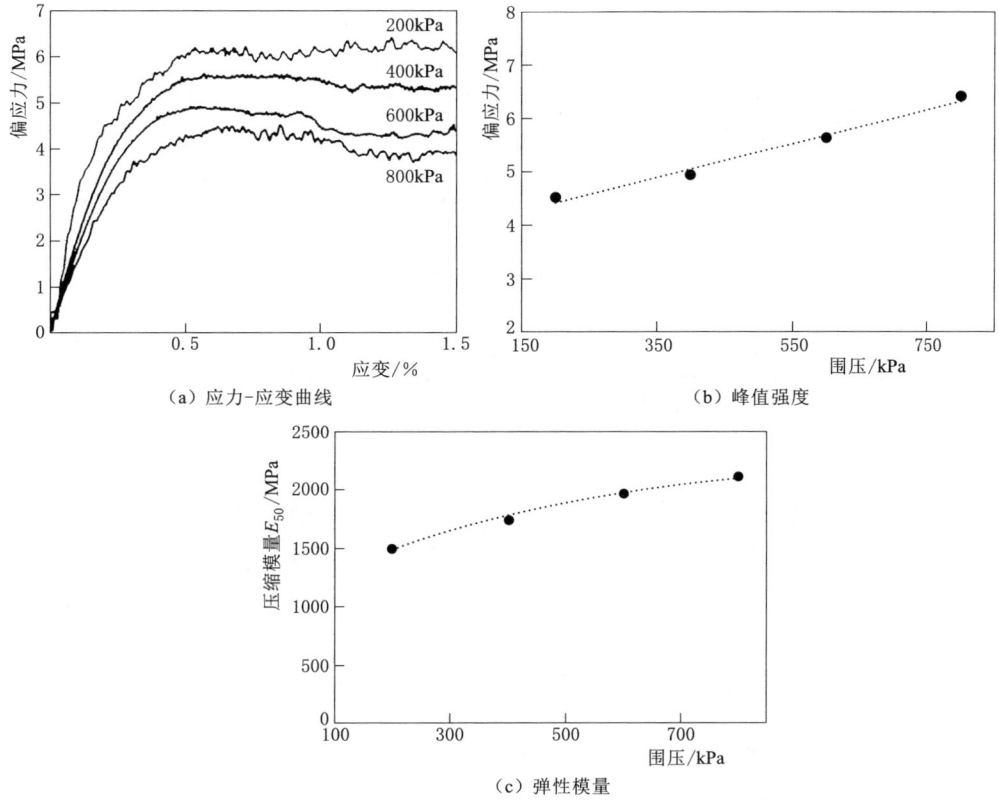

图 3.8 试件的宏观力学特性与围压的关系

在细观模拟过程中,结构内部力链演化过程是揭示颗粒间接触力传递机制的关键。如图 3.9 所示,对比图中不同围压下试样内部的接触力链分布图可得,在围压加载初期,颗粒接触力链整体均匀分布,为抵抗轴向荷载,力链的主体方向是沿着轴向发展。随着轴向应变增加,试样上端部处逐渐出现应力骤增,同时剪切带附近的力链强度逐渐增加,与上述颗粒位移矢量图中剪切带的演化一致。试样破坏后,内部破坏剪切带形态均为非对称 X 形分布。在加载过程中,试样内部颗粒不断调整位置,位于结构对角线处的颗粒簇首先发生破碎,从而形成抗剪性能弱的 X 形剪切带。试样在不同围压下形成的剪切带大小和形态存在差异,主要是由于围压越大,对试样内部颗粒运动的约束越强,颗粒出现局部破坏的区域越小,因此低围压下的剪切带形态更明显,宽度越大。

3.4.2 不同尺寸下的塑性混凝土细观破坏机理

混凝土试验方法单轴试验中圆柱试样尺寸为 $\phi 100\text{mm} \times 200\text{mm}$,土工试验规范中三轴试验圆柱试样尺寸为 $\phi 150\text{mm} \times 300\text{mm}$。塑性混凝土的力学性能与

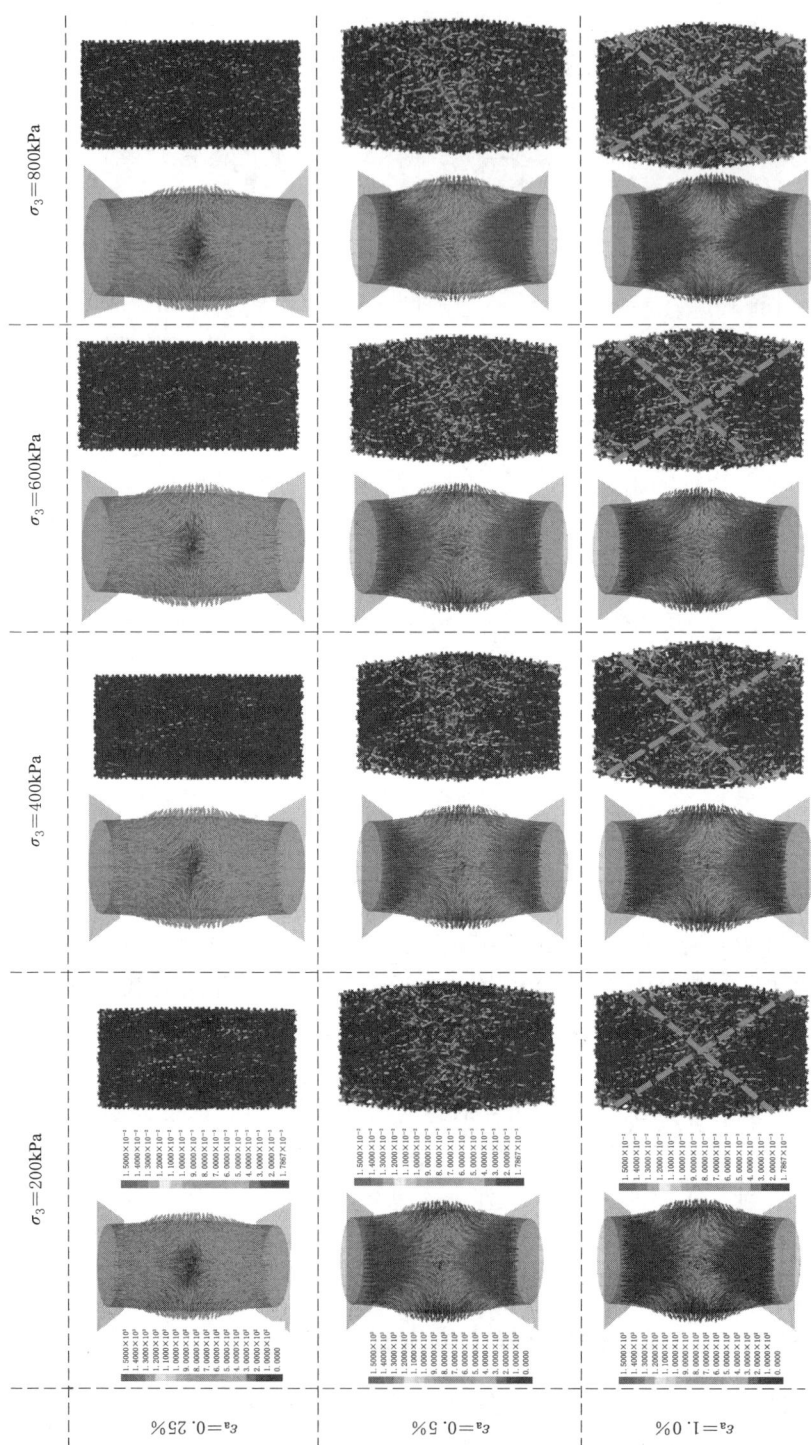

图 3.9 不同围压下试样内部颗粒的位移矢量图和力链图

其结构尺寸密切相关。因此为探究不同尺寸对塑性混凝土力学特性的影响，设置 4 组不同尺寸的试样，其中 L/D 均为 2，对其展开不同围压下的三轴数值模拟试验。不同围压下试样峰值强度、弹性模量与试样尺寸的关系如图 3.10 所示。由图 3.10 可知，同一围压下，试样的峰值强度、弹性模量整体上随尺寸增加呈减小趋势。这主要是由于试样尺寸越小，环箍效应越明显，同时内部结构存在孔隙和缺陷的概率也较小，因此整体性能优于大尺寸试样。在细观尺度上，内部颗粒之间的接触力链是反映试样力学性能的关键因素。当试样的高径比保持不变时，大尺寸试样内部颗粒数量更多，颗粒之间接触力链更复杂，接触力链发生断裂破坏的概率更大，因此大尺寸试样的整体性更弱。在相同荷载作用下，小尺寸试样内部颗粒更紧凑，整体接触力链分布较均匀，其承载性能优于大尺寸试样。采用尺寸效应系数定量分析不同围压下的试样抗压强度尺寸效应，具体的计算公式如下：

$$\eta_m = \frac{|f_{cu,m} - f_{cu,150}|}{f_{cu,150}} \times 100\% \tag{3.27}$$

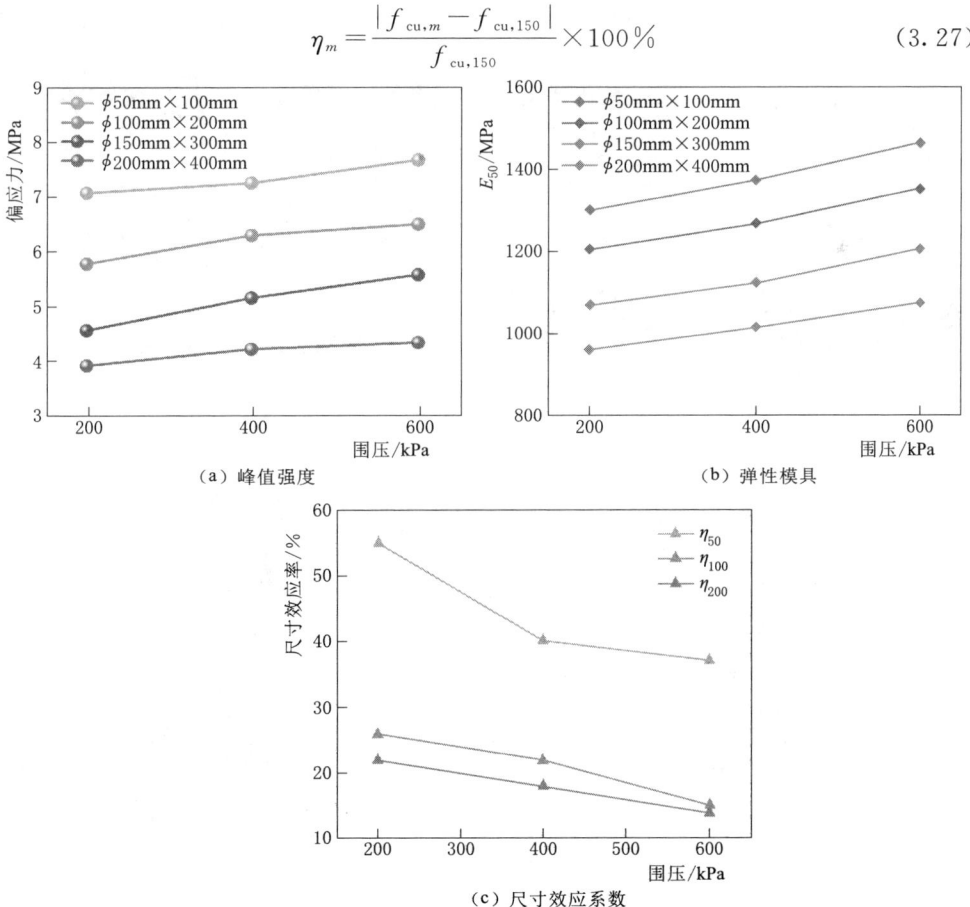

(a) 峰值强度

(b) 弹性模具

(c) 尺寸效应系数

图 3.10　不同围压下峰值强度、弹性模量与试样尺寸的关系

式中：m 指试样直径尺寸，本书以圆柱试样 ϕ150mm×300mm 抗压强度为标准值。

试样的尺寸系数与围压之间的关系如图3.10（c）所示。采用4种圆柱试样尺寸：ϕ50mm×100mm、ϕ100mm×200mm、ϕ150mm×300mm、ϕ200mm×400mm。从图中可得到，当试样尺寸相差较大时，尺寸效应越明显，同时随着围压增加，试样的抗压强度对尺寸效应的敏感性降低。表明围压的存在对尺寸效应有一定影响，高围压有利于提高结构内部的整体性，从而弱化了结构抗压强度的尺寸效应。

不同尺寸下试样颗粒内部的位移云图如图3.11所示，从图中可看出，不同尺寸试样破坏时均为X形共轭斜截面剪切破坏，内部颗粒的整体运动趋势为"弧度式"运动，尺寸效应对试样的破坏形式影响较小。试样的室内试验破坏形态如图3.12所示，在室内三轴压缩试验中，破坏试样表面存在明显的带状剪切带，与数值模拟结果吻合较好。当试样内部颗粒贯通连接时，试样剪切带大致

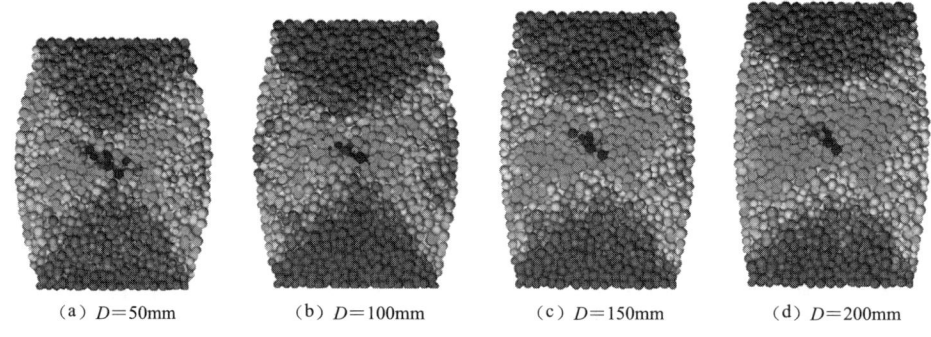

(a) D=50mm　　(b) D=100mm　　(c) D=150mm　　(d) D=200mm

图3.11　不同尺寸下试样颗粒内部位移云图（200kPa）

图3.12　三轴试验试样破坏形态

呈现出 X 形剪切面,承载能力迅速下降,试样发生破坏。相比于室内三轴试验,离散元模拟能观察到不同试样发生破坏时的内部颗粒运动全过程,因此数值模拟中的 X 形剪切带更为明显。但随着直径增加,试样中部侧向鼓胀变形逐渐减弱,斜截面贯通连接的颗粒减少,导致 X 形剪切面的特征逐渐减弱。

3.5 单轴力学参数-三轴力学参数关系建立

为建立同一试件尺寸($\phi150\text{mm}\times300\text{mm}$)的单轴试验力学强度与三轴试验力学强度之间的定量函数关系,首先采用万能材料试验机对不同配合比下试样展开单轴压缩试验,通过颗粒流软件 PFC 3D 对多组配合比下的试样进行参数标定,获取能反映真实试样力学响应的接触参数,随后在 200kPa、400kPa、600kPa 三种围压下展开大型三轴数值模拟试验,其中参数标定方法按前文所述步骤进行。由于两种试验方法采用的加载条件存在一定差异,因此建立单轴试验与三轴试验的定量关系需考虑围压效应。

数值试样在不同围压条件下单轴抗压强度与三轴抗压强度的关系曲线如图 3.13 所示。从图中可知,当围压一定时,三轴抗压强度与单轴抗压强度大致呈正相关关系;当单轴抗压强度一定时,三轴抗压强度随着围压变化而变化;三轴抗压强度同时受到单轴抗压强度和围压的影响。同理,三轴弹性模量也受到单轴弹性模量和围压的影响,如图 3.14 所示。通过多元非线性拟合方法对不同配合比下的单轴力学强度-围压-三轴力学强度进行参数拟合,拟合系数均大于 0.9,拟合准确性较高。本书所建立的经验公式能实现通过单轴试验力学强度预估三轴试验力学参数,从而初步判断所设计的配合比参数是否满足实际工程需求,可有效节约室内试验成本和时间。三轴抗压强度计算公式和三轴弹性模量计算公下:

$$\sigma_{tr} = -0.0489\sigma_{us}^3 + 0.7687\sigma_{us}^2 + 0.0005741\sigma_{us}p - 2.718\sigma_{us}$$
$$+ 0.0002243p + 5.482 \quad (R^2 = 0.9574) \tag{3.28}$$

$$E_{tr} = -9.979\times10^{-5}E_{us}^2 - 0.0002117E_{us}p + 1.172E_{us}$$
$$+ 0.07692p - 37.45 \quad (R^2 = 0.9659) \tag{3.29}$$

式中:σ_{tr} 为三轴抗压强度;σ_{us} 为单轴抗压强度;E_{tr} 为三轴弹性模量;E_{us} 为单轴弹性模量;P 为围压。

为验证经验公式的准确性,研究对比分析了室内五组三轴试验的力学强度结果与预测值的误差,强度误差值均在 10% 以内,弹性模量误差值在 15% 以内。因此结合单轴试验力学强度,利用上述经验公式能较好地预测三轴主要力学参数,可为后续研究提供一定的理论基础。

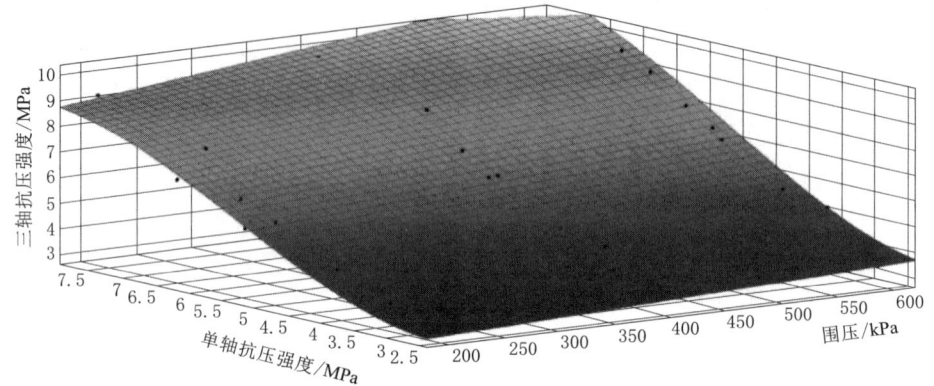

图 3.13 不同围压下单轴抗压强度与三轴抗压强度的关系

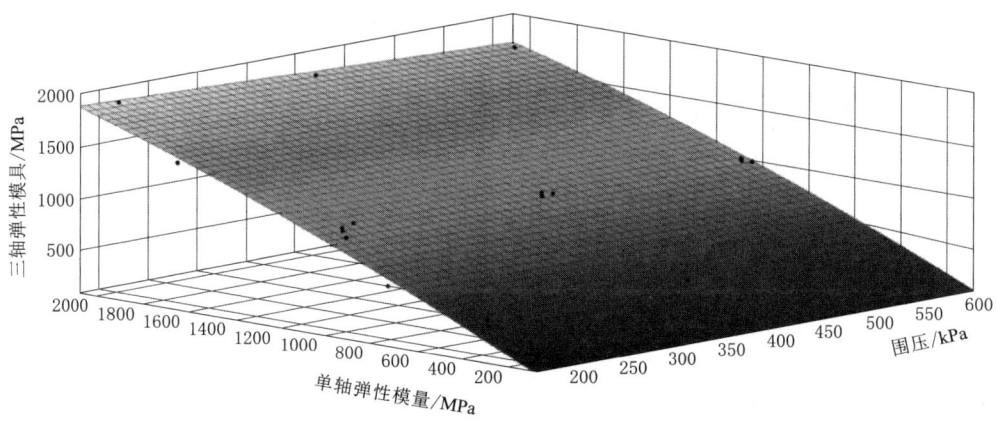

图 3.14 不同围压下单轴弹性模量与三轴弹性模量的关系

第4章

常见塑性混凝土本构模型的适应性

塑性混凝土的力学性能介于土与混凝土之间。国内研究者习惯采用混凝土的本构模型（如D-P模型、塑性损伤模型）来描述其力学行为，而国外研究者则倾向于采用土的本构模型（如M-C模型、硬化土模型等）。为了进一步明晰塑性混凝土本构模型的适应性，本章对主要本构模型进行了对比分析，并结合试验结果进行了适应性评价，为塑性混凝土的数值模拟提供一定的理论支持。

4.1 基于混凝土本构模型描述塑性混凝土变形行为

为了可靠地模拟混凝土的性能，已经有很多学者对混凝土的本构模型进行了研究，主流本构模型有经验模型、弹性模型、塑性模型、断裂模型等。

1. 经验模型

混凝土经验模型是在一系列材料试验的基础上提出来的[90-91]，通过对试验得到的应力-应变数据进行拟合，得到能够较为准确的描述材料应力应变关系函数，图4.1～图4.3分别为混凝土的典型单轴、双轴、三轴加载应力-应变曲线。

图4.4和图4.5分别为典型的混凝土体积应变-应力关系以及不同抗压强度混凝土应力-应变关系。

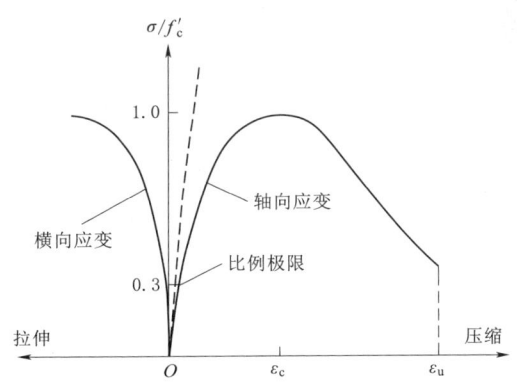

图4.1 混凝土典型单轴应力-应变曲线

2. 线弹性模型

由于在混凝土单轴受压应力-应变曲线的开始段，试件应变随应力增长近似成正比关系，因此有学者引入弹性理论，将混凝土看成理想的弹性体，用弹性力学的分析方法来分析它，建立了最简单的线弹性模型，该模型假定混凝土在峰值强度前保持线弹性，超过峰值强度后发生脆性破坏。在三维应力状

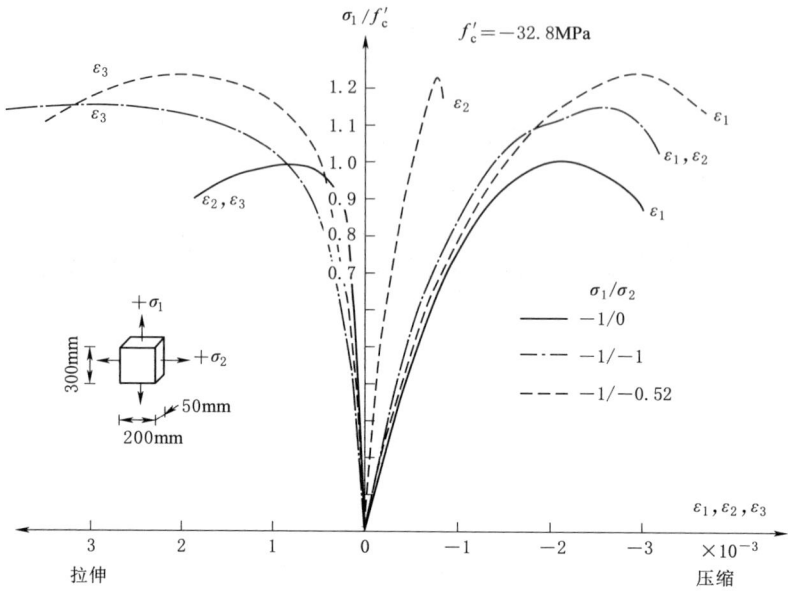

图 4.2 混凝土典型双轴应力-应变曲线

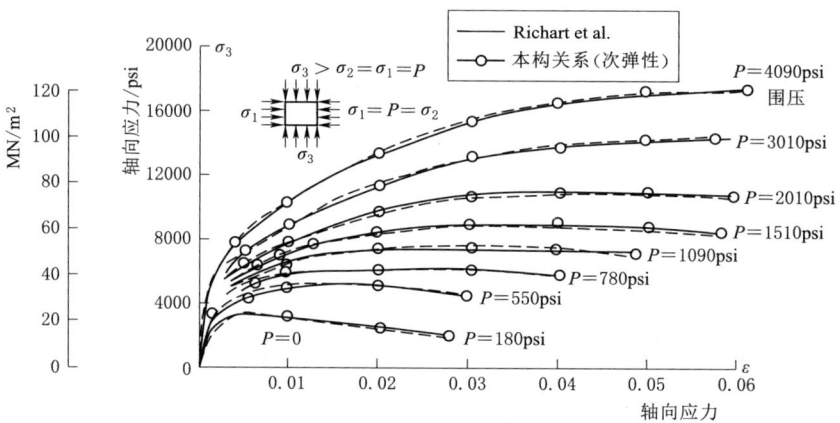

图 4.3 混凝土典型三轴应力-应变曲线

下,有

$$\sigma_{ij} = S_{ijkl}\varepsilon_{kl} \tag{4.1}$$

式中:σ_{ij} 为应力张量;ε_{kl} 为应变张量;S_{ijkl} 为四阶弹性刚度张量。

若将混凝土视为各项均质材料,式(4.1)即可写为

$$\sigma_{ij} = \lambda\delta_{ij}e + 2\mu\varepsilon_{ij} \tag{4.2}$$

其中

$$\delta_{ij} = \begin{cases} 1 & (i=j) \\ 0 & (i \neq j) \end{cases} \quad (4.3)$$

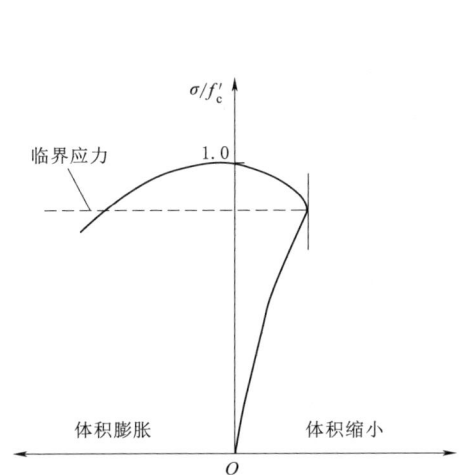

图 4.4 混凝土体积应变-应力关系

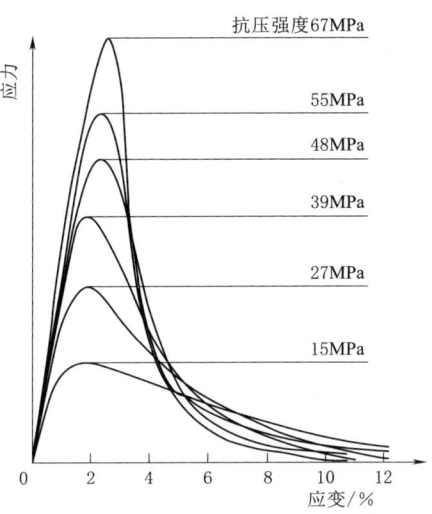

图 4.5 不同抗压强度混凝土应力-应变关系

由于混凝土抗拉强度较小,所以线弹性模型可以较为准确地预测混凝土受拉破坏时的性能;但混凝土受压时时会表现出高度的非线性和非弹性,线弹性本构关系简单,无法描述混凝土材料的非线性,所以线弹性模型是不适用的。

3. 非线弹性模型

非线弹性模型同线弹性模型一样,应力与应变存在一一对应的关系,但不同的是,非线弹性模型中应力应变的比值,即弹性模量并不是常量,而是一个与应力相关的函数。该模型并不存在残余变形,因此仍属于弹性模型范畴。

非线弹性模型存在三种不同的类型,首先是变弹性模型,即柯西(Cauchy)弹性模型,该模型是广义胡克定律的直接推广,其本构关系模型为

$$\sigma_m = 3K_s \varepsilon_m \quad (4.4)$$

式中:$K_s = K_s(\varepsilon_m)$ 为割线体积变形模量。

第二种类型为超弹性模型,也称作格式(Green)模型,它对柯西模型进行了进一步的限制,该模型的增量型本构关系如下:

$$d\sigma_{ij} = \frac{\partial^2 W}{\partial \varepsilon_{ij} \partial \varepsilon_{kl}} d\varepsilon_{kl} = D_{ijkl} d\varepsilon_{kl} \quad (4.5)$$

$$d\varepsilon_{ij} = \frac{\partial^2 \Omega}{\partial \sigma_{ij} \partial \sigma_{kl}} d\sigma_{kl} = C_{ijkl} d\sigma_{kl} \quad (4.6)$$

最后一种模型为次弹性模型,该模型的应力总量和应变总量并不是一一对应的,其应力状态同时与应变状态以及该应变状态所对应的应力路径相关,其

本构方程的一般形式为

$$d\sigma_{ij} = f(d\varepsilon_{kl}, \sigma_{mn}) \tag{4.7}$$

4. 塑性模型

弹性模型假定混凝土为理想弹性体，其卸载后能够恢复原样，应力与应变是一一对应关系，但实际上，混凝土是一种具有塑性的材料，当应力 σ 一定时，如果加载路径是不一样的，其得到的应变值 ε 就可能是不同的。同样，当应变值 ε 一定时，如果加载路径不同，其对应的应力值 σ 也可能是不同的。因此，相较于弹性模型，塑性模型更加贴近于混凝土真实的性质，可以更加准确地描述混凝土的应力-应变关系。

混凝土的塑性模型具有三个重要假定，分别为屈服准则、流动准则、硬化准则。

屈服准则是指当材料受到力的作用时，会随着力的增大而从弹性状态过渡到塑性状态，而在这一过程中，只有当应力或者应变满足了某一条件，材料才会发生塑性应变。这一过渡的过程称为屈服，应力或应变需要达到的条件称为屈服条件。

流动准则又称为传统塑性位势理论，由米塞斯（Mises）于1928年提出，其数学表达式为

$$d\varepsilon_{ij}^p = d\lambda \frac{\partial Q}{\partial \sigma_{ij}} \tag{4.8}$$

式中：λ 为非负的比例系数；Q 为塑性势函数，一般是主应力 σ_1、σ_2、σ_3 或应力不变量 I_1、J_2、J_3 的函数。

从式（4.8）可以看出，塑性应变增量 $d\varepsilon_{ij}^p$ 的方向始终与塑性势面正交。当塑性势函数与屈服函数相等时，上式称为与加载条件相关联的流动准则，由于塑性应变增量的方向与塑性势面正交，也被称为正交流动法则，当塑性势函数与屈服函数不相等时，式（4.8）称为与加载条件非关联的流动准则。

硬化准则即在加载过程中，如果硬化材料的应力不同，或者所经历的应力路径不同，那么其加载面就会不同，包括加载面的大小、形状、位置以及主方向等，而这些特性的变化规律被称为硬化规律或硬化法则，但目前还没有办法确定复杂应力状态下加载面的完整变化规律，因此学者们做了一些假设，硬化规律也被称为硬化模型，硬化模型主要分为以下几种：

（1）等向硬化：加载面形状、位置不变，只做等比例的扩大或缩小。

（2）随动硬化：加载面在应力空间中只发生刚性平移，而大小和形状并不发生改变。

（3）混合硬化模型：等向硬化与随动硬化相结合，既考虑加载面在应力空间的刚性位移，也考虑加载面等比例的扩大缩小。

5. 断裂模型

低抗拉强度是混凝土的一个重要的特点，相对于压应力，混凝土会在非常低的拉应力下发生拉伸开裂。而拉伸开裂导致混凝土刚度降低是一些混凝土结构非线性行为的主要原因，如板和壳等。对于这些结构，裂缝的发展和随后的应力重分布对其基本性能有重大影响，因此混凝土开裂行为的精确建模无疑是十分重要的，线性弹性断裂模型正因此被开发出来用于研究混凝土的非线性应力应变关系。

在1961年，Kaplan[92]率先将线弹性断裂力学用于混凝土领域，后来又有学者不断提出新的模型。1976年，Hillerborg et al.[93]提出了虚拟裂缝模型，该模型假设当裂缝尖端的应力达到抗拉强度f_t时，裂缝开始扩展，在裂缝发展的过程中，不假设应力立即降为0，而是随着裂缝宽度的增加而减小，在裂缝宽度达到某一临界值时，应力降为0。其中并未完全开裂，仍可以传递黏聚力的裂缝称为虚拟裂缝；已完全开裂，无法传递黏聚力的裂缝称为宏观裂缝。Bažant Z P[94]因此提出了钝裂缝带模型，采用密集且平行的裂缝带去模拟实际裂缝。1998年，Shilang Xu等[95]在虚拟裂缝模型中结合弹性等效概念，提出了双K断裂模型，双K断裂模型由两个大小无关的参数组成。其中一个反映了初始开裂韧性，用K_c^{ini}表示，另一个是不稳定断裂韧性，用K_c^{un}表示，两个参数的测定方法十分简单，相较于其他模型，该模型可以更加方便地应用到实际工程中。

6. 内时模型

内时模型是由Valanis[96]于1971年提出的用于描述金属性能的本构模型，该模型提出了一种完全不同的方法来研究非弹性应变逐渐积累的材料，其采用一个标量参数来表征非弹性应变的累积。该参数称为内蕴时间，其增量是应变增量的函数。Bažant[97]于1976年指出，塑性理论主要是针对具有明显屈服平台的金属发展起来的，对于混凝土并不适用，硬化规律以及非弹性剪胀性、静水压力敏感性、应变软化、循环应变的公式尚不明确。因此率先将内时模型应用于混凝土。内时模型的模拟效果较好，但需要大量的拟合试验数据，因此并没有得到进一步发展。

7. 微平面模型

与上述模型不同，上述模型均属于宏观模型，而微平面模型最先由Taylor[98]提出，用来描述金属的应力应变关系，后来才被应用到混凝土领域[99]。微平面的定义类似于物理中质点的含义，是指在宏观连续介质中任一点的无穷小领域内，垂直于任一方向的平面。微平面理论的实质是：一方面任一点的宏观应力-应变关系是该点所有微平面应力-应变关系的叠加，描述的是宏观结构上弱平面、裂缝和不同缺陷间在各个方向的相互作用[100]。另一方面，由于非局部理论处理的是距离间的相互作用，微平面理论处理的是方向间的相互作用；

应用非局部理论可以解决空间上位置不稳定的问题,而用微平面理论可以解决方向上位置不稳定问题。因此微平面理论可以看做是非局部理论的补充。

8. 塑性损伤模型

Kachanov[101]于1958年提出了完好度这一概念[56],用来描述金属的蠕变断裂,此概念在后来被广泛应用在其他材料的断裂、疲劳以及蠕变分析中。Krajcinovic和Fonseka[102]在1981年提出想要精确描述微裂缝的实际演变所需计算能力过于庞大,而且由于裂缝的演变具有很强的随机性,也导致了这项工作将是毫无意义的,因此引入了混凝土宏观应力-应变关系这一组变量,并以此来反映损伤的发展。

损伤本构的种类较多,首先,如果损伤以及其演化规律均是确定的,就是确定性损伤本构模型,但实际上,混凝土并不是一种均质材料,其内部包含有许多孔洞,其在受力过程中的损伤及其演化均具有明显的随机性,材料在宏观上的力学特性也具有很强的离散性,因此对于混凝土来说,确定性损伤本构模型明显不适用。其次就是随机性损伤本构模型,模型中的损伤变量用随机变量来替代,其演化规律也通过概率论的手段获得,该模型对于混凝土力学特性的描述更加客观、简单、适用。

目前,对于塑性损伤本构模型研究依然有所欠缺,不够深入,损伤变量的取值存在问题,初始损伤情况以及不同状态下损伤演化规律的检测均存在困难,因此损伤力学还有待进一步发展。

4.2　基于土体本构模型描述塑性混凝土变形行为

多年以来,各国学者对于土体本构模型的研究一直没有停下,发展出的本构模型已有数百个,但常用的本构模型只有寥寥几个。

1. 邓肯张模型

1970年,邓肯等根据常规三轴试验的数据,推导出了式(4.9),并以此为基础推导出了切线弹性模量E_t。

$$\sigma_d = \sigma_1 - \sigma_3 = \frac{\varepsilon_1}{a + b\varepsilon_1} \tag{4.9}$$

或

$$\varepsilon_1 = \frac{a\sigma_d}{1 - b\sigma_d} \tag{4.10}$$

式中:a、b均为常数。

从上式可以看出,当ε_1非常小时,弹性模量E_t的初始值为$\frac{1}{a}$,当ε_1很大时,极限应力值为$\frac{1}{b}$,再结合式(4.9)可得

$$\varepsilon_1 = \frac{\sigma_d}{E_i} \Big/ \left[1 - \frac{\sigma_d}{(\sigma_d)_f} R_f\right] \tag{4.11}$$

式中：$(\sigma_d)_f$ 为侧限抗压强度；R_f 称为破坏比，为 $(\sigma_d)_f$ 与应力极限值的比值，其值受 σ_3 影响，一般在 0.75～1.0 之间。

提出初始弹性模量的经验公式如下：

$$E_i = KP_a \left(\frac{\sigma_3}{P_a}\right)^n \tag{4.12}$$

式中：P_a 为大气压；K、n 为常数，K 的取值对于不同土体有所差异，小于100、大于 3500 都有可能，而 n 值一般在 0.2～1.0 之间。

由切线弹性模量定义可得

$$\varepsilon_1 = \frac{\sigma_d}{E_i} \Big/ \left[1 - \frac{R_f(\sigma_1 - \sigma_3)}{(\sigma_1 - \sigma_3)_f}\right] \tag{4.13}$$

由摩尔-库仑准则得

$$(\sigma_d)_f = \frac{2c\cos\varphi + 2\sigma_3 \sin\varphi}{1 - \sin\varphi} \tag{4.14}$$

将式 (4.11)～式 (4.14) 结合可得

$$E_t = \left[1 - \frac{R_f(1 - \sin\varphi)\sigma_d}{2c\cos\varphi + 2\sigma_3 \sin\varphi}\right]^2 KP_a \left(\frac{\sigma_3}{P_a}\right)^n \tag{4.15}$$

1970 年提出的邓肯张 $E-\nu$ 本构模型中，根据推导得到了泊松比 ν 的公式，但该公式计算得到的 ν 值常常偏大，因此邓肯等于 1980 年提出了改进的邓肯张 $E-K$ 模型，该模型采用体积变形模量替代泊松比作为计算参数，公式如下：

$$K_t = \frac{dp}{d\varepsilon_\nu} = K_b P_a \left(\frac{\sigma_3}{P_a}\right)^m \tag{4.16}$$

式中：K_b 和 m 为常数，对于大多数土体来说，m 的值在 0～1 之间。

邓肯张模型在国内外的使用都十分的广泛，但并不适用于所有的土体，它可以用于黏性土以及砂土，但不适用于密砂以及超固结土，同时它也不适用于荷载较大的情况（接近破坏）。邓肯张模型的主要缺点在于其并未考虑应力路径以及剪胀性问题。

2. 剑桥模型

剑桥模型（Cam-clay 模型）是剑桥大学的罗斯科（Roscoe）和他的同事在 1963 年提出来的弹塑性静力模型，此模型以正常固结土以及超弱固结土的试验为基础，同时考虑到了加工硬化原理以及能量方程，因此适用于上述两种土体。该模型对于土体弹塑性变形特性的描述较为贴切，模型参数亦可通过室内试验获得，并且其物理意义较为明确，同时该模型还考虑到土体的塑型体积变形，所以该模型的提出是土体本构研究进入新阶段的标志。

剑桥模型以传统塑性位势理论为基础，选择单屈服面以及关联流动法则，并根据能量理论得到屈服面形式，其屈服面为子弹头形，形似帽子，因此也被称为帽子模型。

该模型在能量方程中的假设亦与实际情况存在偏差，因此 Burland[103] 于 1965 年提出了修正剑桥模型，其屈服面方程为

$$\left(p' - \frac{p_0'}{2}\right)^2 + \left(\frac{q}{M}\right)^2 = \left(\frac{p_0'}{2}\right)^2 \tag{4.17}$$

修正后的剑桥模型依然存在着一些问题，剪切屈服面不够合理，不能反映土体剪胀等，故后来又有学者对其进行了改进，包括采用双屈服面、采用非关联流动法则、扩展至一般三维应力空间等。

3. Lade-Duncan 弹塑性模

Lade-Duncan (L-D) 模型是由拉德（Lade）与邓肯（Duncan）于 1975 年提出的真三轴弹塑性模型，该模型以砂类土的真三轴试验为基础，因此适用于砂土。

该模型采用剪切加载条件，并发展为破坏条件，因此其加载条件以及破坏条件可以合写为

$$F = \frac{I_1^3}{I_3} - k = 0 \tag{4.18}$$

式中：k 为硬化参数。

当破坏时，$F = F_f$，$k = k_f$。

Lade-Duncan 模型采用不关联流动法则，即其塑性势面 Q 与屈服面 F 并不重合，其塑性势面表达式为

$$Q = I_1^3 - k_1 I_3 = 0 \tag{4.19}$$

式中：k_1 为塑性势函数。

Lade-Duncan 模型采用塑性功硬化定律得

$$k = H(W^p) = H\left(\int \sigma_{ij} \cdot d\varepsilon_{ij}^p\right) \tag{4.20}$$

将式（4.20）代入到流动法则中可以得到 Lade-Duncan 模型的本构关系如下：

$$\begin{Bmatrix} d\varepsilon_x^p \\ d\varepsilon_y^p \\ d\varepsilon_z^p \\ d\gamma_{xy}^p \\ d\gamma_{yz}^p \\ d\gamma_{zx}^p \end{Bmatrix} = d\lambda \cdot k_1 \begin{Bmatrix} \frac{3}{k_1} I_1^2 - \sigma_y \sigma_z + \tau_{yz}^2 \\ \frac{3}{k_1} I_1^2 - \sigma_z \sigma_x + \tau_{zx}^2 \\ \frac{3}{k_1} I_1^2 - \sigma_x \sigma_y + \tau_{xy}^2 \\ 2\sigma_z \tau_{xy} - 2\tau_{zx} \tau_{zy} \\ 2\sigma_x \tau_{yz} - 2\tau_{xy} \tau_{zx} \\ 2\sigma_y \tau_{zx} - 2\tau_{yx} \tau_{zy} \end{Bmatrix} \tag{4.21}$$

Lade-Duncan 模型的优点在于它能够考虑到剪切屈服以及应力洛德角的影响，但是其同样具有明显的缺点：计算参数过多（9个），没有很好地考虑体积变形，无法考虑体积收缩，会产生过大的剪胀现象等。为了解决上述问题，Lade 又增加了一个体积屈服面开发出了改进的 Lade 双屈服面模型，该模型对于体积变形以及剪切变形的考量有了明显的提高，但其塑性势面并不符合广义塑性力学的观点，而且其计算参数较之前还有提升（14个），这也影响了 Lade 双屈服面模型的广泛应用。再后来，Lade 等[104]于 1988 年再次提出了新的 Lade 封闭型单屈服面模型，用塑性功做硬化参量，采用非关联流动法则，具有封闭屈服面。

4. Desai 模型

1984 年，Desai et al.[105]提出了一种封闭型的单一屈服面模型，该模型屈服面前半段采用剪切屈服面，后半段采用体积屈服面，因此具有双屈服面模型的一些特点，也显然会比只采用剪切屈服面或只采用体积屈服面要更加的合理、准确，该模型的屈服函数如下：

$$f = J_2 - f_b f_s = 0 \quad (4.22)$$

其中

$$\begin{cases} f_b = -\bar{\alpha} I_1^n + \gamma I_1^2 \\ f_s = (1 - \beta S_r)^m \\ S_r = \sqrt[3]{J_3}/\sqrt{J_2} \end{cases} \quad (4.23)$$

式中：f_b 为子午平面上的屈服函数，当 $\bar{\alpha}$ 的值取为 0 时，即为广义米赛斯条件；f_s 为形状参数，反映 π 平面上的屈服曲线形状；S_r 相当于应力洛德角 θ_σ，反映屈服曲线形状的变化；参数 β、γ、m、n 均为材料参数，无量纲，其中 $\sqrt{\gamma}$ 代表破坏斜率，因此 γ 为极限状态参数；β 为形状参数，当 $\beta=0$ 时，π 平面上即为圆形屈服曲线；m 值根据试验数据来取值，一般介于 $-0.5 \sim -0.25$ 之间；对于剪胀性岩土，n 值一般介于 $2.5 \sim 4.0$ 之间；$\bar{\alpha}$ 相当于硬化参量，有量纲。

Desai 封闭单屈服面模型并不具备双屈服面模型的全部特点，屈服面的前半段并不能代表体积屈服面，屈服面的后半段不能代表剪切屈服面[106]，所以其计算结果与双屈服面并不会完全相同，同时还会出现过大剪胀的不合理现象[107]。Desai 模型需要大量的工程应用与土工试验作为支撑，这样才能给出不同情况下合适的模型参数，但是该模型直到现在也没有得到广泛应用，模型参数选取困难较大。

5. 硬化土模型

硬化土模型是在经典塑性理论的框架下提出的一种本构模型。该模型利用了大量的疏松砂试验数据来进行校正，并用不排水剪切试验和压力计试验进行了验证。在硬化土模型中，计算总应变所采用的刚度与应力相关，因此初次加载和卸载再加载所采用的刚度有所不同。采用多面屈服准则计算塑性应变。假设硬化是各向同性的。对于剪切硬化，采用非关联流动法则，而对于压缩硬化，采用关联流动法则。硬化土模型对两种主要的硬化类型进行了区分，即剪切硬化和压缩硬化。剪切硬化被用来模拟由于偏载而引起的不可逆应变。压缩硬化被用来模拟试样加载中由于压缩而引起的不可逆塑性应变。

标准排水三轴试验偏应力与主应变的关系可描述为

$$\varepsilon_1 = \frac{q_a}{2E_{50}} \frac{(\sigma_1 - \sigma_3)}{q_a - (\sigma_1 - \sigma_3)} \tag{4.24}$$

其中

$$q_a = \frac{q_f}{R_f}$$

式中：q_f 为极限偏应力；R_f 为破坏比，通常默认取为 0.9；E_{50} 为加载至 50% 极限荷载时所对应的割线模量。

q_f 的关系式通过摩尔-库仑破坏准则推导得

$$q_f = \frac{2\sin\varphi}{1-\sin\varphi}(c\cot\varphi - \sigma_3) \tag{4.25}$$

其中涉及强度参数 c 和 φ，当 $q = q_f$ 时，将发生完全塑性屈服。

初次加载的应力应变行为是高度非线性的。对于小应变，用 E_{50} 代替难以通过试验获得的初始模量 E_i，其表达式为

$$E_{50} = E_{50}^{\text{ref}} \left(\frac{\sigma_3 \sin\varphi + c\cos\varphi}{p^{\text{ref}} \sin\varphi + c\cos\varphi} \right)^m \tag{4.26}$$

式中：E_{50}^{ref} 为与参考围压 p^{ref} 对应的参考割线模量；实际刚度取决于 σ_3'，即三轴试验中的有效围压；m 代表应力依赖性的大小。

对于卸载再加载应力路径，使用另一种与应力相关的刚度模量得

$$E_{50} = E_{\text{ur}}^{\text{ref}} \left(\frac{c\cos\varphi + \sigma_3 \sin\varphi}{c\cos\varphi + p^{\text{ref}} \sin\varphi} \right)^m \tag{4.27}$$

式中：$E_{\text{ur}}^{\text{ref}}$ 为参考围压 p^{ref} 对应的卸载再加载参考割线模量。

硬化土模型的剪切硬化屈服面可以表示为

$$F^s = \frac{q_a}{E_{50}} \frac{q}{q_a - q} - \frac{2q}{E_{\text{ur}}} - \gamma^p \tag{4.28}$$

其中

$$\gamma^p = \varepsilon_1^p - \varepsilon_2^p - \varepsilon_3^p = 2\varepsilon_1^p - \varepsilon_v^p \approx 2\varepsilon_1^p \tag{4.29}$$

式中：塑性剪切应变 γ^p 为硬化参数。

在现实中，塑性体积应变 ε_v^p 永远不会精确地等于 0，但对于硬土，塑性体积应变与轴向应变相比往往很小，因此式（4.29）中的近似通常是准确的。

硬化土模型的盖帽硬化屈服面可以表示为

$$F^c = \frac{\tilde{q}^2}{\alpha} + p^2 - p_0^2 \quad (4.30)$$

式中：α 为材料常数，其值的大小影响着盖帽屈服面的平缓程度；p_0 为前期固结应力。

$\tilde{q}$ 和 δ 的表达式分别为

$$\tilde{q} = \sigma_1 + (1+\delta)\sigma_2 - \delta\sigma_3 \quad (4.31)$$
$$\delta = (3 + \sin\varphi)/(3 - \sin\varphi) \quad (4.32)$$

硬化土模型存在一个缺陷，即无法反映土体在小应变条件下的特性，所以后来有学者在硬化土模型的基础上发展了硬化土小应变模型，该模型在具有硬化土模型优点的基础上，还能够考虑到土体在小应变条件下的刚度非线性变化，但硬化土模型存在的一些其他缺陷还是没有得到解决，如两个模型都不能模拟土体强度和刚度的各向异性，不能模拟土体和时间相关的特性。

4.3 用于描述塑性混凝土力学行为的本构模型参数选取

为了对比塑性混凝土对普通混凝土以及土体本构的适应性，采用 ABAQUS 以及 PLAXIS 两款数值模拟软件，分别选取塑性损伤模型、D-P 模型以及硬化土模型、摩尔-库仑模型，对塑性混凝土单轴试验以及三轴试验进行了数值模拟。本节将对数值模拟参数的选取进行说明。

4.3.1 塑性损伤本构模型的参数选取

塑性损伤模型是用于模拟混凝土真实性能的最广泛的模型之一。该模型考虑了塑性应变引起的弹性刚度退化和循环荷载作用下的刚度恢复效应，具有较高的可靠性。该模型已在 ABAQUS 中以混凝土损伤塑性模型（concrete damage plasticity model，CDPM）实现。

图 4.6 为塑性混凝土与普通混凝土单轴受压应力-应变曲线的对比，从图中可以看出，两者的应力-应变曲线较为相似，都存在初始的弹性段，即应力与应变近似成正比关系。随着应力的持续增加，塑性混凝土的塑性变形开始发展，从应力-应变曲线上可以看到其切线弹性模量不断减小。当应力的值达到峰值应力的约 80% 时，体积压缩变形增长到最大值附近，应力的增长速度减小，应变的增长速度加剧。之后应力保持在峰值附近，应变继续增加。最后试件的整体结构破坏，应力-应变曲线开始进入下降段。因此，可以认为混凝土单轴受压应力-应变关系模型也是能够用来描述塑性混凝土的单轴受压应力-应变关系的。因此，本节中塑性混凝土的塑性损伤分析选取了与混凝土塑性损伤分析相同的本构方程。

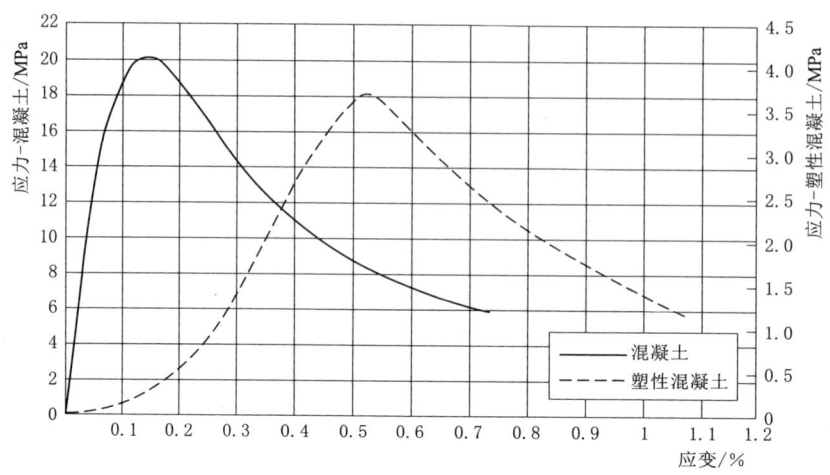

图 4.6　塑性混凝土与混凝土单轴受压应力-应变曲线

本构模型参考现行标准 GB 50010—2010《混凝土结构设计规范》中提出的考虑损伤的混凝土受压本构模型，该模型表达式简单明了，计算参数也不多，并且能够较为准确地描述试件从加载到破坏这一过程中的损伤累积，是一种十分科学的模型。其表达式如下

$$\sigma = (1 - d_c) E_c \varepsilon \tag{4.33}$$

式中：d_c 为混凝土单轴受压损伤演化参数。

$$d_c = \begin{cases} 1 - \dfrac{\rho_c n}{n - 1 + x^n} & (x \leqslant 1) \\ 1 - \dfrac{\rho_c}{\alpha_c (x - 1)^2 + x} & (x > 1) \end{cases} \tag{4.34}$$

式中：α_c 为混凝土单轴受压应力-应变曲线下降段的参数值，其取值见表 4.1；n 为混凝土单轴受压应力-应变曲线上升段的参数值。

ρ_c、n 以及 x 的表达式为

$$\rho_c = \frac{f_{c,r}}{E_c \varepsilon_{c,r}} \tag{4.35}$$

$$n = \frac{E_c \varepsilon_{c,r}}{E_c \varepsilon_{c,r} - f_{c,r}} \tag{4.36}$$

$$x = \frac{\varepsilon}{\varepsilon_{c,r}} \tag{4.37}$$

式中：$f_{c,r}$ 为混凝土单轴抗压强度代表值，可以根据不同的计算需求选取 f_c、f_{ck} 或者 f_{cm} 等，对于塑性混凝土，本书选择峰值应力；$\varepsilon_{c,r}$ 为与 $f_{c,r}$ 相对应的混凝土峰值压应变，其取值见表 4.1。对于塑性混凝土，本书选取单轴受压峰值应变。

表 4.1　　　　混凝土单轴受压应力-应变曲线的参数取值

$f_{c,r}/(N/mm^2)$	20	25	30	35	40	45	50	55	60	65	70	75	80
$\varepsilon_{c,r}/10^{-6}$	1470	1560	1640	1720	1790	1850	1920	1980	2030	2080	2130	2190	2240
α_c	0.74	1.06	1.36	1.65	1.94	2.21	2.48	2.74	3.00	3.25	3.50	3.75	3.99
$\varepsilon_{cu}/\varepsilon_{c,r}$	3.0	2.6	2.3	2.1	2.0	1.9	1.9	1.8	1.8	1.7	1.7	1.7	1.6

注　ε_{cu} 为应力-应变曲线下降段应力等于 $0.5 f_{c,r}$ 时混凝土的压应变。

在 ABAQUS 中使用塑性损伤模型需要以下参数。

1. 上升段参数 n 的计算方法

根据第 2 章的试验数据以及式（4.36）可以计算出 n 值，见表 4.2，n 值与峰值应力的关系如图 4.7 所示，去除极大值，经过统计计算得知，n 值的平均值为 2.27，标准误差为 0.065，置信度 95% 的置信区间为 [2.14，2.40]，故本构模型取 n 为 2.27。

表 4.2　　　　　　　上 升 段 参 数 值

编号	K1	K2	K3	K4	K5	K6	K7	K8	K9	K10	K11	K12	K13	K14	K15
n	1.83	1.88	2.09	2.28	2.25	2.50	2.42	2.35	2.33	2.37	2.80	2.48	2.46	2.89	3.00

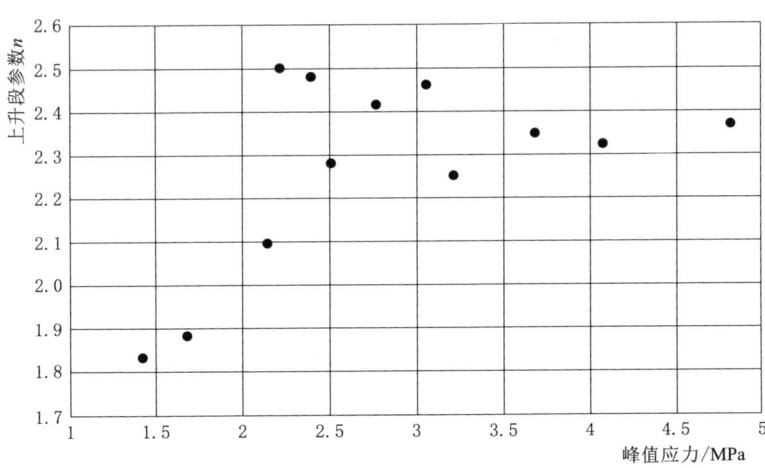

图 4.7　n 值与峰值应力的关系

2. 下降段参数 α_c 的计算方法

根据第 2 章的试验数据，可以逆推出下降段参数 α_c，其结果见表 4.3，根据

GB 50010—2010《混凝土结构设计规范》，可以根据试验对塑性混凝土的曲线形状参数 α_c 做适当修正，参照规范，建立 α_c 的计算公式如下：

$$\alpha_c = 0.06 f_c^{3.3} + 1.1 \tag{4.38}$$

表 4.3　　　　　　　　　　下　降　段　参　数

编号		K1	K2	K3	K4	K5	K6	K7	K8	K9	K10	K11	K12	K13	K14	K15
α_c	试验值	1.15	1.38	1.5	1.70	2.3	3.50	4.5	4.6	7.3	11.8	1.45	2.50	2.30	5.90	8.8
	计算值	1.30	1.43	1.72	2.35	3.92	1.93	2.83	5.56	7.26	11.87	1.74	2.18	2.50	3.61	8.15

如图 4.8 所示，根据图中下降段参数 α_c 与抗压强度的关系，下降段参数 α_c 与抗压强度 f_c 的关系同样可以表示为

$$\alpha_c = 0.4656 f_c^{1.9139} \tag{4.39}$$

$$\alpha_c = 2.9083 f_c - 4.257 \tag{4.40}$$

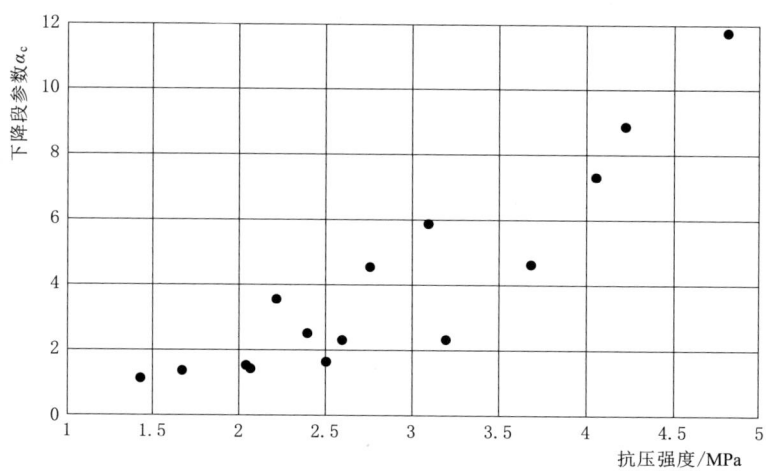

图 4.8　下降段参数 α_c 与抗压强度的关系

式 (4.38) 计算出的 α_c 值与第 2 章试验数据推出的 α_c 值的比值的平均值、均方差、变异系数分别为 1.033、0.301 和 0.291；式 (4.39) 计算值与第 2 章试验确定的 α_c 的平均值、均方差、变异系数分别为 1.050、0.356 和 0.339；式 (4.40) 计算出的 α_c 值与第 2 章试验数据推出的 α_c 值的比值的平均值、均方差、变异系数分别为 1.043、0.546、0.524。所以最终采用式 (4.38)。

3. 弹性模量的计算方法

弹性模量是表述材料力学性能的重要参数，其值在应力-应变关系曲线上表现为曲线的斜率，当于应力-应变曲线上取一切点作切线求斜率时，为切线模量，其中切点取为坐标系的原点时，求得的弹性模量为初始弹性模量，当于应

力-应变曲线上取两点作直线求其斜率时，为割线模量。结合第 2 章试验得出的塑性混凝土应力-应变曲线，取应力-应变曲线上升段中对应峰值应力 30%～70%的部分的斜率作为塑性混凝土的弹性模量。根据试验结果得到的弹性模量与峰值应力的关系如图 4.9 所示。

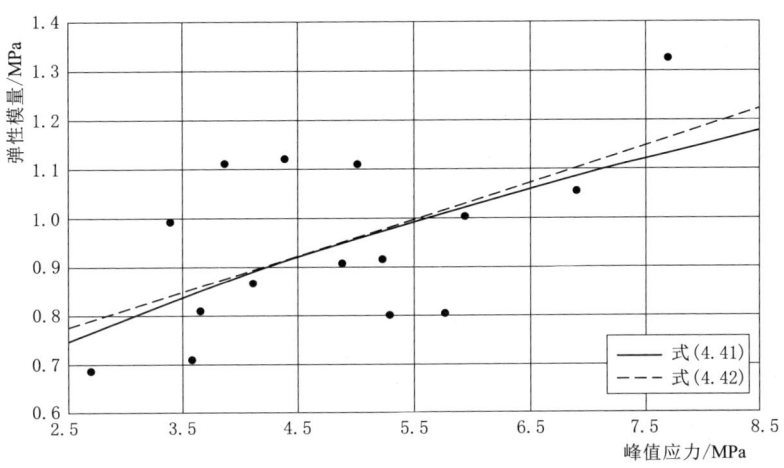

图 4.9 弹性模量与峰值应力的关系

从图中可以看出，整体上，弹性模量有随抗压强度增大而增大的趋势，但是离散型比较大，目前各国对于塑性混凝土的弹性模量还没有提出具有普适性的计算公式，本书参考规范以及试验数据，建立的塑性混凝土弹性模量参考计算公式，以及为了便于使用而建立的线性公式如下：

$$E_c = 324\sqrt{f_c} + 233 \tag{4.41}$$

$$E_c = 74.719 f_c + 587.18 \tag{4.42}$$

4. 峰值应变计算方法

本书试验数据见表 4.4，可以知道峰值应变和峰值应力之间的规律并不明显，如图 4.10 所示，二者关系离散性较大，整体上峰值应变随峰值应力的增大而增大，二者的关系如下：

$$f_c = 940\varepsilon_p - 1.5595 \tag{4.43}$$

表 4.4 峰 值 应 变

编号	K1	K2	K3	K4	K5	K6	K7	K8	K9	K10	K11	K12	K13	K14	K15
峰值应变	0.49	0.50	0.50	0.62	0.64	0.64	0.65	0.67	0.73	0.80	0.81	0.82	0.82	0.82	0.84

式（4.43）的计算值与试验值比值的平均值为 1.020，标准差为 0.156，变异系数为 0.153。

5. 极限应变计算方法

根据 GB 50010—2010《混凝土结构设计规范》，可以将应力下降到峰值应力

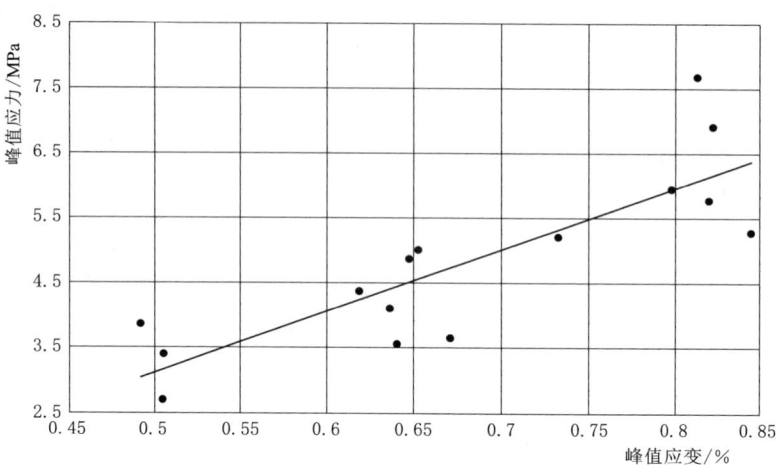

图 4.10 峰值应变与峰值应力的关系

一半时的应变取作极限应变。这样选取出一个极限应变来,有两点好处:首先是方便不同组的试验进行比较,因为在试件进行试验时难以控制试验的结束条件,因此极限应变难以比较;其次是当材料的强度下降到峰值应力的一半时,通常已经产生较大变形,不再具备强度,无法起到支撑结构的作用。因此把这一点当作极限应变来对结构进行计算分析是合理的、可行的。

由本书第 2 章的试验数据得到的极限应变数值见表 4.5,将极限应变、峰值应力的相关关系绘制于图中,如图 4.11 所示,可以看出整体上极限应变随峰值应力的增加而略有减小的趋势,但离散性较大。从第 2 章的试验数据可以推导出极限应变与峰值应力之间的关系如下:

$$\varepsilon_{0.5f_c} = (-3.952 f_c + 30.789) \times 10^{-3} \tag{4.44}$$

表 4.5　　　　　　　　　极　限　应　变

编号	K1	K2	K3	K4	K5	K6	K7	K8	K9	K10	K11	K12	K13	K14	K15
极限应变	0.92	0.99	0.85	0.81	0.81	0.95	1.04	0.88	0.93	0.93	0.88	0.89	0.82	0.91	0.83

根据式(4.33)~式(4.35)、式(4.38)及本章确定的 n 值,可以得到基于塑性损伤的塑性混凝土单轴受压应力-应变关系,对应力应变关系进行无量纲处理,可以得到塑性混凝土应力-应变关系表达式如下:

$$y = \begin{cases} \dfrac{nx}{n-1+x^n} & (x \leqslant 1) \\ \dfrac{x}{\alpha_c(x-1)^2 + x} & (x > 1) \end{cases} \tag{4.45}$$

其中　　　　$y = \sigma/f_c$;　$x = \varepsilon/\varepsilon_p$;　$n = 2.27$;　$\alpha_c = 0.06 f_c^{3.3} + 1.1$

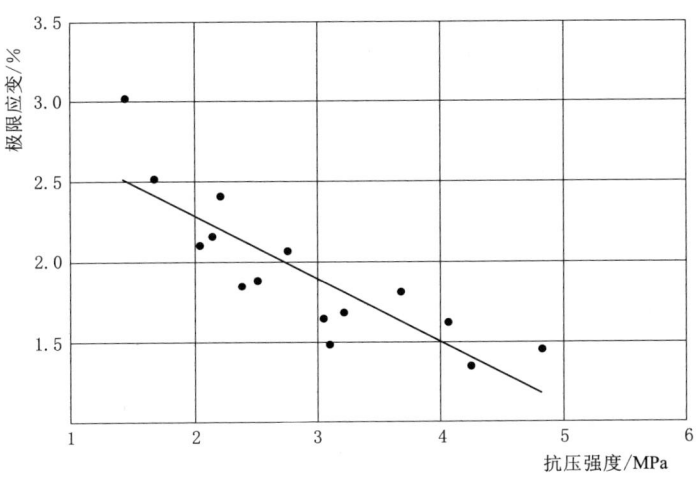

图 4.11 极限应变与峰值应力的关系

根据上式所得的应力-应变曲线与试验所得应力-应变曲线对比如图 4.12 所示,从中可以看出,式（4.45）所得曲线与试验曲线吻合程度较好,因此本章提出的单轴受压塑性损伤本构方程对于塑性混凝土单轴受压性能的描述较为贴切。

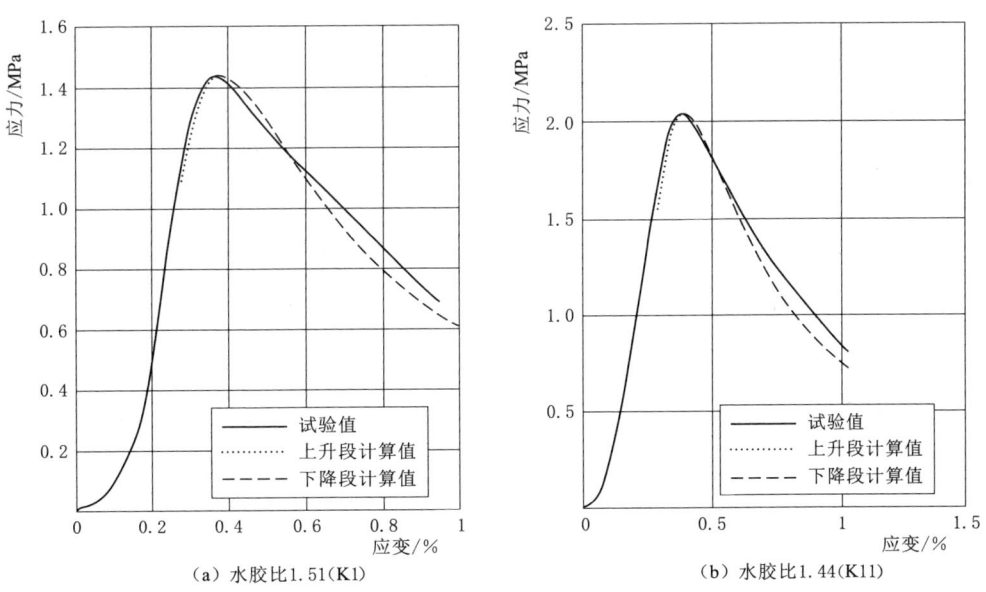

图 4.12（一） 应力-应变曲线试验值与计算值的对比

第4章 常见塑性混凝土本构模型的适应性

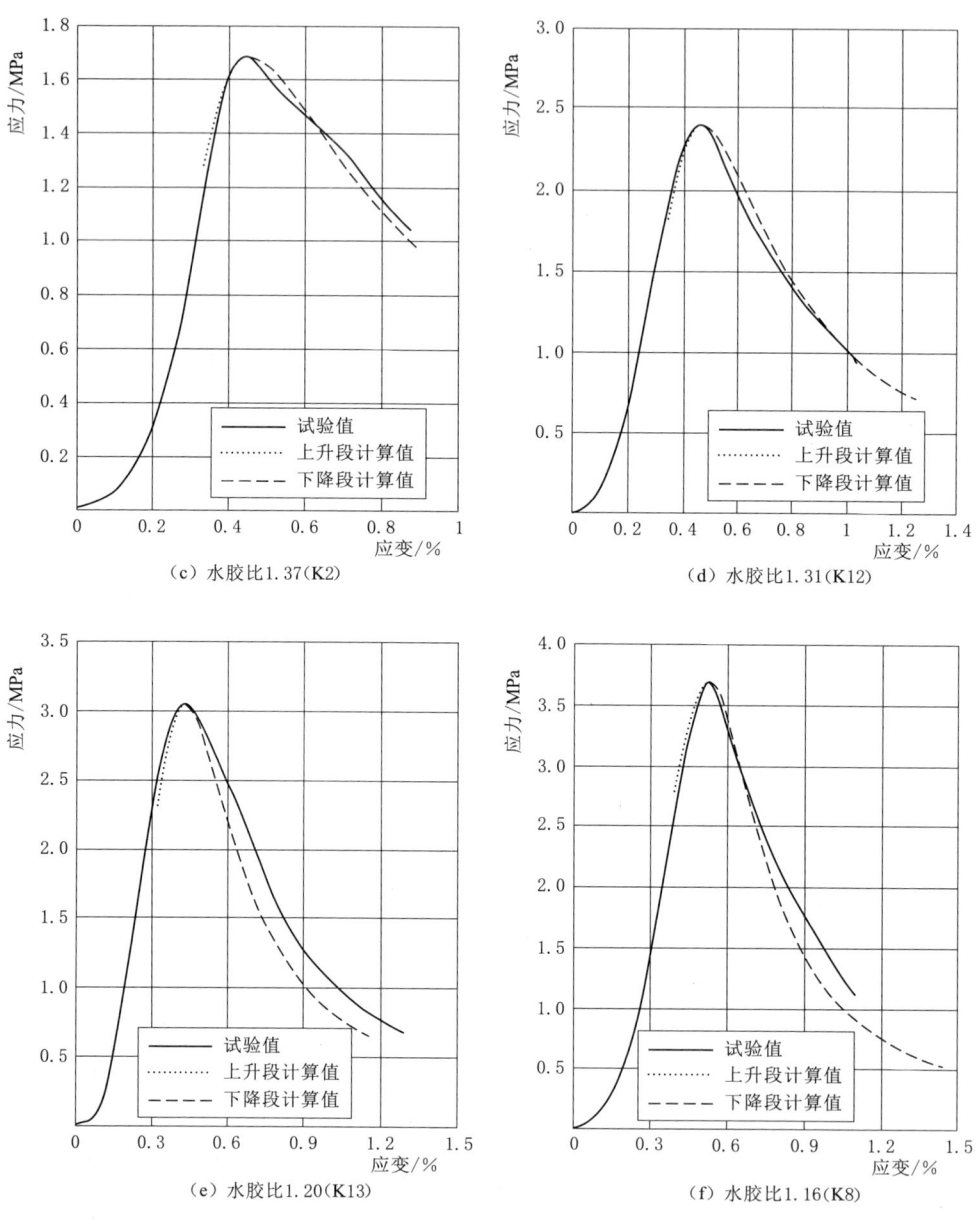

图 4.12（二） 应力-应变曲线试验值与计算值的对比

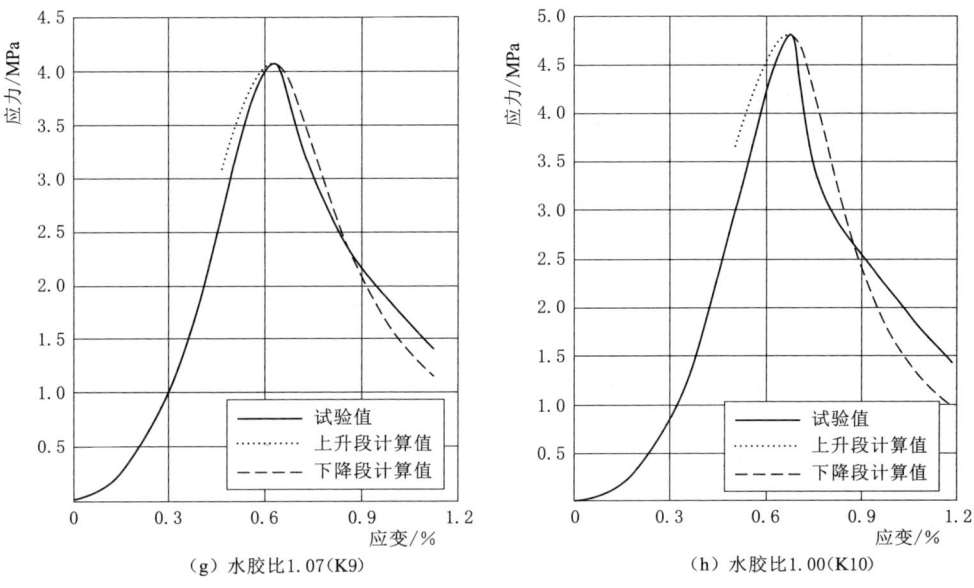

(g) 水胶比1.07(K9)　　　　　　　　(h) 水胶比1.00(K10)

图 4.12（三）　应力-应变曲线试验值与计算值的对比

4.3.2　硬化土本构模型的参数选取

有了一个较为切合的土体本构模型用于塑性混凝土的力学性能分析，并不意味着塑性混凝土力学性能分析就能够得到准确的结果。除了贴切的本构模型外，塑性混凝土的数值分析还必须要有较为准确的土体参数。本小节将提出一个能够确定硬化土模型相关参数的较为完善的方法，其中将会侧重介绍刚度参数的选取及其试验验证。

对于硬化土模型来说，硬化土模型计算所需要的主要参数及其物理意义见表 4.6。

表 4.6　　　　　　　　　主要参数以及物理意义

参数符号	参数物理意义	参数符号	参数物理意义
c'	有效黏聚力	ν_{ur}	卸载/再加载泊松比
φ'	有效内摩擦角	G_0	参考初始剪切模量
ψ	剪胀角	$\gamma_{0.7}$	阈值剪应变
E_{50}^{ref}	主加载参考割线模量	R_f	破坏比
E_{ur}^{ref}	卸荷再加载参考模量	m	幂指数
E_{oed}^{ref}	固结试验的参考切线模量		

表 4.6 中列出的土体参数测量起来并不方便，其测定方法大致可以分为三种：室内试验，主要包括固结试验、三轴试验、直接剪切试验以及简单剪切试验等；现场试验，主要包括标准贯入试验、静力触探试验、旁压试验、扁铲侧胀试验、十字板剪切试验等；根据经验确定。

三种参数测定方法各有其特点，室内试验的优点在于其边界条件容易控制，其缺点也同样在此，室内试验的边界条件容易与工程实际不相符合，得到的结果也可能与实际相差较大，也因此室内试验常常需要通过工程实际的应用情况来进行反算；现场试验相对于室内试验而言，对于土体的扰动要小得多，其试验结果相对于室内试验而言也能够更加准确地反映出土体的力学性质，试验的边界条件与实际的工程更贴近。现场试验的缺点在于不同于通过其结果直接得到土体参数，土体参数需要通过关系式以及大量的现场试验数据来确定。经验确定可以用来对上述两种方法进行补充，需要大量的工程经验积累。上述三种方法得到的土体参数往往是存在偏差的，所以最佳的参数选取方法应该是结合上述三种方法，综合考量，得到最终的岩体参数结果。硬化土模型相关参数的确定方法，见表 4.7。

表 4.7　硬化土模型参数及其确定方法

参数符号	固结试验	CD试验	CU试验	UU试验	DSS试验	SPT试验	CPT试验	PM试验	DMT试验	经验关系
c'		D	D		D		C			C
φ'		D	D		D		C			C
ψ		D								C
E_{50}^{ref}	I	D	I	D	I	I	I			C
$E_{\text{ur}}^{\text{ref}}$	(D)	(D)	(I)	(D)			I			C
$E_{\text{oed}}^{\text{ref}}$	D				I	I	I	I	C	C
ν_{ur}	(I)									C
m	D	D	D							C
R_{f}										C

注　D：可直接从试验得到土体参数；I：以试验结果为基础加以相关计算，间接得到土体参数；C：根据经验确定；括号表示与试验条件相关。

1. 强度参数的选取

塑性混凝土主要的强度参数有黏聚力 c、内摩擦角 φ 以及剪胀角 ψ 等，其中黏聚力以及内摩擦角是强度参数中最重要的两个。在有限元模拟软件中，通常会采用有效黏聚力 c' 和有效内摩擦角 φ' 这两个参数。这两个参数一般会通过室内试验的方法进行测定，对于黏性土来说，一般会采用三轴排水试验、慢剪试验或者测量孔隙水压力的三轴固结不排水试验来测定。对于砂土来说，可以选择静力触探试验或者标准贯入试验的经验资料确定。

对于剪胀角，可以通过标准三轴试验来得到，根据三轴试验得到的数据，绘制出体积应变 ε_v 和轴向应变 ε_1 的关系曲线得到，实际上，剪胀效应是在土体达到极限状态之后才开始显现的，并且是一个随着应力-应变曲线的变化而变化的值，如果假设土体在剪切过程中一直存在剪胀现象，将会高估抗剪强度，并且对于体积应变的求解也并不准确。

综上所述，再考虑到土质、施工速度以及排水条件等十分复杂的情况，对于实际工程来说，内摩擦角、黏聚力以及剪胀角的准确测定以及控制难度极大，而室内试验也难以达成与实际现场一致的边界条件与应力路径等，如何确定准确、合理的强度指标需要丰富的工程经验以及对于土力学基本概念的深入了解。本书选用的土体黏聚力、内摩擦角以及剪胀角均根据三轴试验的试验数据得出，其取值见表4.8。

表4.8　　　　　　　　土体强度参数

编号	K1	K2	K3	K4	K5	K6	K7	K8	K9	K10	K11	K12	K13	K14	K15
c/kPa	951	1192	1111	1084	1258	1089	1033	836	902	2565	924	1178	1386	1312	2166
$\varphi/(°)$	20.9	21.6	28.8	34.0	36.5	33.9	43.1	47.0	52.3	29.5	35.9	33.9	35.5	40.8	31.2
$\psi/(°)$	15.7	9.2	11.8	13.2	12.2	14.5	17.8	18.4	21.0	23.0	12.3	18.7	15.5	15.9	18.8

根据试验结果，每一组配比的塑性混凝土，内摩擦角与剪胀角差值的平均值约为19.6°；剪胀角以及内摩擦角随水灰比、水胶比的变化规律如图4.13、图4.14所示。相对于剪胀角，内摩擦角的离散性要更大。根据拟合之后的曲线来看，内摩擦角与剪胀角的差值随水灰比或水胶比的增加变化不大，同水灰比下，

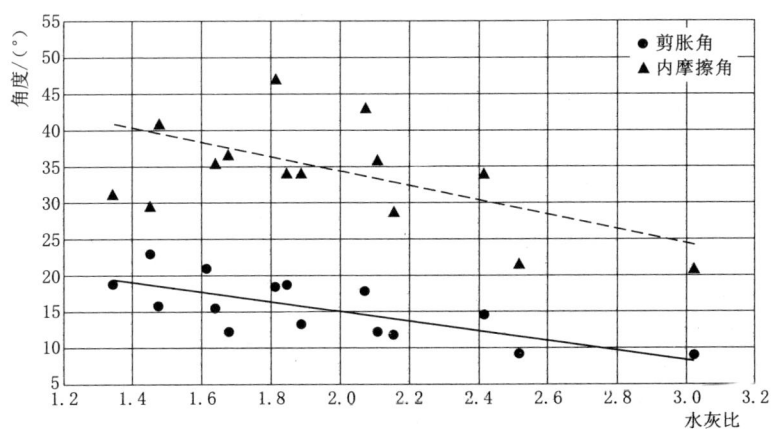

图4.13　内摩擦角及剪胀角随水灰比变化关系

塑性混凝土内摩擦角与剪胀角的差值约为 23.1°，同水胶比下，塑性混凝土内摩擦角与剪胀角的差值约为 25.4°。

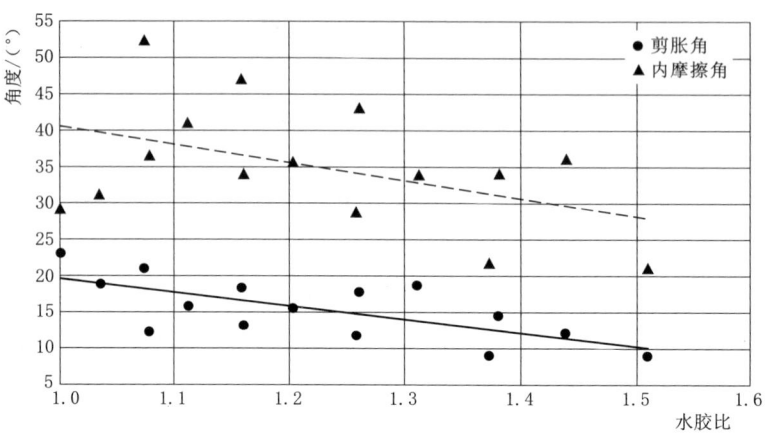

图 4.14　内摩擦角及剪胀角随水胶比变化关系

2. 刚度参数的选取

通常情况下，土体的刚度参数的测定相对于强度参数来说，还要更加的困难，这主要是因为土体的刚度参数并不是一个定值，而是会随着土体的应力状态以及不同的应力路径而发生变化。本节主要介绍硬化土模型计算所需要用到的几个刚度参数的取值方法。

硬化土模型在计算过程中所需要的刚度参数有：切线压缩模量 E_{oed}^{ref}，割线模量 E_{50}^{ref} 以及卸荷再加载模量 E_{ur}^{ref}，卸载泊松比 ν_{ur}；初始剪切模量 G_0^{ref}。

（1）参考割线模量的选取。参考割线模量 E_{50}^{ref} 的确定，通常是要进行 σ_2 等于 σ_3 为 100kPa 的标准排水三轴试验，而后根据试验数据，取荷载为破坏荷载的 50% 时所对应的割线模量，定义为参考割线模量，如图 4.15 所示。在硬化土模型中，对于不同应力状态下参考割线模量，可以按照下式计算：

$$E_{50} = E_{50}^{ref} \left(\frac{c\cos\varphi + \sigma_3 \sin\varphi}{c\cos\varphi + p^{ref}\sin\varphi} \right)^m \tag{4.46}$$

根据上式以及第 2 章的试验数据可以得出塑性混凝土的参考割线模量见表 4.9。

表 4.9　　　　　　　　　　参　考　割　线　模　量

编号	K1	K2	K3	K4	K5	K6	K7	K8	K9	K10	K11	K12	K13	K14	K15
E_{50}^{ref}/GPa	0.49	0.84	0.55	1.14	1.43	0.89	0.96	0.63	0.77	1.36	0.75	1.15	0.79	0.68	1.02

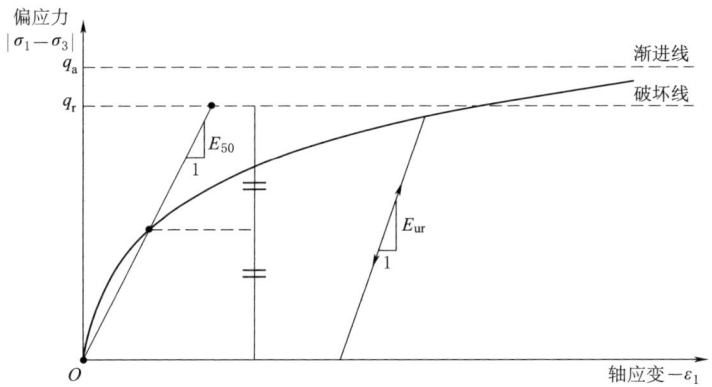

图 4.15 标准排水三轴试验主加载下双曲线型应力-应变关系

（2）参考卸载再加载模量的选取。与参考割线模量 E_{50}^{ref} 相类似，E_{ur}^{ref} 同样是通过三轴试验得到。取 σ_2 等于 σ_3 为 $100 kPa$ 进行标准三轴排水试验，再根据其试验数据得到参考割线模量，如图 4.15 所示。但与参考切线模量不一样的是，E_{ur}^{ref} 的值与剪应力水平并不相关。其在不同应力水平条件下的值可以按照下式计算：

$$E_{ur} = E_{ur}^{ref}\left(\frac{c\cos\varphi + \sigma_3\sin\varphi}{c\cos\varphi + p^{ref}\sin\varphi}\right)^m \tag{4.47}$$

由于并没有卸载再加载模量的试验数据，所以按照本书采用的有限元模拟软件 PLAXIS 的默认设置，将参考卸载再加载模量 E_{ur}^{ref} 取为 $3E_{50}^{ref}$。

（3）泊松比的选取。对于岩土工程来说，泊松比是一个对侧向变形有着极大影响的重要参数，在结构应力应变计算中是无法忽略的必要参数。在多个不同的本构模型中，泊松比对于结构应力应变的影响并不完全相同，若采用 D-P 模型或者 M-C 模型，可以采用下式，利用侧压力系数 K_0 或者有效内摩擦角 φ' 来对泊松比 ν 进行估算：

$$\nu = \frac{K_0}{1+K_0} \tag{4.48}$$

$$\nu = \frac{1-\sin\varphi'}{2-\sin\varphi'} \tag{4.49}$$

在卸载的时候，土体的泊松比会大幅度减小，所以硬化土模型还有一个参量为卸载再加载泊松比 ν_{ur}。有限元软件 PLAXIS 建议泊松比取值为 0.20，卸载时的泊松比在 0.1~0.25 范围内选择。本书在进行塑性混凝土试验模拟及防渗墙结构分析计算时取值 0.2。

（4）参考切线压缩模量的选取。压缩模量的物理意义较为明确，是指土体在侧向完全不能变形的情况下受到的竖向压应力增量与竖向总应变增量的比值。

其测定方法相对于土体其他刚度参数较为简单,但是在试样的制备过程中难免或多或少地对土体造成扰动,因此测定的压缩模量也会存在误差。

压缩模量 E_{oed} 可通过三轴试验、固结试验或者经验公式获得。与参考应力相对应的切线压缩模量为 E_{oed}^{ref},其他应力水平条件下的压缩模量 E_{oed} 可以根据下式求得

$$E_{oed} = E_{oed}^{ref} \left(\frac{c\cos\varphi + \sigma_1 \sin\varphi}{c\cos\varphi + p^{ref}\sin\varphi} \right)^m \tag{4.50}$$

通过经验公式的方法确定参考切线压缩模量的值得

$$E_0^{ref} = \left(1 - \frac{2\nu^2}{1-\nu}\right) E_{oed}^{ref} \tag{4.51}$$

式中:E_0^{ref} 为荷载为破坏荷载 50% 时所对应的变形模量,根据上式以及第 2 章的实试验数据,可以得出塑性混凝土的参考变形模量以及参考切线压缩模量见表 4.10。

表 4.10 参 考 切 线 压 缩 模 量

编号	K1	K2	K3	K4	K5	K6	K7	K8	K9	K10	K11	K12	K13	K14	K15
E_0^{ref}	0.31	0.29	0.72	0.57	0.64	0.37	0.29	0.54	0.50	0.52	0.49	0.46	0.64	0.43	0.59
E_{oed}^{ref}	0.34	0.32	0.8	0.63	0.71	0.41	0.32	0.51	0.56	0.58	0.54	0.51	0.71	0.48	0.66

4.3.3 摩尔-库仑模型及 D-P 模型的参数选取

ABAQUS 以及 PLAXIS 采用 D-P 模型、摩尔-库仑模型计算所需要的参数见表 4.11 和表 4.12。

表 4.11 D - P 模 型 参 数

编 号	K1	K2	K6	K7	K11	K12
弹性模量/MPa	855.5	815.3	738	694.48	829.5	870.6
泊松比	0.2	0.2	0.2	0.2	0.2	0.2
摩擦角/(°)	39	40	53.878	60.529	55.549	53.878
流应力比 k	0.78745	0.7814	0.778	0.778	0.778	0.778
剪胀角/(°)	15.7	9.2	14.5	17.8	12.3	18.7
屈服应力/MPa	1.43	1.68	2.22	2.77	2.05	2.40

摩擦角是由内摩擦角计算得来的,其与内摩擦角的关系如下式所示:

$$\tan\beta = \frac{6\sin\varphi}{3-\sin\varphi} \tag{4.52}$$

流应力比 k 是三轴拉伸强度与三轴压缩强度之比，反映了主应力对屈服的影响，其与内摩擦角的关系如下式所示，且当 k 值小于 0.778 时取为 0.778。

$$k = \frac{3-\sin\varphi}{3+\sin\varphi} \tag{4.53}$$

表 4.12　　　　　　　　　　摩尔-库仑模型参数

编　号	K1	K2	K6	K7	K11	K12
弹性模量/MPa	855.5	815.3	738	694.48	829.5	870.6
泊松比	0.2	0.2	0.2	0.2	0.2	0.2
黏聚力/kPa	951	1192	1089	1033	924	1178
内摩擦角/(°)	20.9	21.6	33.9	43.1	35.9	33.9
剪胀角/(°)	15.7	9.2	14.5	17.8	12.3	18.7

4.4　塑性混凝土本构模型适应性对比

试验选取了 K1、K2、K6、K7、K11、K12 这 6 组配合比试件进行分析，模型如图 4.16 所示，塑性损伤模型均为六面体单元，仅施加底部约束以及顶部 0.4mm/min 向下位移。硬化土模型均为四面体单元，底部约束，除施加顶部 0.4mm/min 位移外，还分别施加 200kPa、600kPa 围压。具体的结果如图 4.17、图 4.18 所示。

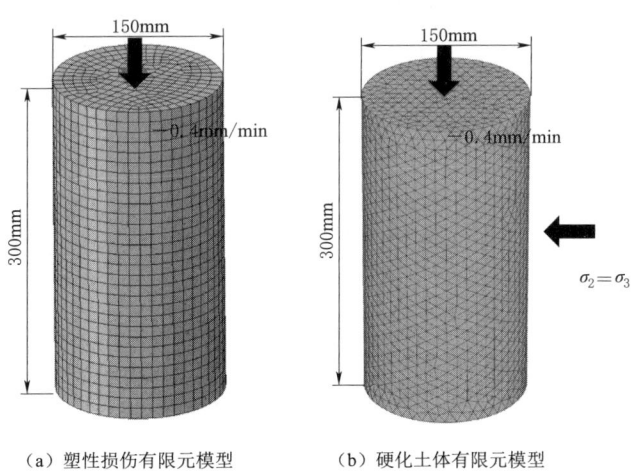

（a）塑性损伤有限元模型　　（b）硬化土体有限元模型

图 4.16　模型示意图

从对比结果可以看出，对于应力-应变曲线的下降段，塑性损伤本构模型对塑性混凝土单轴试验的模拟情况较好，而对于曲线上升段，其模拟情况较差。主要原因在于塑性混凝土单轴压缩试验的应力-应变曲线在起始的时候会存在一个反弯段。随着压缩的进行，塑性混凝土表现出来的弹性模量由一个较小的值逐渐增大，当达到一定值时维持不变，故反弯段之后衔接了一段近似直线段。随着压缩的继续进行，弹性模量会因为材料的损伤而逐渐减小，所以直线段之

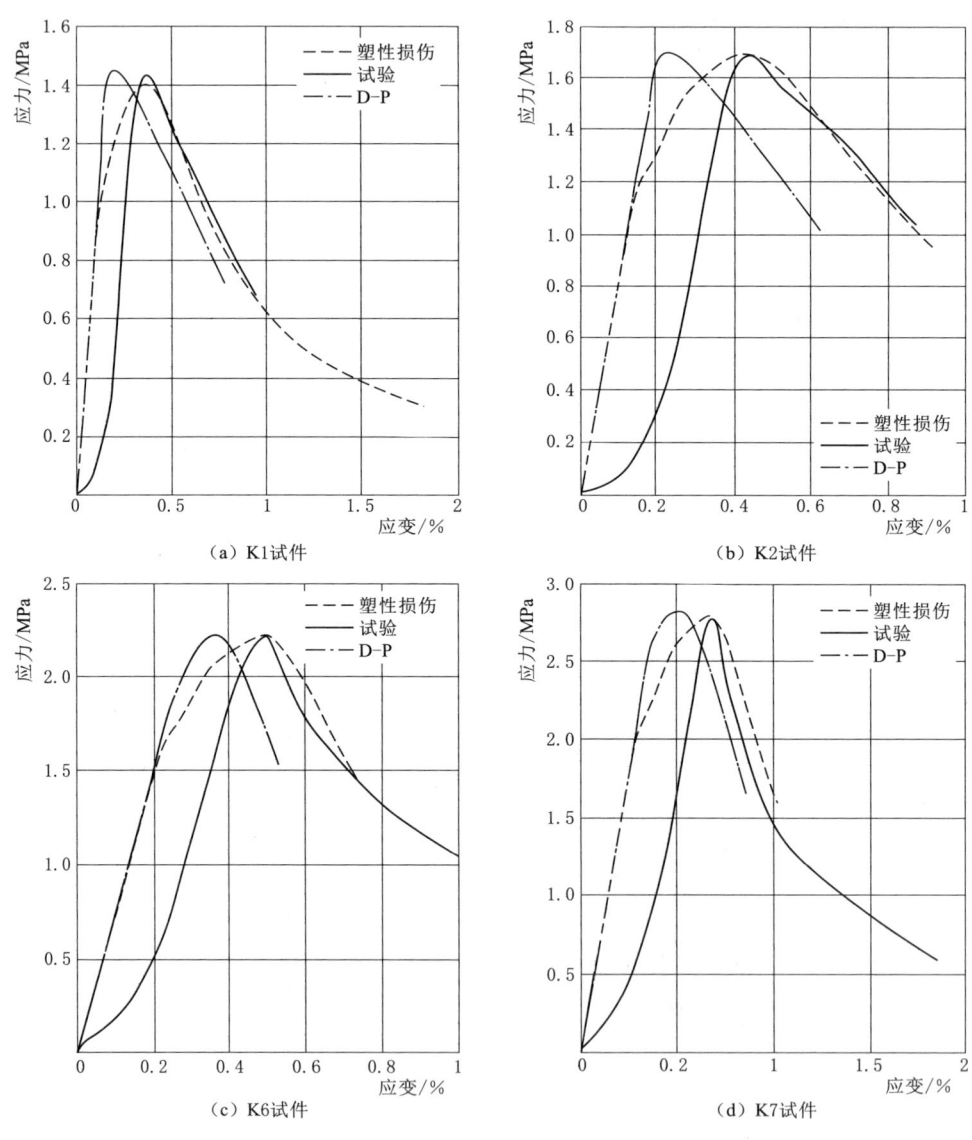

图 4.17（一） 单轴试验模拟结果与试验结果对比

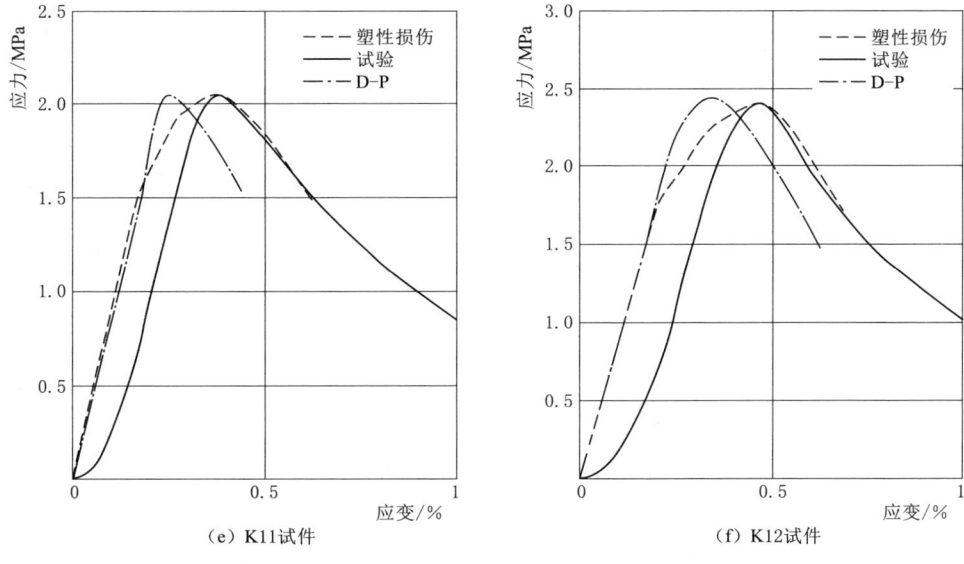

图 4.17（二）　单轴试验模拟结果与试验结果对比

后应力随着应变增加的趋势减缓，而后达到峰值应力，最后应力逐渐下降。而塑性损伤本构模型将材料在初始阶段假定为弹性体，即压力-应变曲线初始阶段为一条从原点出发的直线，而后材料出现损伤，弹性模量逐渐减小，应力在达到峰值应力后逐渐下降。对于混凝土而言，其反弯段不存在或者可以忽略不计，所以塑性损伤本构模型十分适用于混凝土材料，而塑性混凝土反弯段较为明显，基本当应力达到峰值应力的 20%～40% 时，曲线才会进入直线段，因此二者存在偏差，从图中也可以看出，试验曲线的直线段与数值模拟的直线段斜率也近似相同，因此对于塑性混凝土材料来说，塑性损伤本构模型不准确的地方便在于无法模拟其反弯段。

D-P 模型得到的应力-应变曲线在应力达到峰值之前，呈线性关系，即将材料视为弹性材料，显然与实际材料的应力-应变关系不符，并导致曲线下降段拟合情况也不好，因此相对于 D-P 模型，塑性混凝土对塑性损伤本构模型的适应性更好一些。

图 4.18 给出了采用硬化土模型以及摩尔-库仑模型的数值模拟结果与试验结果的对比。从图中可以看出，对于 600kPa 围压下的三轴试验，硬化土模型以及摩尔-库仑模型的模拟情况较好，而对于 200kPa 围压下的三轴试验，由于其水平变化段并不明显，因此两种模型的模拟在应力下降段存在较大偏差，这是因为高围压下试件在压缩过程中仅有一条或几条裂缝，微裂纹较少，延性更加明显，而低围压下试件微裂纹较多，强度下降较为明显。除此之外，在应力达

到峰值之前，摩尔-库仑模型得到的应力-应变曲线呈线性关系，即将材料视为弹性材料，显然与实际材料的应力-应变关系不符，因此相对于摩尔-库仑模型，硬化土模型更适用于描述塑性混凝土的力学变形行为。

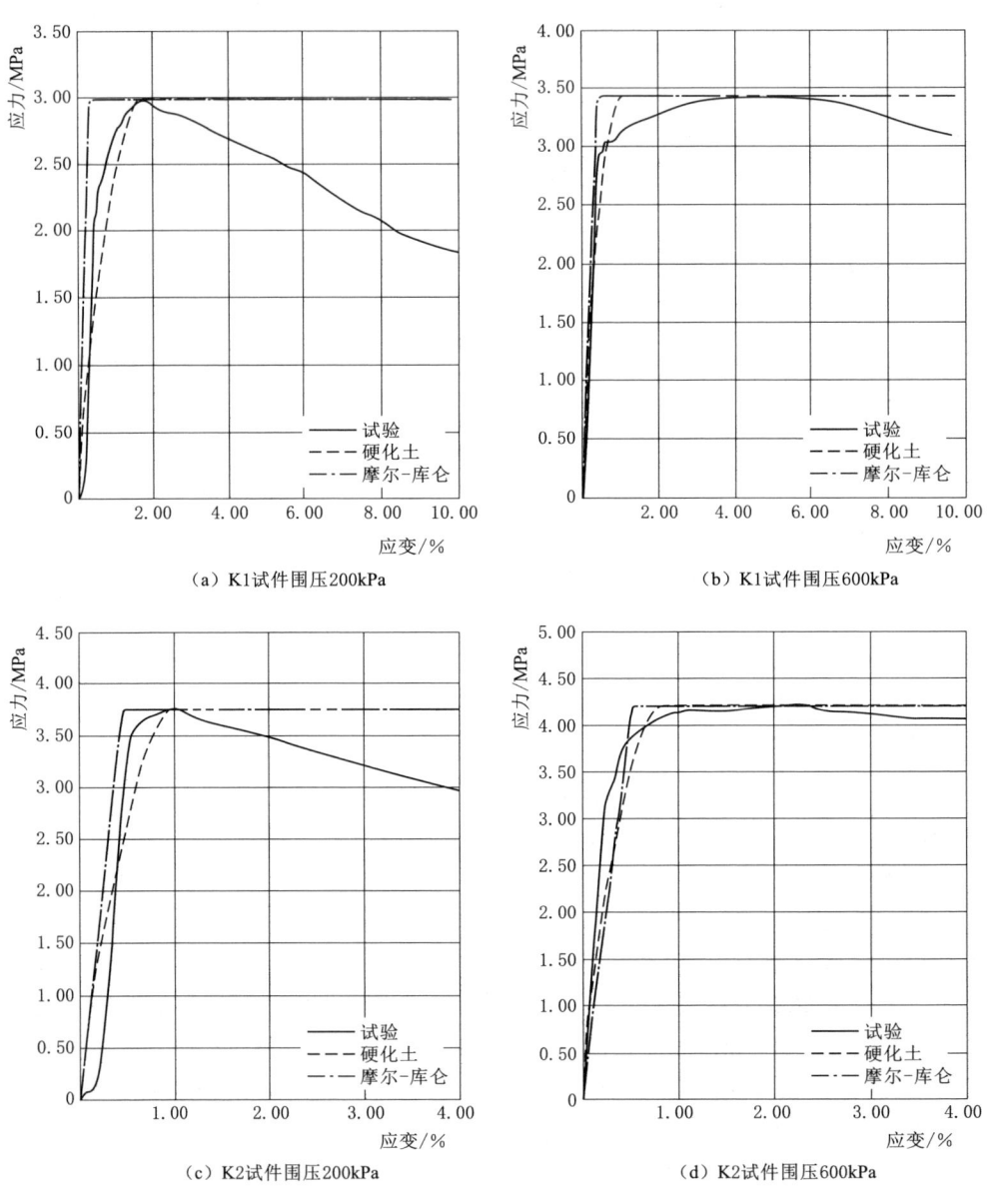

图 4.18（一） 三轴试验模拟结果与试验结果对比

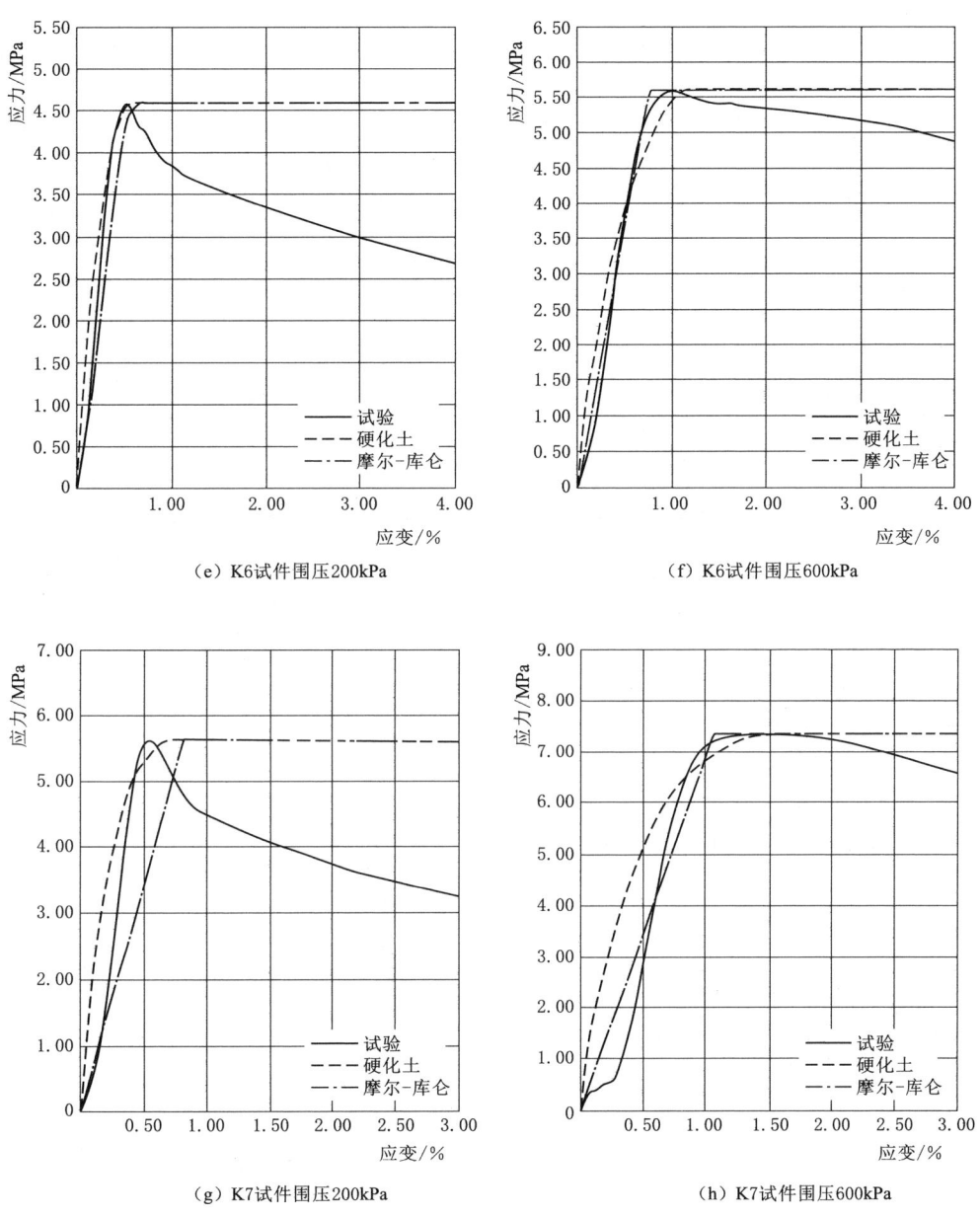

图 4.18（二） 三轴试验模拟结果与试验结果对比

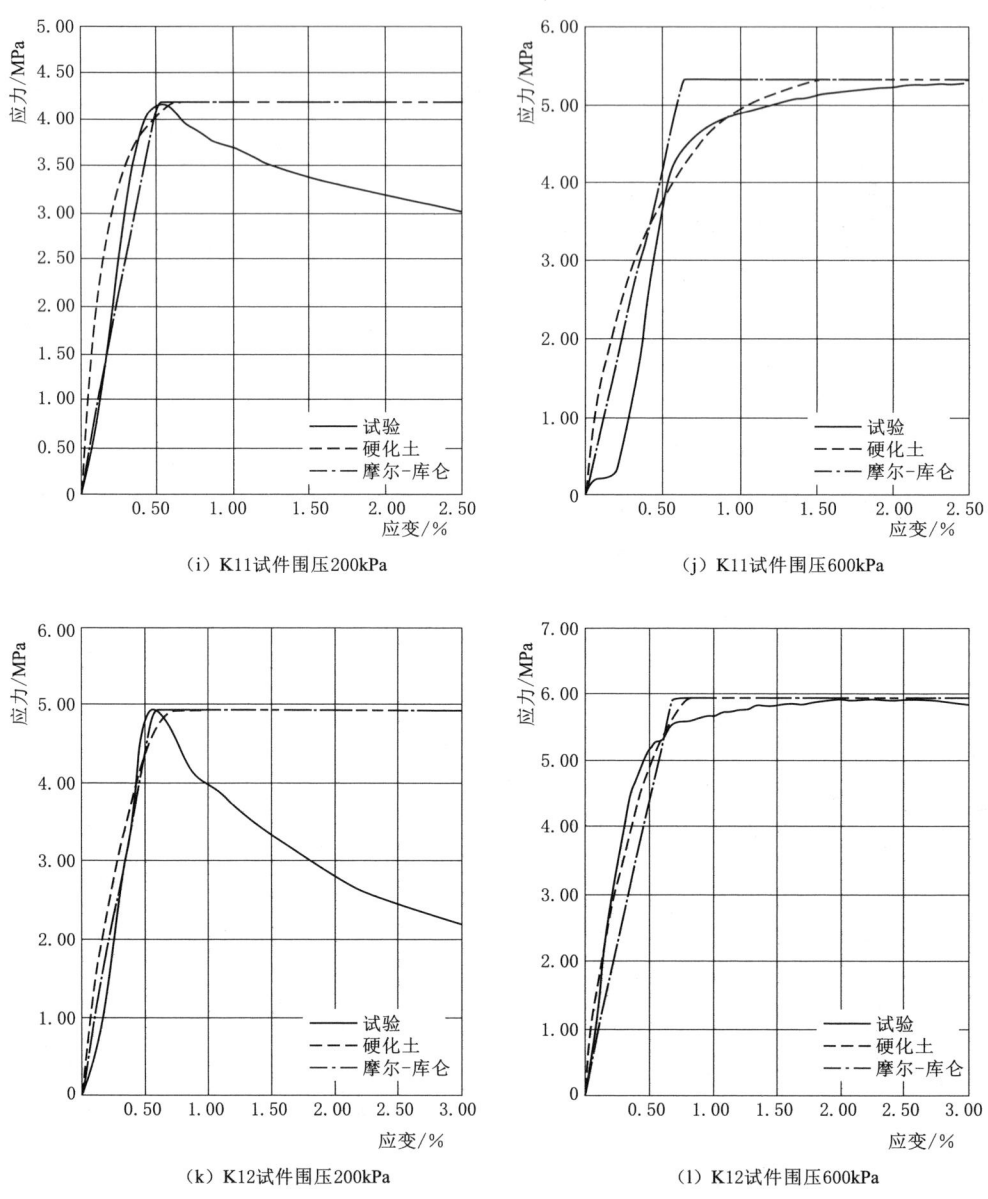

(i) K11试件围压200kPa
(j) K11试件围压600kPa
(k) K12试件围压200kPa
(l) K12试件围压600kPa

图 4.18（三） 三轴试验模拟结果与试验结果对比

第 5 章

考虑损伤的塑性混凝土本构模型开发

基于第 2 章对塑性混凝土力学性能的深入探究，得到了在不同加载条件下的应力-应变关系曲线。上述章节分析结果表明，在模拟高围压状态下的塑性混凝土行为时，硬化土模型表现出了较好的适用性和精确度。然而，传统硬化土模型存在局限性，它仅能有效地描述材料的硬化阶段特性，却无法充分捕捉和反映材料在损伤累积和软化过程中的复杂力学行为。

鉴于此，为克服原有硬化土模型在模拟材料损伤演化方面的不足，在本章中，基于 Weibull 概率密度函数描述损伤演化方程，结合 Runge-Kutta 显式积分算法，构建了一个经过改良的、能够体现材料刚度损伤软化特性的塑性混凝土本构模型，依托于有限元分析软件 ABAQUS 强大的 UMAT 用户自定义材料子程序开发平台，利用 Fortran 语言环境实现了该模型的二次开发。最后，为了验证该塑性混凝土本构模型开发的有效性和准确性，将该模型子程序应用于三轴压缩试验及抗折试验数据的模拟分析，并将模拟结果与实际试验所得数据进行对比验证。

5.1 考虑损伤演化的塑性混凝土本构模型

HS 硬化土模型是 Schanz 基于 Vermeer 双硬化模型基础上提出的，该模型对材料剪切硬化、压缩硬化、剪胀等复杂力学行为模拟效果较好。剪切硬化和压缩硬化可模拟材料由于偏载、压缩而引起的不可逆塑性应变。当材料处于弹性变形阶段时，模型通过加载、卸载刚度参数分别模拟其加卸载状态。HS 硬化土模型与非线性的邓肯张模型弹性阶段理论相似，即标准排水三轴试验主应变与偏应力符合双曲线关系，如图 5.1 所示。

当偏应力 q 小于破坏强度 q_f，材料处于弹性变形阶段，由摩尔-库仑强度理论有 $q_f=(2c\cos\varphi+2\sigma_3\sin\varphi)/(1-\sin\varphi)$，材料轴向应变 ε_1 与偏应力 q 满足双曲线关系如下：

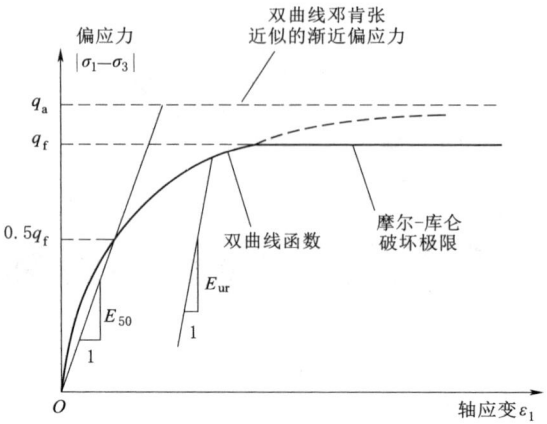

图 5.1 双曲线应力应变关系

$$\varepsilon_1 = \frac{q_a}{2E_{50}} \frac{\sigma_1 - \sigma_3}{q_a - (\sigma_1 - \sigma_3)} = \frac{1}{2E_{50}} \frac{q}{1 - q/q_a} \quad (5.1)$$

其中

$$E_{50} = E_{50}^{\text{ref}} \left(\frac{\sigma_3 + c \cot\varphi}{\sigma^{\text{ref}} + c \cot\varphi} \right)^m \quad (5.2)$$

式中：q_a 为极限偏应力，$q_a = (\sigma_1 - \sigma_3)_{\text{ult}}$，通过设定破坏比 R_f 的取值，根据 $R_f = q_f/q_a$ 可求得 q_a 的数值大小；E_{50} 为加载模型；E_{50}^{ref} 为参考割线模量，其为破坏偏应力的 50%；σ_3 为最小主应力；c 为黏聚力；φ 为内摩擦角；σ^{ref} 为参考围压，其数值一般取 100kPa。

5.1.1 屈服函数

荷载作用于材料后，材料初始处于弹性阶段，随着荷载增加，应力达到比例极限后，其内部应力较大的部位就可能出现塑性应变，用来描述这个界限的函数就是屈服函数。当偏应力达到破坏强度，则认为材料进入塑性变形阶段，随着塑性变形的产生，硬化参数不断更新，屈服面不断扩张。硬化土模型是由剪切屈服面和压缩（体积）屈服面构成的双屈服面模型。其中，剪切屈服面的剪切屈服函数 F_s 定义为

$$F_s = \frac{q_a}{E_{50}} \frac{q}{q_a - q} - \frac{2q}{E_{\text{ur}}} - \gamma^p \quad (5.3)$$

其中

$$E_{\text{ur}} = E_{\text{ur}}^{\text{ref}} \left(\frac{\sigma_3 + c \cot\varphi}{\sigma^{\text{ref}} + c \cot\varphi} \right)^m \quad (5.4)$$

$$\gamma_p = \varepsilon_1^p - \varepsilon_2^p - \varepsilon_3^p \approx 2\varepsilon_1^p \quad (5.5)$$

式中：E_{ur} 为卸载模量；$E_{\text{ur}}^{\text{ref}}$ 为参考应力 σ^{ref} 时的卸载模量；γ^p 为塑性剪应变，

为剪切屈服面的硬化参数；ε_1^p，ε_2^p，ε_3^p 为塑性第一、第二、第三主应变。

压缩屈服面的压缩屈服函数 F_v，也称体积屈服函数，其定义为

$$F_v = \frac{\tilde{q}^2}{M^2} + p^2 - p_c^2 \tag{5.6}$$

式中：$\tilde{q}$ 为偏应力的度量，$\tilde{q} = \sigma_1 + (\delta - 1)\sigma_2 - \delta\sigma_3$，$\delta = (3 + \sin\varphi)/(3 - \sin\varphi)$；$M$ 为摩擦常数，$M = 6\sin\varphi/(3 - \sin\varphi)$；$p$ 为平均应力，$p = (\sigma_1 + \sigma_2 + \sigma_3)/3$；$p_c$ 为先期固结应力，其决定压缩屈服面的大小。

压缩屈服面以 p_c 作为硬化参数，其计算公式为

$$dp_c = H \left(\frac{\sigma_3 + c\cot\varphi}{\sigma^{\text{ref}} + c\cot\varphi} \right)^m d\varepsilon_v^p \tag{5.7}$$

式中：ε_v^p 为塑性体积应变；H 为压缩屈服面的硬化模量。

H 通过下式确定：

$$H = \frac{K_s K_c}{K_s - K_c} \tag{5.8}$$

其中

$$K_s = \frac{E_{\text{ur}}^{\text{ref}}}{3(1 - 2\nu)} \tag{5.9}$$

$$K_c = \frac{(1 + 2k_0)}{3} E_{\text{oed}}^{\text{ref}} \tag{5.10}$$

式中：K_s 为卸载体积模量；K_c 为加载体积模量；$E_{\text{oed}}^{\text{ref}}$ 为参考应力 σ^{ref} 时的切向模量；k_0 为静止侧压力系数，$k_0 = 1 - \sin\varphi$。

5.1.2 塑性势函数

HS 硬化土模型为双屈服面模型，有两个屈服函数的同时，两个屈服面采用不同流动法则，流动法则描述的是塑性应力-应变之间的关系。剪切屈服面塑性势函数 Q_s 采用非相关联流动法则，其定义为

$$Q_s = \frac{\sigma_1 - \sigma_3}{2} - \frac{\sigma_1 + \sigma_3}{2} \sin\psi_m \tag{5.11}$$

其中

$$\sin\psi_m = \frac{\sin\varphi_m - \sin\varphi_{\text{cv}}}{1 - \sin\varphi_m \sin\varphi_{\text{cv}}} \tag{5.12}$$

$$\sin\varphi_m = \frac{\sigma_1 - \sigma_3}{\sigma_1 + \sigma_3 - 2c\cot\varphi} \tag{5.13}$$

$$\sin\varphi_{\text{cv}} = \frac{\sin\varphi - \sin\psi}{1 - \sin\varphi \sin\psi} \tag{5.14}$$

式中：ψ_m 为机动剪胀角；φ_m 为机动摩擦角；φ_{cv} 为临界摩擦角；ψ 为剪胀角。

该模型应用 Rowe 应力剪胀理论，因此，当 ψ_m 为负值时，ψ_m 设置为 0，不允许其发生负剪胀（剪缩）情况。

压缩（体积）屈服面的塑性势函数 Q_v 采用相关联流动法则，其定义为

$$Q_v = \frac{\tilde{q}^2}{M^2} + p^2 \tag{5.15}$$

5.1.3 基于 Weibull 分布的损伤演化方程

在地下防渗墙工程中，塑性混凝土作为一种广泛应用的结构材料，其物理力学性能具有显著的复杂性。该材料在承载荷载时，内部容易产生微裂纹，并且随着荷载逐步增大，在缺乏有效围压约束的情况下，这些微裂纹会迅速扩展，进而导致塑性混凝土的刚度劣化。因此，为了确保深部地下防渗墙工程的设计与施工安全，构建能够准确反映塑性混凝土力学特性的本构模型显得至关重要。近年来，损伤力学领域的快速发展为探究此类受载过程中易产生缺陷的混凝土材料的力学行为提供了新的研究途径。细观损伤力学通过平均化处理方法，成功地将材料微观层次的损伤机制映射至宏观力学响应上，这一策略既简化了复杂的统计学计算，又能具有深刻的物理背景意义。

Krajcinovic 等进一步指出，精确衡量材料破坏程度的传统方法存在局限性，于是提出采用统计数学手段来描述材料在特定应力状态下失效的概率[108]。众多学者依据该理论，研发了丰富多样的统计模型，涵盖 Weibull、高斯、指数、对数正态、均匀及伽马分布等。

因此，从统计学与概率论的角度出发，Weibull 分布被定义为一种连续型的概率分布模型，其概率密度函数为

$$p(x) = \frac{m}{F}\left(\frac{x}{F}\right)^{m-1} \exp\left[-\left(\frac{x}{F}\right)^m\right] \tag{5.16}$$

在探讨塑性混凝土损伤过程时，视其为由内部微观单元逐步积累损伤直至破坏的过程。当所受外荷载达到某一阈值时，将塑性混凝土整体划分为 N 个微小单元，假定其中失效的微元数量记为 N_D。基于这一划分，引入一个统计损伤变量 D，该变量通过表示已受损微元数与总微元数之间的比率来量化塑性混凝土的损伤程度，损伤变量 D 表达式如下：

$$D = \frac{N_D}{N} \tag{5.17}$$

假定塑性混凝土在弹性阶段时未发生损伤，即 D 等于 0，随着荷载逐渐增大，塑性混凝土微观失效单元增多，宏观上表现为微裂缝逐渐扩展，进一步产生新的裂缝，材料力学强度损伤降低，这一演化过程表征为塑性混凝土微元损伤破坏。假定塑性混凝土微元强度服从 Weibull 概率分布，因此，在荷载施加过程中任意应变水平区间 $[\varepsilon_1, \varepsilon_1 + d\varepsilon]$ 中发生破坏的微元数目可表示为

$$dN_D = Np(\varepsilon_1)d\varepsilon_1 \tag{5.18}$$

考虑将塑性混凝土的压缩过程分为无损和损伤两个阶段,因此采用三参数的 Weibull 概率分布,其比常规的 Weibull 分布多了一个损伤阈值 ε_{1d}。当轴向应变 ε_1 大于损伤阈值 ε_{1d} 时,其损伤变量 D 的概率分布函数如下:

$$p(\varepsilon_1) = \frac{m}{\varepsilon_0}\left(\frac{\varepsilon_1 - \varepsilon_{1d}}{\varepsilon_0}\right)^{m-1} \exp\left[-\left(\frac{\varepsilon_1 - \varepsilon_{1d}}{\varepsilon_0}\right)^m\right] \quad (5.19)$$

式中:m、ε_0 分别为概率分布函数的形状参数和尺度参数,结合试验确定。

当塑性混凝土在荷载作用下应力加载到一定水平时,其内部失效的微元数量 N_D 如下:

$$N_D = \int_0^{\varepsilon_1} N p(\varepsilon_1) d\varepsilon_1 = N\left\{1 - \exp\left[-\left(\frac{\varepsilon_1 - \varepsilon_{1d}}{\varepsilon_0}\right)^m\right]\right\} \quad (5.20)$$

则损伤变量 D 如下:

$$D = \begin{cases} 0 & (\varepsilon_1 \leqslant \varepsilon_{1d}) \\ 1 - \exp\left[-\left(\frac{\varepsilon_1 - \varepsilon_{1d}}{\varepsilon_0}\right)^m\right] & (\varepsilon_1 > \varepsilon_{1d}) \end{cases} \quad (5.21)$$

本书通过损伤理论,探究塑性混凝土内部裂纹缺陷对其力学性能衰减的影响。从微观力学层面出发,损伤理论揭示了材料性能退化的内在机理。在塑性混凝土承受载荷的过程中,内部会出现大量微裂纹,这些裂纹会在载荷持续作用下不断增长和集中,进而导致材料整体力学性能的衰退。先前的试验研究亦证实了在加载条件下,塑性混凝土内部微裂纹确实会发生扩展的现象。为此,选用微裂纹作为损伤的基本单元,将其融入材料刚度损伤弱化的模型构建中,从而在本构模型中有效地描述和模拟塑性混凝土在加载过程中的力学行为变化。

损伤对塑性混凝土应力-应变的影响可以用有效应力 σ^* 来表示,根据 Lemaitre 应变等价性假设,将原始无损伤材料本构关系的应力当作有效应力,有效应力 σ^* 定义为

$$\sigma^* = \sigma/(1-D) \quad (5.22)$$

因此,建立刚度损伤演化方程如下:

$$\boldsymbol{E}^{\mathrm{alg}} = (1-D)\left(\frac{d\sigma^*}{d\varepsilon}\right)^{n+1} \quad (5.23)$$

式中:$\boldsymbol{E}^{\mathrm{alg}}$ 为损伤更新后的弹性刚度 Jacobian 矩阵。

5.1.4 本构积分算法与应力更新算法

1. 本构积分算法

有限元本构开发需要对材料的本构方程进行数值积分,本构积分算法指的是用于描述材料或结构在受力作用下其应力-应变的一种计算方法,主要包括两种形式:隐式积分算法和显式积分算法。

隐式积分算法求解需要对每个增量步都进行平衡迭代，直到精度满足容许误差范围内，因此在计算过程中，对切向刚度矩阵要求较高。隐式积分算法求解过程涉及了矩阵求逆，且需要对复杂矩阵求二阶偏导，因此，对于复杂本构模型的二次开发难度较大。

与隐式积分算法相比，显式积分算法对本构模型复杂程度要求较低，因此可应用于如多重屈服面的复杂本构模型开发实践中[108]。显式积分算法不需要求解耦合的代数方程组，而是直接根据第 n 步的应力状态计算第 $n+1$ 步的应力状态，因此对于大量自由度系统，相比于隐式积分算法，显式积分算法通常不需要存储和求解大型刚度矩阵的逆矩阵，这降低了对内存的需求，同时，每一步迭代的计算成本较低。由于显式积分算法不进行应力返回的塑性修正步骤，其得到的第 $n+1$ 步应力状态会出现飘离屈服面，导致计算结果存在误差，但只要对时间步长进行合理控制，就能保证数值解的稳定性和准确性。因此，应力更新积分算法采用显式积分算法。运算流程如下：

$$\varepsilon_{n+1} = \varepsilon_n + \Delta\varepsilon \tag{5.24}$$

$$\varepsilon_{n+1}^p = \varepsilon_n^p + \sum_{\beta=1}^{2} \Delta\lambda_{n+1}^{\beta} \frac{\partial Q_\beta(\sigma_{n+1}, H_{n+1})}{\partial \sigma_{n+1}} \tag{5.25}$$

$$H_{n+1} = H_n + \sum_{\beta=1}^{2} \Delta\lambda_{n+1}^{\beta} h_\beta \tag{5.26}$$

$$\sigma_{n+1} = \sigma_n + \boldsymbol{D}_e \Delta\varepsilon_E \tag{5.27}$$

式中：$\Delta\lambda_{n+1}^{\beta}$ 与 h_β 为剪切屈服面、塑性屈服面的塑性乘子和硬化参数；$\boldsymbol{D}_e$ 为弹性刚度矩阵，其表达式为

$$\boldsymbol{D}_e = \begin{bmatrix} \lambda^e + 2\mu & \lambda^e & \lambda^e & 0 & 0 & 0 \\ \lambda^e & \lambda^e + 2\mu & \lambda^e & 0 & 0 & 0 \\ \lambda^e & \lambda^e & \lambda^e + 2\mu & 0 & 0 & 0 \\ 0 & 0 & 0 & \mu & 0 & 0 \\ 0 & 0 & 0 & 0 & \mu & 0 \\ 0 & 0 & 0 & 0 & 0 & \mu \end{bmatrix} \tag{5.28}$$

其中 $\lambda^e = E\nu/(1-2\nu)(1+\nu), \mu = E/2(1+\nu)$

式中：λ^e 和 μ 为拉梅常数；E 为弹性模量；ν 为泊松比。

2. 应力更新算法

应力更新算法主要用于求解常微分方程，不同的应力更新算法对应力更新的速度（收敛速度）有着显著的影响。当材料进入弹塑性阶段时，应力状态通过弹塑性刚度矩阵更新，此时，增量步内应力增量 $\Delta\sigma$ 与应变增量 $\Delta\varepsilon$ 的关系如下：

$$\frac{\partial \sigma}{\partial \varepsilon} = D_{ep} = f(\sigma) \tag{5.29}$$

材料在弹塑性阶段时，随着应力的不断更新，弹塑性刚度矩阵也会不断变化，因此对于增量步结束时的应力状态而言，需要通过对每一步长内弹塑性刚度矩阵进行求解，最后通过积分形式求得整个增量步的应力，从而获得下一时刻的应力状态。其积分形式如下：

$$\sigma_{n+1} = \sigma_n + \int_0^{\Delta\varepsilon} D_{ep} d\varepsilon \tag{5.30}$$

式中：D_{ep} 为应力对应变的导数，满足式（5.30）中的非线性常微分方程，因此需要通过合适的应力更新方法求解常微分方程。

目前，有较多求解常微分方程的方法，但不同的方法计算精度与速度有着较为明显的差异。欧拉法是最传统、简单的积分求解方法，但其精度只有一阶，因此，若不控制计算过程中的增量步长，应变增量较大时，其应力计算精度往往较不理想。相比传统欧拉法，改进欧拉法将下一步的状态建立在了初始点和预测点的局部信息基础上，其全局截断误差为 $O(h^2)$，因此具有更高的二阶计算精度。

Runge-Kutta 法的计算精度是四阶局部截断误差，对于一个足够光滑的函数，使用该方法进行近似求解时，其误差项与步长的四次幂成正比。Runge-Kutta 法由于具有较高的求解精度和收敛速率，对于处理复杂、非线性及高精度要求的问题具有显著优势。Runge-Kutta 法关键迭代步骤如下：

$$\sigma_{n+1} = \sigma_n + \frac{1}{6}(K_1 + 2K_2 + 2K_3 + K_4)h_1 \tag{5.31a}$$

$$K_1 = f(\sigma_n) \tag{5.31b}$$

$$K_2 = f\left(\sigma_n + \frac{1}{2}K_1 h_1\right) \tag{5.31c}$$

$$K_3 = f\left(\sigma_n + \frac{1}{2}K_2 h_1\right) \tag{5.31d}$$

$$K_4 = f(\sigma_n + K_3 h_1) \tag{5.31e}$$

本书采用 Runge-Kutta 法进行应力更新，其具体推导、实施过程在后文详细列出。

5.2 塑性混凝土本构模型实现流程

根据胡克定律的假设，基于第 n 步的应力 $\{\sigma_n\}$ 和应变增量 $\{\Delta\varepsilon_{n+1}\}$ 通过弹性刚度矩阵 $[D_e]$ 更新 $n+1$ 步的应力增量，计算得到预测应力 $\{\sigma_{n+1}^{trial}\}$ 如下：

$$\{\sigma_{n+1}^{\text{trial}}\} = \{\sigma_n\} + [D_e]\{\Delta\varepsilon_{n+1}\} \tag{5.32}$$

增量形式的广义胡克定律应用的是切线弹性模量 E，而 HS 硬化土模型切线模量应用的是加载模量 E_{50}，因此，需要建立切线弹性模量 E 和加载模量 E_{50} 之间的关系式，在 $\varepsilon_1 - q$ 坐标平面内两者关系式如下：

$$E = 2E_{50}(1 - q/q_a)^2 \tag{5.33}$$

将预测应力 $\{\sigma_{n+1}^{\text{trial}}\}$ 代入硬化土模型的剪切屈服函数和压缩屈服函数，判断应力是否激活屈服面。因此，将硬化土模型预测应力状态划分为四种情况：

(1) 弹性预测应力未激活屈服函数。$F_s(\sigma_{n+1}^{\text{trial}}) \geqslant 0$ 和 $F_v(\sigma_{n+1}^{\text{trial}}) \geqslant 0$，应力仍处于弹性阶段，最终应力按弹性预测应力更新输出。

(2) 弹性预测应力激活剪切屈服函数。$F_s(\sigma_{n+1}^{\text{trial}}) \geqslant 0$，应力处于塑性剪切屈服状态，应力增量根据剪切弹塑性刚度矩阵更新。

(3) 弹性预测应力激活压缩屈服函数。$F_v(\sigma_{n+1}^{\text{trial}}) \geqslant 0$，应力处于塑性压缩屈服状态，应力增量根据压缩弹塑性刚度矩阵更新。

(4) 弹性预测应力同时激活剪切屈服函数和压缩屈服函数。$F_s(\sigma_{n+1}^{\text{trial}}) \geqslant 0$、$F_v(\sigma_{n+1}^{\text{trial}}) \geqslant 0$，应力处于塑性剪切与压缩叠加状态，应力增量根据双屈服面弹塑性刚度矩阵更新。

模型屈服面特征及演化规律如图 5.2 所示。

5.2.1 弹塑性刚度矩阵及应力增量推导

当只发生剪切屈服或压缩屈服时，弹塑性刚度矩阵及其对应的应力增量如下：

$$D_{ep} = D_e - \frac{D_e \left\{\frac{\partial F}{\partial \sigma}\right\} \left\{\frac{\partial F}{\partial \sigma}\right\}^T D_e}{\left\{\frac{\partial F}{\partial \sigma}\right\}^T D_e \left\{\frac{\partial Q}{\partial \sigma}\right\} - A} \tag{5.34}$$

式中：A 为塑性硬化模量；若采用相关联流动法则，则 F 和 Q 相等。

$$\{\Delta\sigma_{n+1}\} = D_{ep}\{\Delta\varepsilon_{n+1}\} \tag{5.35}$$

若剪切屈服函数和压缩屈服函数同时被激活，则应变增量包含弹性应变增量、塑性剪切应变增量及塑性压缩应变增量如下：

$$\{\Delta\varepsilon\} = \{\Delta\varepsilon^e\} + \{\Delta\varepsilon^{ps}\} + \{\Delta\varepsilon^{pv}\} \tag{5.36}$$

根据广义流动法则，塑性剪切应变增量及塑性压缩应变增量可表示为

$$\{\Delta\varepsilon^{ps}\} = \lambda_s \left\{\frac{\partial Q_s}{\partial \sigma}\right\} \tag{5.37a}$$

$$\{\Delta\varepsilon^{pv}\} = \lambda_v \left\{\frac{\partial Q_v}{\partial \sigma}\right\} \tag{5.37b}$$

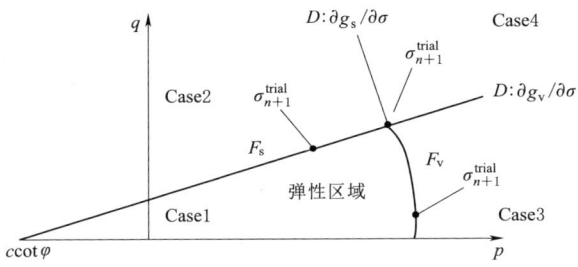

（a）p-q平面

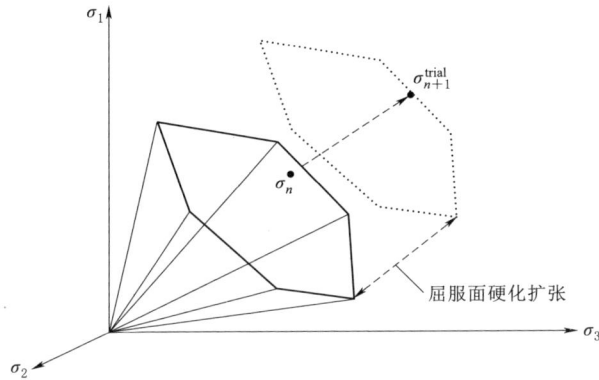

（b）主应力空间

图 5.2 模型屈服面划分示意图

根据弹塑性理论，总应力增量可表示为

$$\{\Delta\sigma\} = \boldsymbol{D}_e\{\Delta\varepsilon^e\} \tag{5.38}$$

将式（5.36）、式（5.37）代入式（5.38）可得

$$\{\Delta\sigma\} = [D_e]\{\Delta\varepsilon\} - [D_e]\lambda_s\left\{\frac{\partial Q_s}{\partial\sigma}\right\} - [D_e]\lambda_v\left\{\frac{\partial Q_v}{\partial\sigma}\right\} \tag{5.39}$$

此时的应力状态 σ_{n+1} 需满足一致性条件：$F(\sigma_{n+1}, H_{n+1}, D_{n+1}) = 0$，可得

$$\Delta\boldsymbol{F}_s = \left\{\frac{\partial F_s}{\partial\sigma}\right\}^T\{\Delta\sigma\} + \left\{\frac{\partial F_s}{\partial H_s}\right\}^T\{\Delta H_s\} = 0 \tag{5.40a}$$

$$\Delta\boldsymbol{F}_v = \left\{\frac{\partial F_v}{\partial\sigma}\right\}^T\{\Delta\sigma\} + \left\{\frac{\partial F_v}{\partial H_v}\right\}^T\{\Delta H_v\} = 0 \tag{5.40b}$$

将式（5.39）代入式（5.40），可得

$$\Delta\boldsymbol{F}_s = \left\{\frac{\partial F_s}{\partial\sigma}\right\}^T[D_e]\{\Delta\varepsilon\} - \lambda_s\left\{\frac{\partial F_s}{\partial\sigma}\right\}^T[D_e]\left\{\frac{\partial Q_s}{\partial\sigma}\right\} - \lambda_v\left\{\frac{\partial F_s}{\partial\sigma}\right\}^T[D_e]\left\{\frac{\partial Q_v}{\partial\sigma}\right\} - \lambda_s\boldsymbol{A}_s = 0 \tag{5.41a}$$

$$\Delta F_v = \left\{\frac{\partial F_v}{\partial \sigma}\right\}^T [D_e]\{\Delta\varepsilon\} - \lambda_s \left\{\frac{\partial F_v}{\partial \sigma}\right\}^T [D_e]\left\{\frac{\partial Q_s}{\partial \sigma}\right\} - \lambda_v \left\{\frac{\partial F_v}{\partial \sigma}\right\}^T [D_e]\left\{\frac{\partial Q_v}{\partial \sigma}\right\} - \lambda_v A_v = 0$$
(5.41b)

其中 A_s、A_v 表达式如下：

$$A_s = -\frac{1}{\lambda_s}\left\{\frac{\partial F_s}{\partial H_s}\right\}^T \{\Delta H_s\} \tag{5.42a}$$

$$A_v = -\frac{1}{\lambda_v}\left\{\frac{\partial F_v}{\partial H_v}\right\}^T \{\Delta H_v\} \tag{5.42b}$$

将式（5.41）简化得

$$\lambda_s L_{ss} + \lambda_v L_{sv} = T_s \tag{5.43a}$$

$$\lambda_s L_{vs} + \lambda_v L_{vv} = T_v \tag{5.43b}$$

其中

$$L_{ss} = \left\{\frac{\partial F_s}{\partial \sigma}\right\}^T [D_e]\left\{\frac{\partial Q_s}{\partial \sigma}\right\} + A_s \tag{5.44a}$$

$$L_{vv} = \left\{\frac{\partial F_v}{\partial \sigma}\right\}^T [D_e]\left\{\frac{\partial Q_v}{\partial \sigma}\right\} + A_v \tag{5.44b}$$

$$L_{sv} = \left\{\frac{\partial F_s}{\partial \sigma}\right\}^T [D_e]\left\{\frac{\partial Q_v}{\partial \sigma}\right\} \tag{5.45a}$$

$$L_{vs} = \left\{\frac{\partial F_v}{\partial \sigma}\right\}^T [D_e]\left\{\frac{\partial Q_s}{\partial \sigma}\right\} \tag{5.45b}$$

$$T_s = \left\{\frac{\partial F_s}{\partial \sigma}\right\}^T [D_e]\{\Delta\varepsilon\} \tag{5.46a}$$

$$T_v = \left\{\frac{\partial F_v}{\partial \sigma}\right\}^T [D_e]\{\Delta\varepsilon\} \tag{5.46b}$$

通过式（5.43a）与式（5.43b）联立求解，可得

$$\lambda_s = (L_{vv} T_s - L_{sv} T_v)/(L_{ss} L_{vv} - L_{sv} L_{vs}) \tag{5.47a}$$

$$\lambda_v = (L_{ss} T_v - L_{vs} T_s)/(L_{ss} L_{vv} - L_{sv} L_{vs}) \tag{5.47b}$$

将式（5.47）代入式（5.39），同时联立式（5.35）可得

$$[D_{ep}] = [D_e] - \frac{[D_e]}{\Omega}\left[\left\{\frac{\partial Q_s}{\partial \sigma}\right\}\{b_s\}^T + \left\{\frac{\partial Q_v}{\partial \sigma}\right\}\{b_v\}^T\right][D_e] \tag{5.48}$$

其中

$$\Omega = L_{ss} L_{vv} - L_{sv} L_{vs} \tag{5.49}$$

$$\{b_s\} = L_{vv}\left\{\frac{\partial F_s}{\partial \sigma}\right\} - L_{sv}\left\{\frac{\partial F_v}{\partial \sigma}\right\} \tag{5.50}$$

$$\{b_v\} = L_{ss}\left\{\frac{\partial F_v}{\partial \sigma}\right\} - L_{vs}\left\{\frac{\partial F_s}{\partial \sigma}\right\} \tag{5.51}$$

5.2.2 屈服函数和塑性势函数一阶导数

在编写 UMAT 用户子程序过程中，需要确定屈服函数和塑性势函数对应力的一阶偏导，从而确定塑性流动方向，同时保证其唯一性。引入应力不变量计算本构模型的屈服函数和塑性势函数，并计算出相应的流动矢量 $\{a\}$（屈服函数对应力的一阶导数）和流动矢量 $\{b\}$（势函数对应力的一阶导数）。

为便于计算，将剪切屈服函数和塑性屈服函数用下式表达：

$$F_s = \frac{q_a}{E_{50}} \frac{2\sqrt{J_2}\cos\theta}{q_a - 2\sqrt{J_2}\cos\theta} - \frac{4\sqrt{J_2}\cos\theta}{E_{ur}} - \gamma_p \quad (5.52)$$

$$F_v = \frac{2\sqrt{J_2}}{\sqrt{3}} \frac{\sin\left(\theta + \frac{2\pi}{3}\right) + (\delta - 1)\sin\theta - \delta\sin\left(\theta - \frac{2\pi}{3}\right)}{M^2} + \left(\frac{I_1}{3}\right)^2 - P_C^2 \quad (5.53)$$

式中：θ 为应力洛德角。

$$\theta = -\frac{1}{3}\arcsin\left(\frac{3\sqrt{3}}{2}\frac{J_3}{J_2^{\frac{3}{2}}}\right) \quad (5.54)$$

式中：I_1 为应力张量第一不变量；J_2 为应力偏张量第二不变量；J_3 为应力偏张量第三不变量。

由于 HS 本构模型的剪切屈服面塑性势函数采用非相关联流动法则，而压缩屈服面塑性势函数采用相关联流动法则，因此相应的表达式为

$$Q_s = \sqrt{J_2}\cos\theta - \left(\frac{I_1}{3} - \frac{\sqrt{J_2}}{\sqrt{3}}\sin\theta\right)\sin\psi_m \quad (5.55)$$

$$Q_v = F_v \quad (5.56)$$

因此，根据塑性力学可知，屈服函数流动矢量 $\{a\}$ 可通过下式计算：

$$\{a\} = \left\{\frac{\partial F}{\partial \sigma}\right\} = \frac{\partial F}{\partial I_1}\frac{\partial I_1}{\partial \{\sigma\}} + \frac{\partial F}{\partial \sqrt{J_2}}\frac{\partial \sqrt{J_2}}{\partial \{\sigma\}} + \frac{\partial F}{\partial \theta}\frac{\partial \theta}{\partial \{\sigma\}} = C_1\{a_1\} + C_2\{a_2\} + C_3\{a_3\} \quad (5.57)$$

其中

$$\{a_1\}^T = \frac{\partial I_1}{\partial \{\sigma\}} = \{1 \quad 1 \quad 1 \quad 0 \quad 0 \quad 0\}^T \quad (5.58a)$$

$$\{a_2\}^T = \frac{\partial \sqrt{J_2}}{\partial \{\sigma\}} = \frac{1}{2\sqrt{J_2}}\{S_x, S_y, S_z, 2\tau_{xy}, 2\tau_{yz}, 2\tau_{xz}\}^T \quad (5.58b)$$

$$\{a_3\}^T = \frac{\partial \theta}{\partial \{\sigma\}} = \frac{\sqrt{3}}{2\sin 3\theta}\left[\frac{1}{\sqrt{J_2}^3}\frac{\partial J_3}{\partial \{\sigma\}} - \frac{3J_3}{J_2}\frac{\partial \sqrt{J_2}}{\partial \{\sigma\}}\right] \quad (5.58c)$$

其中

$$\frac{\partial J_3}{\partial \boldsymbol{\sigma}} = \begin{Bmatrix} s_y s_z - \tau_{yz}^2 \\ s_x s_z - \tau_{xz}^2 \\ s_x s_y - \tau_{xy}^2 \\ 2(\tau_{yz}\tau_{xz} - s_z\tau_{xy}) \\ 2(\tau_{xy}\tau_{yz} - s_y\tau_{xz}) \\ 2(\tau_{xz}\tau_{xy} - s_z\tau_{yz}) \end{Bmatrix} + \frac{J_2}{3} \begin{Bmatrix} 1 \\ 1 \\ 1 \\ 0 \\ 0 \\ 0 \end{Bmatrix} \tag{5.59}$$

根据式（5.52）、式（5.53）屈服函数的表达式，对应力不变量分别求导可得式（5.57）中剪切屈服函数流动矢量的系数 C_i^S 和压缩屈服函数流动矢量的系数 C_i^V 如下：

$$C_1^S = \frac{\partial F_s}{\partial I_1} = 0 \tag{5.60a}$$

$$C_2^S = \frac{\partial F_s}{\partial \sqrt{J_2}} = \frac{q_a}{E_{50}} \frac{2q_a \cos\theta}{(q_a - 2\sqrt{J_2}\cos\theta)^2} - \frac{4\cos\theta}{E_{ur}} \tag{5.60b}$$

$$C_3^S = \frac{\partial F_s}{\partial \theta} = -\frac{q_a}{E_{50}} \frac{2q_a\sqrt{J_2}\sin\theta}{(q_a - 2\sqrt{J_2}\cos\theta)^2} - \frac{4\sqrt{J_2}\sin\theta}{E_{ur}} \tag{5.60c}$$

$$C_1^V = \frac{\partial F_v}{\partial I_1} = \frac{2I_1}{9} \tag{5.61a}$$

$$C_2^V = \frac{\partial F_v}{\partial \sqrt{J_2}} = \frac{\sqrt{3}(\delta-1)\sin\theta + (1+\delta)\cos\theta}{M^2} \tag{5.61b}$$

$$C_3^V = \frac{\partial F_v}{\partial \theta} = \frac{\sqrt{3J_2}(\delta-1)\cos\theta + (1+\delta)\sqrt{J_2}\sin\theta}{M^2} \tag{5.61c}$$

同理可得，塑性势函数流动矢量 $\{b\}$ 的表达式如下：

$$\{b\} = \left\{\frac{\partial Q}{\partial \boldsymbol{\sigma}}\right\} = \frac{\partial Q}{\partial I_1}\frac{\partial I_1}{\partial \{\sigma\}} + \frac{\partial Q}{\partial \sqrt{J_2}}\frac{\partial \sqrt{J_2}}{\partial \{\sigma\}} + \frac{\partial Q}{\partial \theta}\frac{\partial \theta}{\partial \{\sigma\}} = D_1\{a_1\} + D_2\{a_2\} + D_3\{a_3\} \tag{5.62}$$

式中：$\{a_1\}$、$\{a_2\}$、$\{a_3\}$ 的值与式（5.58）相同。

剪切屈服面塑性势函数流动矢量系数 D_i^S 表达式为

$$D_1^S = \frac{\partial Q_s}{\partial I_1} = 0 \tag{5.63a}$$

$$D_2^S = \frac{\partial Q_s}{\partial \sqrt{J_2}} = \cos\theta + \frac{\sin\theta}{\sqrt{3}}\sin\psi_m \tag{5.63b}$$

$$D_3^S = \frac{\partial Q_s}{\partial \theta} = -\sqrt{J_2}\sin\theta + \frac{\sqrt{J_2}\cos\theta}{\sqrt{3}}\sin\psi_m \tag{5.63c}$$

由于压缩屈服面采用相关联流动法则，其塑性势函数流动矢量的系数 D_i^V 与式（5.61）C_i^V 一致，此处不再进行赘述。

5.2.3 本构参数更新

由于传统欧拉法和改进欧拉法计算精度只有一阶和二阶，当应用于较为复杂的模型时，其应力更新速度慢、计算效率低。鉴于此，本书采用具有四阶计算精度的 Runge-Kutta 迭代算法更新应力、应变，同时采用 Newton-Raphson 方法更新硬化参数。

1. 应力更新

Runge-Kutta 方法的基本思想是通过逐步迭代，根据微分方程在每个步长上的斜率（即常微分方程中的弹塑性刚度矩阵）来估计下一个时间步的状态，利用四阶 Runge-Kutta 进行应力更新，具体求解步骤如下：

（1）ABAQUS 主程序将增量步的初始应力 $\{\sigma_n\}$、整个增量步的应变增量 $\{\Delta\varepsilon_n\}$、误差容许值 STOL 以及一些状态变量 STATEV 传入 UMAT 子程序。

（2）将增量步分成 a 个小增量步，并求每个小增量步的应变增量 $\{h_1\}$ 如下：

$$\{\sigma_x\} = \{\sigma_n\} + f(\sigma_n)\{\Delta\varepsilon_n\} \tag{5.64}$$

$$\{\sigma_y\} = \{\sigma_n\} + [f(\sigma_n)\{\Delta\varepsilon_n\} + f(\sigma_x)\{\Delta\varepsilon_n\}]/2 \tag{5.65}$$

$$a = 2\left[\frac{\|\{\sigma_y\} - \{\sigma_x\}\|}{15\text{STOL}\|\{\sigma_y\}\|}\right]^{1/4} + 1 \tag{5.66}$$

$$\{h_1\} = \frac{\{\Delta\varepsilon_n\}}{a} \tag{5.67}$$

（3）计算每个小增量步的斜率（弹塑性刚度矩阵），同时令每个小增量步初始时刻的应力为 $\{\sigma_i\}$，求出每个小增量结束时刻的应力 $\{\sigma_{i+1}\}$。

$$\begin{cases} D_{ep}^1 = f(\sigma_i) \\ D_{ep}^2 = f\left(\sigma_i + \frac{1}{2}D_{ep}^1 h_1\right) \\ D_{ep}^3 = f\left(\sigma_i + \frac{1}{2}D_{ep}^2 h_1\right) \\ D_{ep}^4 = f(\sigma_i + D_{ep}^3 h_1) \\ \{\sigma_{i+1}\} = \{\sigma_i\} + \frac{1}{6}(D_{ep}^1 + 2D_{ep}^2 + 2D_{ep}^3 + D_{ep}^4)\{h_1\} \end{cases} \tag{5.68}$$

（4）通过逐步迭代，计算得到最后一个增量步结束时刻的应力为 $\{\sigma_{a+1}\}$，则整个增量步的应力更新值 $\{\sigma_{n+1}\}$ 为

$$\{\sigma_{n+1}\} = \{\sigma_{a+1}\} \tag{5.69}$$

应力更新流程如图 5.3 所示。

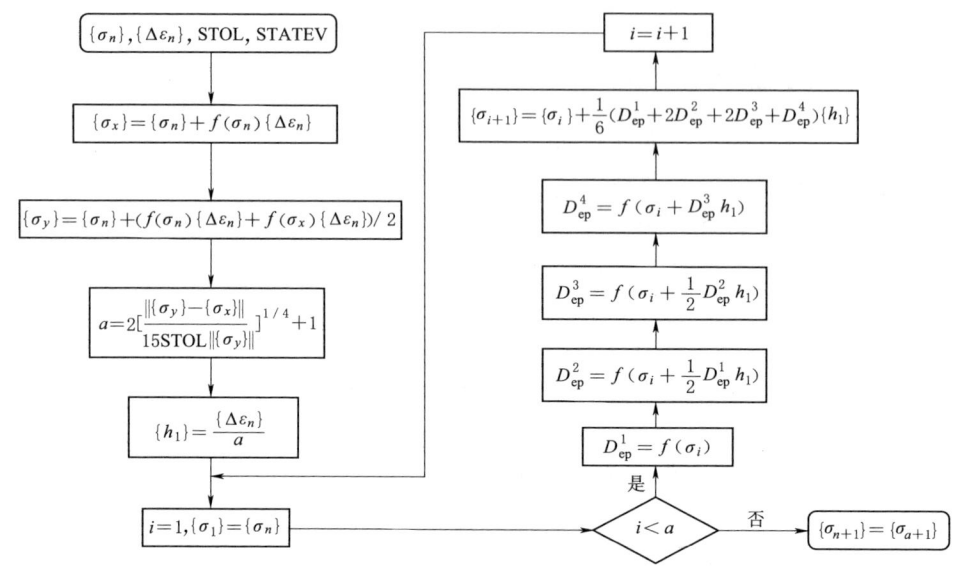

图 5.3 四阶 Runge-Kutta 法应力更新实现流程图

2. 应变更新

当同时发生剪切屈服和压缩屈服时，第 $n+1$ 步结束时的应变更新为

$$\{\varepsilon_{n+1}\} = \{\varepsilon_n\} + \{\Delta\varepsilon_{n+1}^{ps}\} + \{\Delta\varepsilon_{n+1}^{pv}\} \tag{5.70}$$

其中

$$\{\Delta\varepsilon_{n+1}^{ps}\} = \lambda_{n+1}^{s} \left\{\frac{\partial Q_s}{\partial \sigma}\right\}_{n+1} \tag{5.71a}$$

$$\{\Delta\varepsilon_{n+1}^{pv}\} = \lambda_{n+1}^{v} \left\{\frac{\partial Q_v}{\partial \sigma}\right\}_{n+1} \tag{5.71b}$$

当只发生剪切屈服时，第 $n+1$ 步结束时的应变更新为

$$\{\varepsilon_{n+1}\} = \{\varepsilon_n\} + \{\Delta\varepsilon_{n+1}^{ps}\} \tag{5.72}$$

当只发生压缩屈服时，第 $n+1$ 步结束时的应变更新为

$$\{\varepsilon_{n+1}\} = \{\varepsilon_n\} + \{\Delta\varepsilon_{n+1}^{pv}\} \tag{5.73}$$

3. 损伤、硬化参数更新

对 $n+1$ 步下的最大主应变 ε_1 进行更新，并由下式对损伤变量 D 进行更新：

$$D_{n+1} = 1 - \exp\left[-\left(\frac{\varepsilon_1^{n+1} - \varepsilon_{1d}}{\varepsilon_0}\right)^m\right] \tag{5.74}$$

进一步可对损伤弹性刚度矩阵第 $n+1$ 步的状态进行更新得

$$E_{n+1}^d = (1 - D_{n+1})E^0 \tag{5.75}$$

由于硬化土模型是弹塑性硬化模型，材料仅达到剪切屈服强度后，剪切屈服面会硬化扩张，因此需对其硬化参数进行更新，剪切屈服面的硬化参量更

新为
$$\gamma_{n+1}^p = \gamma_n^p + \Delta\gamma_{n+1}^p \quad (5.76)$$

其中
$$\Delta\gamma_{n+1}^p = (\Delta\varepsilon_1^{ps} - \Delta\varepsilon_2^{ps} - \Delta\varepsilon_3^{ps})_{n+1} = \lambda_{n+1}^s \left(\frac{\partial Q_s}{\partial \sigma_1} - \frac{\partial Q_s}{\partial \sigma_2} - \frac{\partial Q_s}{\partial \sigma_3}\right)_{n+1} \quad (5.77)$$

其中，由式（5.55）对主应力进行求导可得

$$\left(\frac{\partial Q_s}{\partial \sigma_1} - \frac{\partial Q_s}{\partial \sigma_2} - \frac{\partial Q_s}{\partial \sigma_3}\right)_{n+1} = 1 \quad (5.78)$$

同理，压缩屈服后屈服面会硬化扩张，塑性体应变增量为

$$\Delta\varepsilon_{v,n+1}^p = (\Delta\varepsilon_1^{pv} + \Delta\varepsilon_2^{pv} + \Delta\varepsilon_3^{pv})_{n+1} = \lambda_{v,n+1} \left(\frac{\partial Q_v}{\partial \sigma_1} + \frac{\partial Q_v}{\partial \sigma_2} + \frac{\partial Q_v}{\partial \sigma_3}\right)_{n+1} \quad (5.79)$$

其中

$$\left(\frac{\partial Q_v}{\partial \sigma_1} + \frac{\partial Q_v}{\partial \sigma_2} + \frac{\partial Q_v}{\partial \sigma_3}\right)_{n+1} = 2p \quad (5.80)$$

因此，将式（5.80）代入（5.7）可得塑性压缩硬化参数增量如下：

$$\Delta p_{c,n+1} = 2p\lambda_{v,n+1} H \left(\frac{p_{c,n+1} + c\cot\varphi}{\sigma^{\text{ref}} + c\cot\varphi}\right)^m \quad (5.81)$$

通过 Newton-Raphson 迭代法求解式（5.81）可得到第 $n+1$ 步硬化参数 $p_{c,n+1}$。

由于剪切屈服面和压缩屈服面构成的角区域不会产生硬化，因此，其硬化参数无需更新。

5.2.4 程序实现流程

本节对基于统计损伤的修正硬化土模型在 ABAQUS UMAT 子程序中二次开发的实现流程阐述如下：

（1）增量步开始，调用 UMAT 子程序。

（2）根据加卸载状态计算加载模量或卸载（回弹）模量，并计算弹性刚度矩阵。

（3）假设初始应变增量全部为弹性应变，根据弹性刚度矩阵计算得到试探应力。

（4）判断是否引起损伤，若发生损伤更新剪切模量、体积模量以及相关状态变量。

（5）判断是否进入塑性，并判断进入塑性所激活的屈服面。

（6）根据塑性乘子与流动矢量更新应变、硬化参数等状态变量。

(7) 按照激活屈服面采用 Runge–Kutta 法进行应力更新。
(8) 更新弹塑性刚度矩阵。
(9) 增量步结束，返回 ABAQUS，并进行下一增量步的计算。

UMAT 模型程序计算流程如图 5.4 所示。

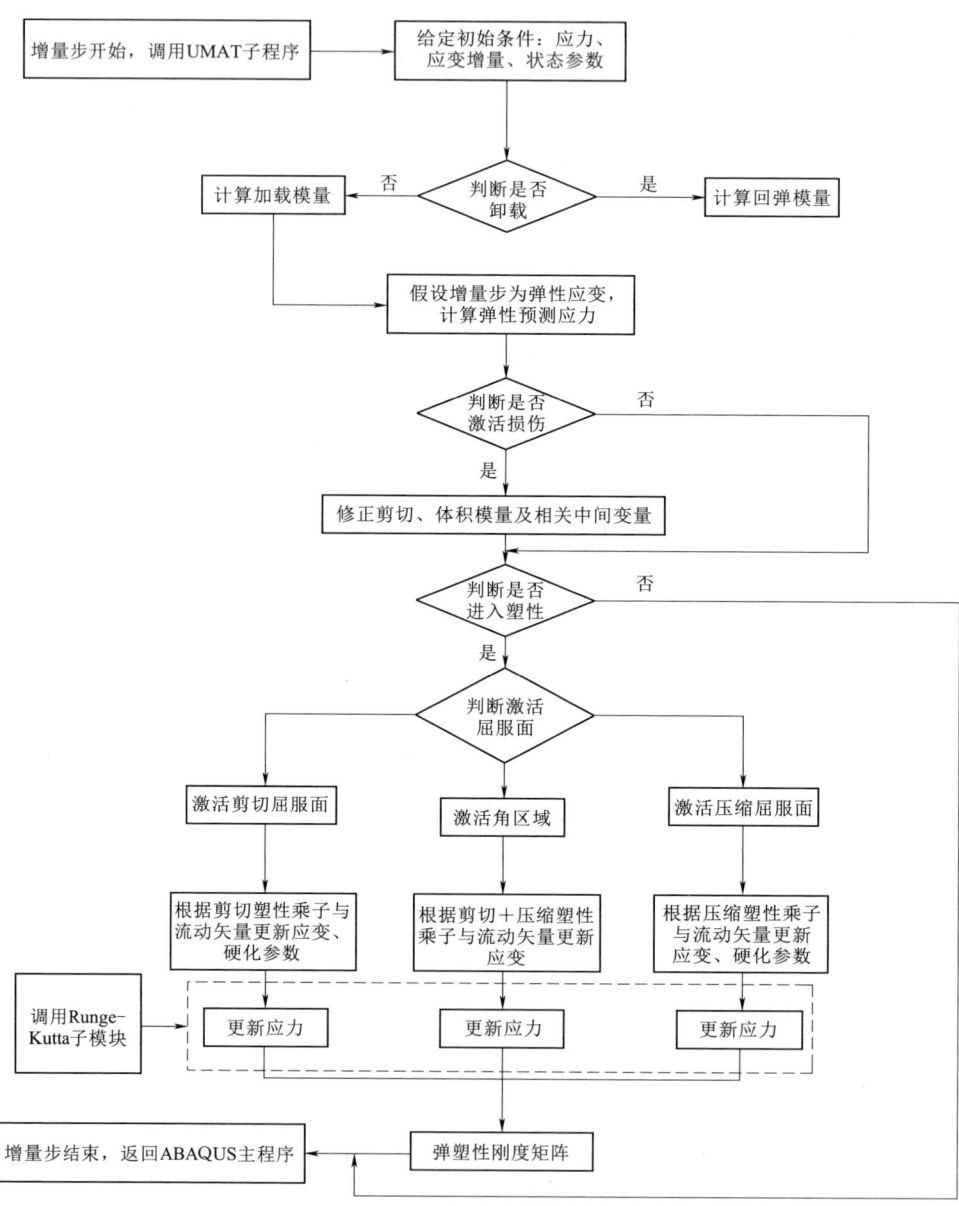

图 5.4　本构模型实现流程图

5.3 基于 ABAQUS 平台的塑性混凝土本构模型开发

ABAQUS 为一款功能强大的通用有限元分析工具，其显著优势在于对非线性问题的卓越解析能力。这一特性使得 ABAQUS 在众多研究项目中扮演了不可或缺的角色，并且内置了一系列丰富的材料模型库及单元类型。然而，鉴于自然界中材料属性的多样性和复杂性以及其他特定条件的存在，ABAQUS 提供了丰富的用户自定义子程序接口机制，使用户能够根据自身的特定需求灵活编写和应用子程序。在 Abaqus/Standard 模块中采用的 UMAT 子程序接口，作为一种基于隐式求解机制的实现方式，在计算精度方面展现出了相较于 Abaqus/Explicit 模块下 VUMAT 材料子程序接口更为优越的特点。然而，这一优势的同时也伴随着对系统内存资源需求较高以及计算时间相对较长的问题[109]。鉴于确保开发的本构模型数值模拟结果的准确性，本节选择 UMAT 子程序接口作为实现工具，以期在保证计算精确度的前提下进行模型的数值化研究。

本节针对 UMAT 接口原理、UMAT 编写要点、UMAT 编写关键代码以及高效 Debug（调试）方法进行逐一阐述，以期为更多 UMAT 二次开发科研人员提供帮助。

5.3.1 UMAT 子程序原理

ABAQUS 调用 UMAT 迭代的核心在于，求解一个基于有限元方法的线性方程组，其中关键步骤是将反映结构刚度特性的量集成到一个全局刚度矩阵中。然后，依据给定的载荷增量，通过求解此刚度矩阵计算出节点位移。值得注意的是，在这一求解流程中，刚度矩阵的构建依赖于应力-应变关系，而在 UMAT 子程序中具体体现为 Jacobian 矩阵。Jacobian 矩阵实质上揭示了应力增量与应变增量之间的线性关系，即所谓的切线刚度矩阵。

如图 5.5 所示，由 ABAQUS-UMAT 迭代原理可知，当调用 UMAT 子程序时，会利用 Jacobian 矩阵来求解 ABAQUS 主程序模型中的节点位移增量，随后主程序借助内置的几何方程计算应变增量。基于这些应变增量，UMAT 在处理 Jacobian 时计算应力增量及内力，同时与外力比对分析残差，控制在允许界限内以指导迭代进程，确保逐步收敛至设定误差界限。若满足迭代准则，继续执行下一迭代步；反之，则调整迭代策略直至残差收敛至预定误差范围内。

由于 ABAQUS 在设计初期就提供了 Fortran 接口，并对 Fortran 进行了深度优化，用户编写的 Fortran 程序可以无缝集成到软件内部，调用方便、效率较高，因此，大部分子程序都是以 Fortran 语言为底层代码，所有子程序都有固定的接口格式，UMAT 子程序的接口见附录一。

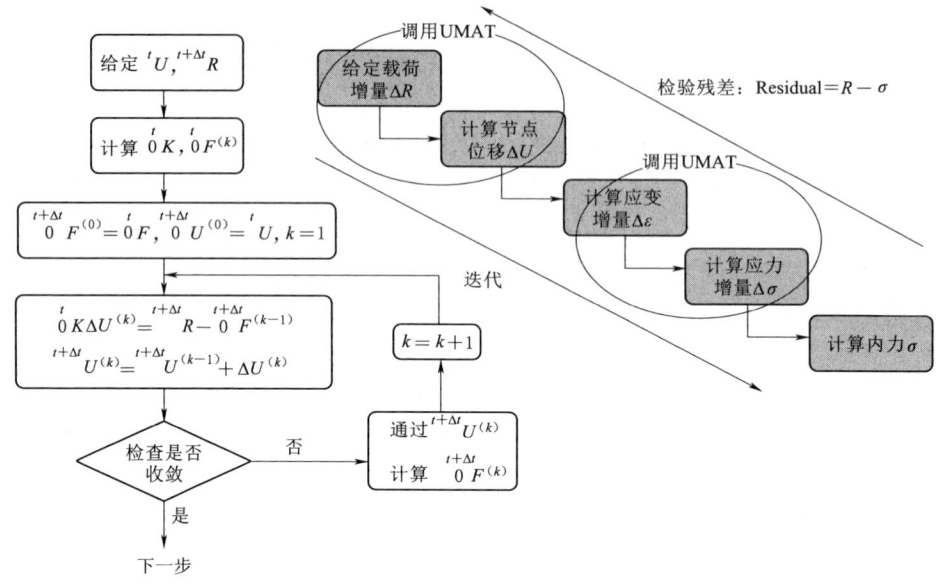

图 5.5　ABAQUS-UMAT 迭代原理

5.3.2　UMAT 编写要点及模型关键代码

在 ABAQUS 有限元软件中，默认的应力符号约定与土力学的规定有所不同。因此，在为 ABAQUS 编写或调用本构模型以模拟土体行为时，尤其是在涉及主应力排序以确定材料的应力状态时，需要对 ABAQUS 内部的应力符号进行适应性调整。例如在调用 SPRINC 函数对主应力进行排序时，必须反转其默认的大小顺序，确保与土力学中应力符号的约定保持一致。通过这一操作，确保 ABAQUS 计算得到的应力状态与土力学实际应力分析相吻合，从而得到准确的模拟结果。

为了提高 UMAT 子程序编写的效率，提高代码的读写速度，以及增强后期调试的简便性，本节介绍能减少对称张量阶数的列矩阵 Voigt 标记，这种方法在二次开发编程中扮演着简化编程流程的角色。通过将具有高维自由度指标的对称张量巧妙地转化为低维度矩阵形式的过程，即 Voigt 标记过程。在 UMAT 子程序编写时可通过转化规则简化应力冗长性见表 5.1，以提高代码可读性与简洁性。

表 5.1　动力学张量 Voigt 转换规则

维 数	张 量	Voigt 标记
三维	$\boldsymbol{\sigma} = \begin{bmatrix} \sigma_{11} & \sigma_{12} & \sigma_{13} \\ \sigma_{21} & \sigma_{22} & \sigma_{23} \\ \sigma_{31} & \sigma_{32} & \sigma_{33} \end{bmatrix}$	$\{\sigma_{11}, \sigma_{22}, \sigma_{33}, \sigma_{12}, \sigma_{13}, \sigma_{23}\}^T$ 或 $\{\sigma_1, \sigma_2, \sigma_3, \sigma_4, \sigma_5, \sigma_6\}^T$

Voigt 变换要求对运动学张量的非对角元素乘以 2，借此将应变映射为工程剪应变 γ，符合 UMAT 中工程剪应变的存储方式，具体转换规定见表 5.2。

表 5.2　　　　　　　　　运动学张量 Voigt 转换规则

维　数	张　量	Voigt 标记
三维	$\boldsymbol{\varepsilon} = \begin{bmatrix} \varepsilon_{11} & \varepsilon_{12} & \varepsilon_{13} \\ \varepsilon_{21} & \varepsilon_{22} & \varepsilon_{23} \\ \varepsilon_{31} & \varepsilon_{32} & \varepsilon_{33} \end{bmatrix}$	$\{\varepsilon_{11}, \varepsilon_{22}, \varepsilon_{33}, 2\varepsilon_{12}, 2\varepsilon_{13}, 2\varepsilon_{23}\}^{T}$ 或 $\{\varepsilon_{1}, \varepsilon_{2}, \varepsilon_{3}, \gamma_{4}, \gamma_{5}, \gamma_{6}\}^{T}$

参考附录二中提供的两个关键代码片段，通过采取模块化编程的方法论，可以有效地构建和实现塑性混凝土本构模型的 UMAT 用户自定义材料子程序。模块化编程的核心理念在于将复杂程序划分为若干个功能独立且易于管理的模块，这不仅有助于简化本构模型相关算法的逻辑结构与流程，还能够显著减少代码量，从而提升代码的可读性和可维护性。在实际操作中，将各个关键计算步骤封装成单独的函数或子程序，不仅可以确保代码的复用性和扩展性，还能使本构模型的参数设置、状态更新以及应力-应变关系的计算等环节变得更加清晰有序。

5.3.3　UMAT 子程序调试方法

在默认状态下，ABAQUS 软件并不启用调试功能。因此，在着手调试子程序之前，需要对 ABAQUS 的特定配置参数进行调整。本节详细阐述如何正确设置 ABAQUS 的相关配置参数，激活并有效地进行子程序调试。

1. 安装步骤

（1）在 ABAQUS 安装目录找到"win86_64.env"文件中的"compile_fortran"参数，添加'/Od'和'/Zi'（把两者前边的 # 删除），使得 Intel Visual Fortran compiler 在编译期生成特定的调试符号信息，所对应的修改结果如下：

```
compile_Fortran=['ifort','/Qmkl:sequential',
'/c','/DABQ_WIN86_64','/extend-source','/fpp',
'/iface:cref','/recursive','/Qauto-scalar',
'/QxSSE3','/QaxAVX',
'/heap-arrays:1',
'/Od','/Ob0', # <-- Optimization Debugging
'/Zi', # <-- Debugging
'/include:%I']
```

（2）找到"link_sl"参数，添加'/debug'选项（把"#/debug"中的 # 删除），确保 Intel Visual Fortran linker 在链接器链接调试符号信息到.obj 文

件，修改结果如下：

```
Link_sl=['LINK',
'/nologo','/NOENTRY','/INCREMENTAL:NO','/subsystem:console',
'/machine:AMD64',
'/NODEFAULTLIB:LIBC.LIB','/NODEFAULTLIB:LIBCMT.LIB',
'/DEFAULTLIB:OLDNAMES.LIB',
'/DEFAULTLIB:LIBIFCOREMD.LIB',
'/DEFAULTLIB:LIBIFPORTMD.LIB',
'/DEFAULTLIB:LIBMMD.LIB','/DEFAULTLIB:kernel32.lib',
'/DEFAULTLIB:user32.lib','/DEFAULTLIB:advapi32.lib',
'/FIXED:NO','/dll',
'/debug',# <－－ Debugging
'/def:%E','/out:%U','/%F','/%A','/%L','/%B',
'oldnames.lib','user32.lib','ws2_32.lib','netapi32.lib','advapi32.lib']
```

（3）找到"link_exe"参数，添加'/debug'（删除"/debug"前面"#"）选项，使得 Intel Visual Fortran linker 在链接期链接调试符号信息，修改结果如下：

```
link_exe=['LINK',
'/nologo','/INCREMENTAL:NO','/subsystem:console',
'/machine:AMD64','/STACK:20000000',
'/NODEFAULTLIB:LIBC.LIB','/NODEFAULTLIB:LIBCMT.LIB',
'/DEFAULTLIB:OLDNAMES.LIB',
'/DEFAULTLIB:LIBIFCOREMD.LIB',
'/DEFAULTLIB:LIBIFPORTMD.LIB','/DEFAULTLIB:LIBMMD.LIB',
'/DEFAULTLIB:kernel32.lib',
'/DEFAULTLIB:user32.lib','/DEFAULTLIB:advapi32.lib',
'/FIXED:NO','/LARGEADDRESSAWARE',
'/debug',# <－－ Debugging
'/out:%J','/%F','/%M','/%L','/%B','/%O',
'oldnames.lib','user32.lib','ws2_32.lib','netapi32.lib','advapi32.lib']
```

UMAT 子程序的调试过程往往较为烦琐，传统的调试手段通常依赖于在 ABAQUS 中运行包含 UMAT 代码的算例，并通过在代码中插入 write 或 print 语句将信息输出至 log 和 msg 文件，继而分析这些文件以理解子程序运行状况。

然而这种方法受制于计算设备计算速度，调试耗时较长，并且由于只能逐行查看变量状态，对于需要同时监控大量变量数值状态的情形显得较为笨重，从而导致调试效率低下。

2. 实时监测与调试方案

为了提升 Debug 操作的有效性和实时性，减少不必要的调试等待时间，本节重点介绍了如何在 Visual Studio 集成开发环境中实现对 UMAT 子程序进行实时监测与调试的技术方案。这样不仅能够直观地观察各个变量随执行过程的变化情况，还极大地提升了调试工作的便利性和精确度。具体步骤如下：

（1）将 ABAQUS、VS 及 Fortran 三者相关联（关联版本为 ABAQUS2021＋VS2019＋Fortran2020）。在版本相兼容并已正确关联的基础上，准备待调试的 UMAT 子程序，同时在 ABAQUS 中创建输出一个 INP 文件，建立 VS project，然后在该文件夹下放入 INP 文件和 UMAT（.for）文件。

（2）在 UMAT 子程序的变量声明段和代码执行段添加可使子程序运行暂停的代码，详见附录三。

（3）将命令"ABAQUS JOB＝TEST USER＝TEST_UMAT INT"输入到该文件夹中 CMD 窗口，运行程序。其中，TEST 为 INP 文件名，TEST_UMAT 为子程序文件名。

（4）在 VS 中将该运行程序附加到进程中，当 CMD 窗口中出现"PLEASE INPUT AN INTEGER："时输入一个整数，即可开始调试运行。同时，结合断点设置进行代码数值状态的逐行监测，从而实时修正数值奇异与数值无限大等错误。

5.4 损伤方程参数确定

5.4.1 数学方程建立

损伤统计本构模型准确描述塑性混凝土应力-应变关系的关键因素，是模型参数 ε_{1d}、m、ε_0 的合理确定。目前，针对这三项参数的确定主要有两种方法。第一种方法是对不同围压条件下材料应力-应变曲线的拟合分析，首先逐一确定各自围压状态下的模型参数，再通过探究这些参数与围压之间的经验关联性，提炼出一套适用于不同围压环境的通用模型参数。尽管此法在实践中已展现出良好的拟合效果，但得到的模型参数缺乏明显的物理含义，并且由于不同材料类型的经验关系各异，导致这种方法的普适性较差，操作性较低，故在工程实际应用中难免受限[110]。第二种方法则聚焦于塑性混凝土应变软化特性，采用破坏强度理论确定损伤阈值，充分利用应力-应变曲线的峰值特征，采用极端值理论来精确定义形状参数与尺度参数。采用这种方法确立的模型参数具有明确的物理内涵,并且对于各类材料,能够在不同应力状态下推导出统一的模型参数计算公式,因此,这种方法相较于前者展现了更高的优越性。鉴于此,本节选择采用此种基于极值理论的方式来确定统计损伤本构模型的各项参数。

在塑性混凝土受载过程中,当其轴向应变还未超出损伤阈值时,混凝土微元呈现纯粹弹性性质,遵循胡克定律。

$$\varepsilon_1 = [\sigma_1 - v(\sigma_2 + \sigma_3)]/E \tag{5.82}$$

在塑性混凝土常规三轴压缩试验中围压相等($\sigma_2 = \sigma_3$),因此有

$$\varepsilon_1 = [\sigma_1 - 2v\sigma_3]/E \tag{5.83}$$

利用塑性混凝土在损伤阈值处的特殊性,当在施加荷载过程中其轴向应变达到损伤阈值时,塑性混凝土处于即将发生损伤的临界状态,此时的受力状态仍处于弹性阶段,依然符合弹性胡克定律,结合弹性胡克定律与摩尔-库仑强度准则,可以推导出判定损伤阈值的确切数学表达式为

$$(\sigma_1 - \sigma_3)_f = (2c\cos\varphi + 2\sigma_3\sin\varphi)/(1 - \sin\varphi) \tag{5.84}$$

将式(5.84)代入式(5.83)得

$$\varepsilon_{1d} = \{[2c\cos\varphi + \sigma_3(1+\sin\varphi)]/(1-\sin\varphi) - 2v\sigma_3\}/E \tag{5.85}$$

式(5.85)表明损伤阈值ε_{1d}随着围压的增大而增大。三参数 Weibull 概率分布函数中损伤阈值ε_{1d}由上式结合塑性混凝土三轴试验数据方可确定。

从微观的角度分析塑性混凝土的损伤机制,其强度主要来源于黏结、摩擦强度。塑性混凝土发生损伤的初始阶段,其强度主要来源于材料水化反应产生的胶凝物质从而提供黏结强度。随着荷载的增加和塑性混凝土损伤的积累,微裂缝发育并逐渐形成局部贯通,在力的作用下将会产生相对滑动,由于贯通截面的不规则性,必会产生滑动摩擦力,此时塑性混凝土的强度主要来源于摩擦强度。随着损伤的积累并达到其破坏强度值时,塑性混凝土发生破坏,损伤变量D为1,处于塑性流动阶段。然而实际三轴试验过程中,塑性混凝土并不会达到完全损伤(D为1),其破坏后还存在一定的残余强度,因此本节为更加准确地描述塑性混凝土损伤力学特性,通过在常规统计损伤模型中引入残余强度系数η_{rf}($\eta_{rf} = 1 - \sigma_{rf}/\sigma_{sc}$)以修正损伤变量,具体表达式如下:

$$D^M = \eta_{rf} D = \eta_{rf}\left\{1 - \exp\left[-\left(\frac{\varepsilon_1 - \varepsilon_{1d}}{\varepsilon_0}\right)^m\right]\right\} \tag{5.86}$$

$$\sigma_1 = E\varepsilon_1(1 - \eta_{rf}D) + 2v\sigma_3 = E\varepsilon_1\left[1 - \eta_{rf}\left\{1 - \exp\left[-\left(\frac{\varepsilon_1 - \varepsilon_{1d}}{\varepsilon_0}\right)^m\right]\right\}\right] + 2v\sigma_3 \tag{5.87}$$

针对形状参数m和尺度参数ε_0,本节利用本构关系峰值点特性,采用极值理论进行推导确定。推导过程如下:

在三轴压缩过程中，当轴向应变 ε_1 达到峰值应力处所对应的轴向应变 ε_{sc} 时，应力-应变曲线的切线斜率为 0，如下式所示：

$$\left.\frac{\partial \sigma_1}{\partial \varepsilon_1}\right|_{\varepsilon_1=\varepsilon_{sc}}=0 \tag{5.88}$$

将式（5.87）代入式（5.88），化简可得

$$\exp\left[-\left(\frac{\varepsilon_{sc}-\varepsilon_{1d}}{\varepsilon_0}\right)^m\right]=\frac{\eta_{rf}-1}{\eta_{rf}\left[1-\frac{m\varepsilon_{sc}}{\varepsilon_0}\left(\frac{\varepsilon_{sc}-\varepsilon_{1d}}{\varepsilon_0}\right)^{m-1}\right]} \tag{5.89}$$

在峰值应力处，应力-应变关系满足下式：

$$\sigma_{sc}=(1-\eta_{rf}D_{sc})E\varepsilon_{sc}+2v\sigma_3 \tag{5.90}$$

式（5.90）可做如下转化：

$$\exp\left[-\left(\frac{\varepsilon_{sc}-\varepsilon_{1d}}{\varepsilon_0}\right)^m\right]=\frac{\sigma_{sc}-2v\sigma_3}{\eta_{rf}E\varepsilon_{sc}}+1-\frac{1}{\eta_{rf}} \tag{5.91}$$

通过联立式（5.91）与式（5.89）可得 m 和 ε_0 的解析式如下：

$$m=-\frac{(\varepsilon_{sc}-\varepsilon_{1d})\left[1-\left(\dfrac{\eta_{rf}-1}{\dfrac{\sigma_{sc}-2v\sigma_3}{E\varepsilon_{sc}}+\eta_{rf}-1}\right)\right]}{\varepsilon_{sc}\ln\left(\dfrac{\sigma_{sc}-2v\sigma_3}{\eta_{rf}E\varepsilon_{sc}}+1-\dfrac{1}{\eta_{rf}}\right)} \tag{5.92}$$

$$\varepsilon_0=\left[\frac{m\varepsilon_{sc}(\varepsilon_{sc}-\varepsilon_{1d})^{m-1}}{1-\left(\dfrac{\eta_{rf}-1}{\dfrac{\sigma_{sc}-2v\sigma_3}{E\varepsilon_{sc}}+\eta_{rf}-1}\right)}\right]^{1/m} \tag{5.93}$$

通过上式可知，参数 m 和 ε_0 是关于峰值应力 σ_{sc}、峰值处应变 ε_{sc}、残余强度 σ_{rf} 和小主应力 σ_3 的函数关系式，σ_{sc}、ε_{sc} 和 σ_{rf} 需根据不同围压下三轴试验得到的应力-应变曲线的峰值应力和峰值处应变确定，而实际工程中塑性混凝土处于复杂、未知的受力状态，通过试验确定特定围压的方法适用性较差。因此，建立具有普适性确定峰值应力和峰值处应变的方法，可推广该本构模型应用于更多实际工程中。本节基于此思路建立峰值应力 σ_{sc}、峰值应力处应变 ε_{sc} 和残余强度 σ_{rf} 的确定方法如下：

$$\sigma_{sc}=[2c\cos\varphi+\sigma_3(1+\sin\varphi)]/(1-\sin\varphi) \tag{5.94}$$

$$\varepsilon_{sc}=a\sigma_3+b \tag{5.95}$$

$$\sigma_{rf}=\alpha_{rf}\sigma_3^{\beta_{rf}} \tag{5.96}$$

式中：a、b 为常数，通过第 2 章中不同围压下三轴试验所测得的应力峰值点对应的应变拟合确定；α_{rf}、β_{rf} 通过不同围压下残余应力拟合确定。

5.4.2 损伤演化模型的合理性验证

本书第 2 章通过在三种围压下对 10 组塑性混凝土配合比进行三轴试验得到的力学参数见表 5.3。

表 5.3 不同配比塑性混凝土力学参数

试件	c /MPa	φ /(°)	ψ /(°)	弹性模量/MPa		
				围压 0.2MPa	围压 0.4MPa	围压 0.6MPa
Case1	0.951	20.9	15.7	870.0	864.0	873.0
Case2	1.192	21.6	9.2	1157.0	1116.0	1497.0
Case3	1.132	28.8	11.8	699.0	1341.0	961.0
Case4	1.085	34.0	13.2	1726.0	1665.5	2187.3
Case5	1.258	36.5	12.2	1974.0	2488.0	2203.0
Case6	1.089	33.9	14.5	1334.2	1236.2	963.2
Case7	1.033	43.1	17.8	1584.0	1748.8	1271.7
Case8	0.836	47.0	18.4	786.0	1203.6	1400.5
Case9	0.902	52.3	21.0	997.6	1746.0	1357.7
Case10	2.565	29.5	23.0	2431.5	2078.0	2484.5

为了验证前面提出的塑性混凝土应变软化统计损伤模型的合理性，对表 5.3 中的数据进行峰值应力、应变与围压拟合。

如图 5.6 所示，式（5.94）对不同围压下的峰值应力拟合效果均较好，从曲线图可以得到随着围压的增大峰值应力逐渐增大的规律，这也反映了塑性混凝土在高围压下裂缝扩展有被抑制的趋势，进而可增大抗压强度。曲线图中仅

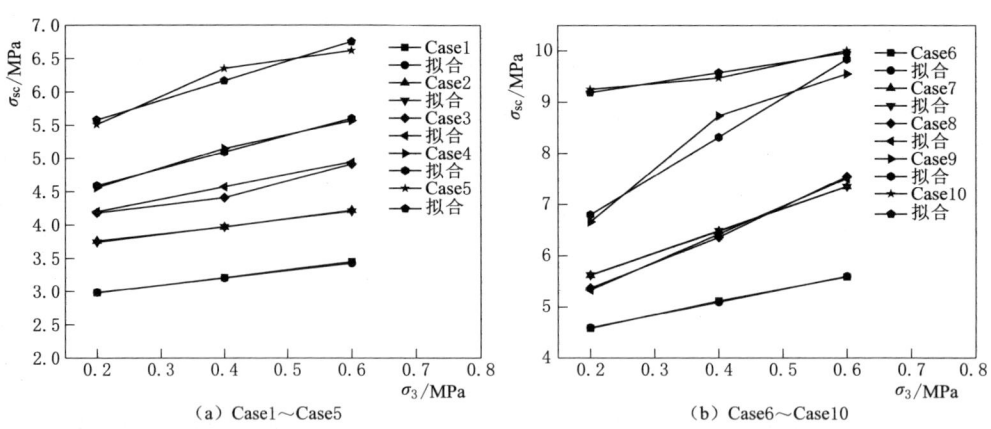

图 5.6 峰值应力与围压的拟合曲线

出现少量偏离点,这是因为试验中材料的非均质性造成的误差。总体来看,本节所建立的峰值应力统一确定方法对10种类型塑性混凝土均有较好的适应性,验证了峰值应力确定方法的合理性。

式(5.95)和式(5.96)在不同塑性混凝土的各级围压下,峰值处应变与残余强度函数解析式中的系数见表5.4。

表 5.4 各级围压下的参数值

编号	Case1	Case2	Case3	Case4	Case5	Case6	Case7	Case8	Case9	Case10
a	5.425	3.325	1.587	0.529	0.325	1.175	2.75	0.328	0.644	0.586
b	0.65	0.303	0.29	0.427	0.403	0.263	0.325	0.817	0.953	0.527
α_{rf}	3.91	4.058	4.285	5.288	7.112	6.433	8.104	7.771	11.76	8.346
β_{rf}	0.482	0.213	0.238	0.31	0.654	0.549	0.661	0.567	1.102	0.635

如图5.7所示,各级围压下峰值应力处所对应的轴向应变与围压的关系拟合效果均较好,且随着围压增大峰值处应变有增大趋势,即材料刚度弱化速率有所减缓,这也印证了以往研究中增大围压可减缓材料损伤变化速率[110]。

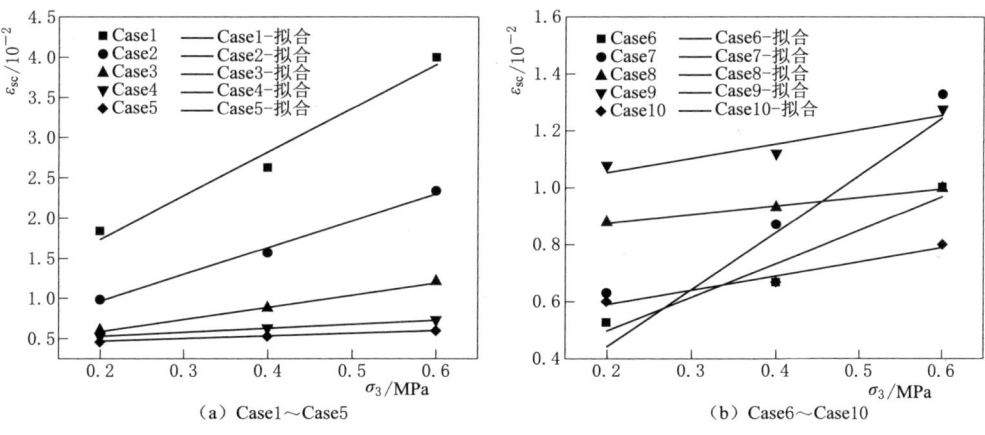

图 5.7 峰值应力处应变与围压的拟合曲线

由残余应力与围压的拟合曲线图,如图5.8所示可知,残余应力与围压呈非线性关系,且在同一种塑性混凝土配比下,随着围压的增大,残余应力呈现增大的趋势,这是因为围压减弱了材料峰后强度损伤软化程度,增大了其峰后抗压能力。

图5.9为塑性混凝土(Case6)在不同围压下损伤变量随轴向应变的演化曲线。由图可知,本节将常规二参数统计损伤方程引入损伤阈值后,曲线被损伤阈值分为未损伤(弹性)阶段与发生损伤(塑性屈服)阶段,这符合材料在弹性阶段刚度不变、无损伤产生或损伤程度极小可以忽略的理论。除此之外,曲

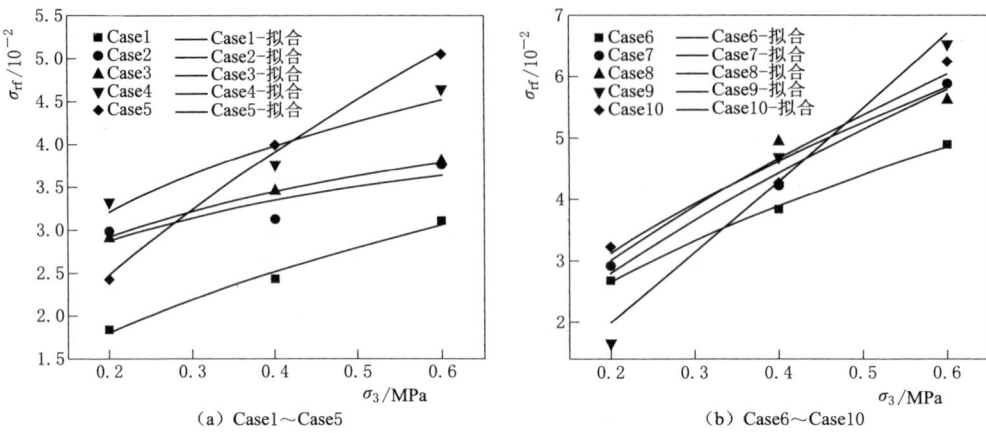

图 5.8 残余应力与围压的拟合曲线

线损伤起始点不同，这是由于随着围压的增大，塑性混凝土抗压能力增强，屈服点增高，同时损伤阈值也相应的增大。另外曲线末尾部分损伤变量随围压的增大而降低，这是因为随着围压的增大，在相同条件下材料内部微裂缝产生量减少或裂缝宽度减小，损伤程度减弱。总之，损伤变量演化规律对塑性混凝土力学特性的描述符合实际，具有合理性。

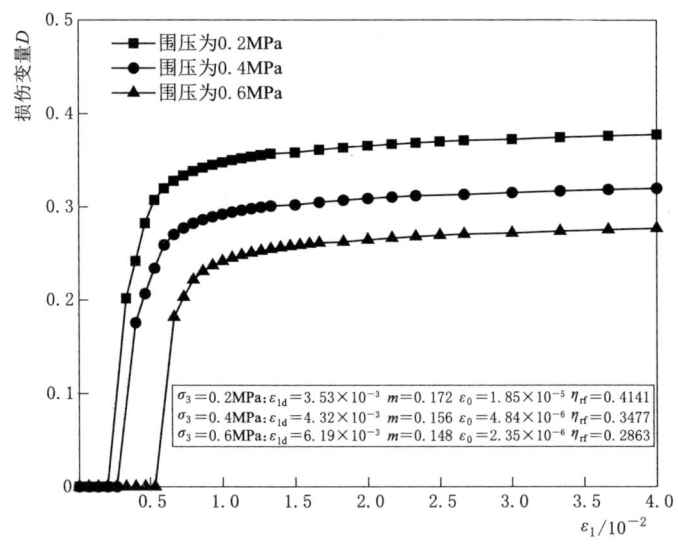

图 5.9 不同围压下塑性混凝土损伤演化规律

综上，本节对提出的统计损伤演化方程建立了合理的参数确定方法，可用于在各种围压条件下确定塑性混凝土应变软化损伤统计本构模型的参数，这种方法揭示出模型参数具有清晰的物理含义，并展现出对多种应力状态的有效适应性。

5.5 塑性混凝土本构模型子程序验证

为了验证该 UMAT 子程序的有效性和准确性，将模拟得到的结果与开展的室内试验数据进行了详尽比较。通过对比分析应力-应变曲线、破坏模式以及其他关键力学指标，评估了新编写的 UMAT 子程序在描述塑性混凝土复杂非线性响应方面的表现。

5.5.1 本构模型参数

针对本构模型的输入参数见表 5.5，表中列出了该子程序模拟计算时的主要输入参数，并介绍了其物理含义。

表 5.5 输入参数及物理意义

参数符号	物理意义	参数符号	物理意义
c	黏聚力	E_{oedREF}	参考切线模量
φ	内摩擦角	σ_{REF}	相关参考应力
ψ	剪胀角	m	幂指数
$E_{50\text{REF}}$	加载割线参考模量	R_F	破坏比
E_{urREF}	回弹参考割线模量	ν	泊松比

表 5.5 列出的参数测定方法大致可以分为三类：①室内试验，主要包括三轴试验、直剪试验；②现场试验，主要包括标准贯入试验、静力触探试验、剪切试验等；③经验确定，需要大量的工程经验积累。因此，为确定最优的参数测定方法，综合考量三种参数测定方法的优劣之处，对三个刚度模量及相关参数进行合理地选取。

(1) 参考割线模量。参考 Brinkgreve[112] 对硬化土模型相关参数的确定方法，通过三轴固结排水试验将应力-应变曲线中原点与 $0.5q_f$ 应力值所对应的点连线，取连线斜率作为参考割线模量。

(2) 回弹参考割线模量。根据 Gault Clay[113] 和 Silty Clay[114] 的研究，认为回弹参考割线模量与参考割线模量关系如下：

$$E_{\text{ur}}^{\text{ref}} \approx 3 E_{50}^{\text{ref}} \tag{5.97}$$

在 PLAXIS 和 MIDAS 手册中也表明卸载-再加载（回弹）参考割线模量与加载参考割线模量存在 3 倍关系。

(3) 参考切线模量。参考切线模量也称切线压缩模量，可通过固结试验或经验公式确定，根据 Brinkgreve 通过切线压缩模量与物理指标之间的联系建立的经验公式确定了参考切线模量，经验公式如下：

$$E_{\text{oed}}^{\text{ref}} = \frac{1}{E_0^{\text{ref}}} \left(1 - \frac{2\nu^2}{1-\nu}\right) \tag{5.98}$$

式中：E_0^{ref} 为 $0.5q_f$ 时所对应的切线模量；ν 为泊松比，本节取 0.2。

（4）刚度应力幂指数。刚度应力幂指数表征为刚度模量与参考应力状态下刚度模量之间的关系，根据 Janbu[115] 的研究，砂土和粉质土刚度应力幂指数一般取 0.5，对于黏性土一般取 1。本节取塑性混凝土刚度应力水平幂指数为 1。

根据上述确定的模型输入参数方法，基于第 2 章开展的塑性混凝土试验研究归纳总结了用于子程序模拟验证的计算参数，见表 5.6。

表 5.6 不同配比塑性混凝土模型参数

配比	C /MPa	φ /(°)	ψ /(°)	$E_{50\text{REF}}$ /MPa	E_{urREF} /MPa	E_{oeREF} /MPa	σ_{REF} /MPa	m	R_f	ν
Case1	0.951	20.9	15.7	490	1470	340	0.1	1.0	0.9	0.2
Case2	1.192	21.6	9.2	840	2520	320	0.1	1.0	0.9	0.2
Case3	1.132	28.8	11.8	550	1650	800	0.1	1.0	0.9	0.2
Case4	1.085	34	13.2	1140	3420	630	0.1	1.0	0.9	0.2
Case5	1.258	36.5	12.2	1430	4290	710	0.1	1.0	0.9	0.2
Case6	1.089	33.9	14.5	890	2670	410	0.1	1.0	0.9	0.2
Case7	1.033	43.1	17.8	960	2880	320	0.1	1.0	0.9	0.2
Case8	0.836	47	18.4	630	1890	510	0.1	1.0	0.9	0.2
Case9	0.902	52.3	21	770	2310	560	0.1	1.0	0.9	0.2
Case10	2.565	29.5	23	1360	4080	580	0.1	1.0	0.9	0.2

5.5.2 三轴压缩下本构模型验证

1. 三轴压缩模型建立

为了验证子程序的正确性，在 ABAQUS 中创建与室内常规三轴试验尺寸一致的标准试件，即建立直径为 150mm、高为 300mm 的圆柱体塑性混凝土试件，其单元类型为 C3D8（C3D8R 易产生剪切自锁现象），边界条件与室内常规三轴试验保持一致如图 5.10 所示。

2. 模拟结果分析

通过建立与室内常规三轴试验尺寸一致的塑性混凝土圆柱体试件，基于试验结果分别采用本章所编写开发的 HS 本构模型与修正 HS 本构模型 UMAT 子程序进行常规三轴压缩数值模拟对比分析。

图 5.11 为三种不同围压下，塑性混凝土三轴压缩试验与模拟应力-应变曲线结果对比。由图可知，HS 模型随着轴向应变的增加，曲线呈现为应变硬化

−0.4mm/min
$\sigma_2=\sigma_3$
z
y
150mm
300mm

图 5.10　三轴模型示意图

修正HS模型
试验-Case1
HS模型
偏应力q/MPa
$\varepsilon_1/10^{-2}$
$\varepsilon_{1d}=3.568\times10^{-3}$
$m=0.141$
$\varepsilon_0=1.626\times10^{-6}$
$\eta_{rf}=0.383$
$\varepsilon_{1d}=3.988\times10^{-3}$
$m=0.128$
$\varepsilon_0=3.168\times10^{-7}$
$\eta_{rf}=0.241$
$\varepsilon_{1d}=4.669\times10^{-3}$
$m=0.118$
$\varepsilon_0=4.868\times10^{-8}$
$\eta_{rf}=0.106$

(a) 围压为0.2MPa

(b) 围压为0.4MPa

(c) 围压为0.6MPa

图 5.11　塑性混凝土三轴试验与模拟结果对比

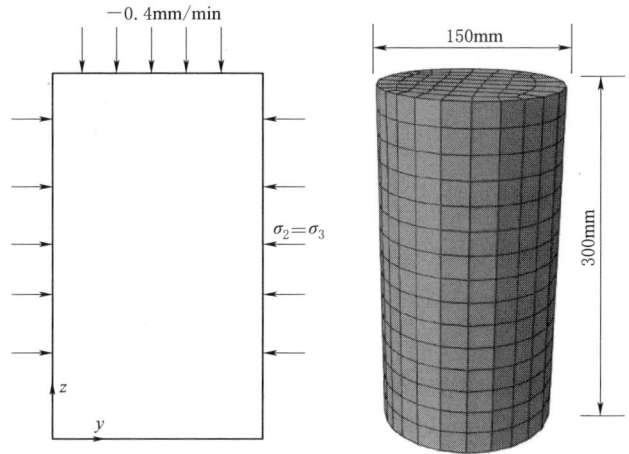

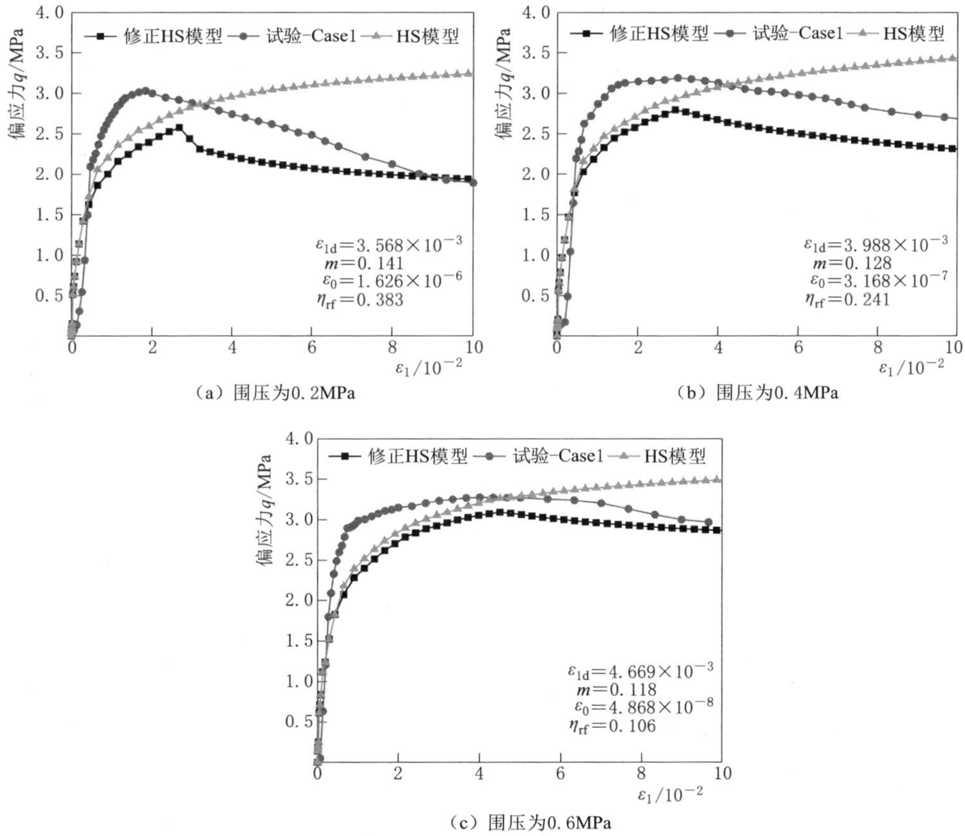

性，而试验所测得的曲线在应力峰值后出现明显应变软化现象，HS模型因无法模拟应变软化，与试验曲线拟合偏离度较大，因此在应用于实际工程中时可能产生较大误差。而引入损伤变量的修正HS模型表现出与试验结果相似的特性，即先硬化再软化，另外塑性阶段后期修正HS模型与试验结果均表现出塑性流动特性，这是因为损伤变量存在上限，材料破坏后还具有一定残余强度，塑性混凝土内部损伤不可能出现无限制的增加，当达到损伤峰值时，其宏观上表现为塑性流动特性。

随着围压的增大，塑性混凝土受围压的影响裂缝扩展程度被抑制，在应力-应变曲线上表现为峰后应力逐渐增大，从图中可以看出，HS模型在高围压（0.6MPa）时与试验结果吻合性相对低围压时有所改善。修正HS模型也表现出相似特性，随着围压的增大，其峰后应变软化、应力跌落现象逐渐减弱，这是因为围压减缓了材料内部损伤的发展，因此在宏观上表现为峰后残余应力逐渐增大，塑性混凝土脆性减弱、延性增强。

综上，基于硬化土模型，引入损伤变量提出了一种新的塑性混凝土修正本构模型，改善了硬化土模型无法模拟塑性混凝土的应变软化现象，还能较好地反映塑性混凝土的塑性流动阶段，对比三轴试验结果表明，本章所开发的修正硬化土模型具有合理性与正确性。

5.5.3 四点弯折下本构模型验证

1. 抗折计算模型建立

为了验证子程序在描述塑性混凝土抗折性能方面的准确性，本节在ABAQUS中建立了与抗折试验尺寸一致、边界条件相同的计算模型，即建立截面尺寸为150mm×150mm、高550mm的塑性混凝土棱柱体试件，在试件上部建立两个跨距为150mm加荷头，试件下部建立两个跨距为450mm的固定支座，如图5.12所示。值得注意的是，在模型边界条件中需释放试件两端三个方向的自由度，本节释放Y、Z和X轴旋转方向的自由度。

2. 模拟效果分析

根据第2章中塑性混凝土抗折试验结果，采用本章所编写开发的修正HS本构模型UMAT子程序进行四点弯折数值模拟对比分析。

如图5.13所示，修正HS模型曲线在塑性硬化阶段与抗折试验曲线走势相近，在峰值荷载点二者偏离程度较小，表明该本构模型可较为准确地反映塑性混凝土在弯折过程中力学行为演变规律，以及较为准确地预测抗折强度大小及出现时机。在峰值荷载后，修正HS模型也能描述塑性混凝土弯折破坏后的应变软化规律，且随着膨润土含量的增加，修正HS模型曲线峰后延性增强，该本构模型对塑性混凝土力学演变规律与试验曲线描述相符。

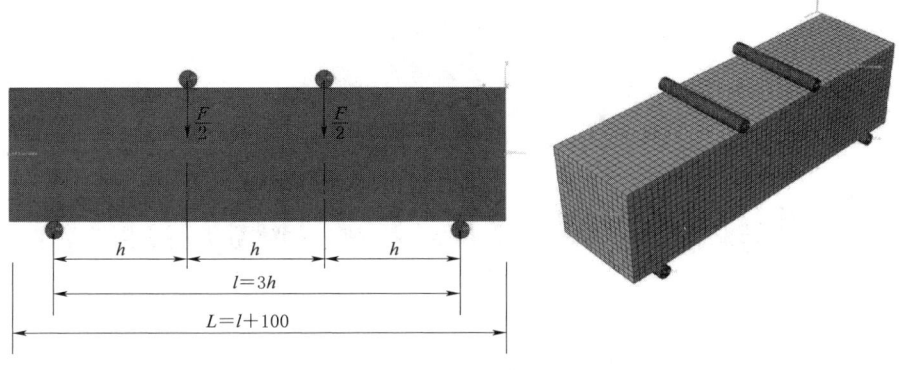

图 5.12 抗折模型示意图

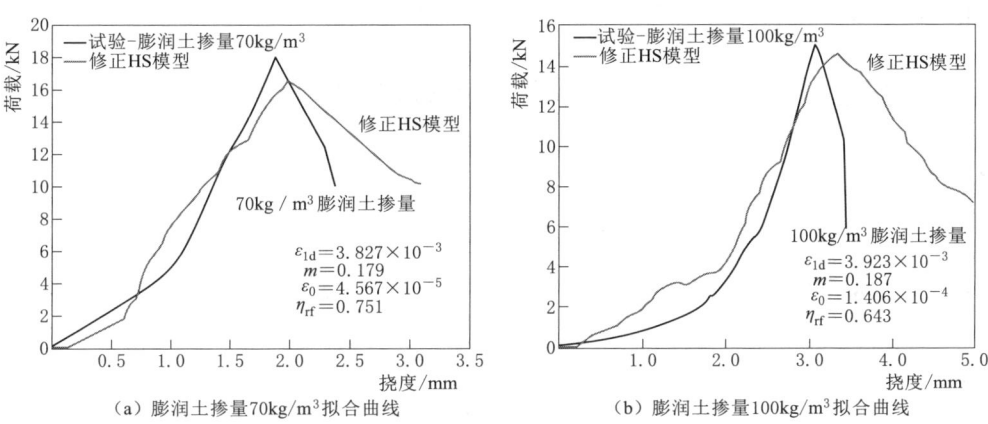

(a) 膨润土掺量70kg/m³拟合曲线   (b) 膨润土掺量100kg/m³拟合曲线

图 5.13 塑性混凝土抗折试验与模拟对比

综上，本章开发的修正 HS 本构模型对塑性混凝土抗折试验曲线拟合效果较好，表明该本构模型可合理反映塑性混凝土在工程应用中的力学演变规律。

第6章

塑性混凝土防渗墙工程的数值模拟

本章将塑性损伤、硬化土、考虑损伤的塑性混凝土本构模型在较为常见的水利工程和尾矿坝工程中进行了数值模拟应用，并对结果进行了对比分析，以期为塑性混凝土防渗墙工程的安全分析提供借鉴和参考。

6.1 水利工程塑性混凝土防渗墙数值模拟

6.1.1 工程概况

本节计算所采用的工程为内蒙古自治区兴安盟科尔沁右翼中旗翰嘎利水库工程，大坝原设计为均质土坝，墙顶高程289.0m。大坝最大坝高18.0m，坝顶宽度6.0m，坝顶路面为混凝土路面，其结构为：路面宽6m，碎石垫层厚40cm，混凝土厚15cm，背水坡路边设路肩石。坝轴线长度1274m（桩号0+250.0～1+524），坝顶高程290.0m，防浪墙为钢筋混凝土结构，顶高程291.1m；上游坝坡为1∶4.0，预制混凝土块护坡，厚200mm，砂砾石垫层200mm，无纺布450g/m²，下游坝坡为1∶3.3，浆砌石条形网格护坡，中间充填碎石。浆砌石条带宽0.4m，深0.5m，间距为4.0m。坝顶排水排向下游，下游坡设排水沟，每100m设一条，采用浆砌石结构。设计最高水位为288.0m，汛限水位287.0m，死水位为275.0m，总库容为9250×10⁴m³，兴利库容为8500×10⁴m³，死库容为750×10⁴m³。

内蒙古水利设计院受盟水利处委托对该工程进行了设计研究工作，对该工程提出了详细的加固方案。针对该工程存在的大坝渗透稳定问题，提出把大坝坝体及部分地基做成封闭与半封闭的连续防渗墙，从而减小渗流量、降低坝体浸润线、减小下游坝脚处的渗透坡降、达到坝体的渗透稳定安全。防渗墙全长1467m，墙顶高程288.45m，最大墙深51m，墙厚0.5m。

6.1.2 地质条件

该工程坝基地层由上至下为：第四系全新统湖积、冲积层（Q_4^{1+al}）、第四系上更新统冰水堆积层（Q_3^{fgl}）、白垩系下统中段（K_1）及侏罗系上统（J_3）。计算所建模型坝体采用 Q_4^s 坝体填筑土、Q_4^{l+al} 含细粒土砂、J_3 强风化凝灰岩以及 J_3 弱风化凝灰岩。

（1）第四系全新统湖积、冲积层（Q_4^{l+al}）。含细粒土砂：砂粒以石英、长石为主，局部含少量砾石。在坝基广泛分布，为坝基的松散层主要岩性，最大分布厚度 30.00m，最小分布厚度 6.00m。

（2）第四系上更新统冰水堆积层（Q_3^{fgl}）。细粒土质砂：泥砂质胶结，胶结差，主要组成物质为砂，局部夹有风化岩石碎屑、砾石、碎石、黏粉粒，颗粒组成杂乱。

（3）侏罗系上统（J_3）。凝灰岩：强风化层岩石节理裂隙发育，裂隙面附着有褐黄色水锈，岩芯破碎，呈碎块状、短柱状，分布厚度 1.0～11.20m；弱风化层岩石节理裂隙发育—较发育，岩芯较破碎—较完整，岩芯呈柱状、短柱状，局部夹碎块状，钻孔揭露厚度 1.40～16.00m。

6.1.3 基于塑性损伤模型的塑性混凝土防渗墙结构计算分析

1. 计算模型及条件

塑性损伤本构的数值模拟采用了 ABAQUS 有限元计算软件，主要对 K8 配比的塑性混凝土防渗墙进行了数值模拟，并与 K3、K12 配比塑性混凝土以及混凝土防渗墙进行了对比。由于地质条件存在差异，情况较为复杂，因此为了计算方便，对模型进行了一定的简化，具体如下：忽略了一部分分布范围小、厚度较薄的地基土层，包括桩号 1+300～1+400 之间的含砂低液限粉土、桩号 1+50～1+200 之间的 Q_4^{l+al} 细粒土质砂、桩号 0+500～0+650 Q_4^{l+al} 细粒土质砂等。假设不同材料是连续均匀的，包括坝体填筑土 Q_4^s、含细粒土砂 Q_4^{l+al}、强风化凝灰岩 J_3、弱风化凝灰岩 J_3 以及混凝土、塑性混凝土防渗墙。

（1）模型建立及网格剖分。本节所建立的模型以工程实际为依据，长取 1690m，其中坝轴线长度 1274m，左岸长 85m，右岸长 331m；宽 200.6m，向上下游方向各延伸坝底宽的 65%～165%；高 109m，向下延伸 3 倍坝高。网格剖分如图 6.1 所示（已沿墙体剖开），划分网格时，全部单元采用的六面体单元，共 69214 个单元，由于研究的主要对象是防渗墙，因此对防渗墙部位的网格进行了细化。

（2）计算参数。本模型对工程进行简化后，共涉及 5 种材料，包括 Q_4^s 坝体填筑土、Q_4^{l+al} 含细粒土砂、J_3 强风化凝灰岩、J_3 弱风化凝灰岩以及塑性混凝土。其中，防渗墙采用塑性损伤模型，其余材料均采用摩尔-库仑模型。除塑性混凝土外，其他材料参数均取自《兴安盟科尔沁右翼中旗翰嘎利水库除险加固初步设计阶段工程地质勘察报告》，塑性混凝土材料由本书第 2 章进行的室内试

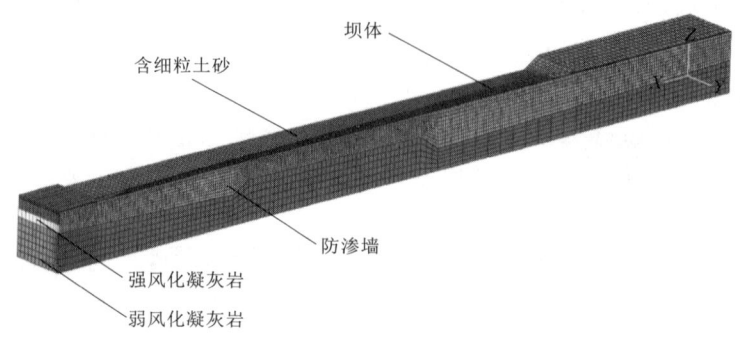

图 6.1 网格剖分

验确定。最终材料所选的计算参数见表 6.1。

表 6.1 材料参数

材料	密度 /(g/cm³)	渗透系数 /(cm/s)	孔隙比	弹性模量 /MPa	泊松比	黏聚力 /kPa	内摩擦角 /(°)	剪胀角 /(°)
K3 配比	2.27	3.8×10^{-7}	0.05	1273.4	0.2	1111	28.8	11.8
K8 配比	2.30	3.8×10^{-7}	0.05	1209.6	0.2	836	47	18.4
K12 配比	2.30	3.8×10^{-7}	0.05	870.6	0.2	1178	33.9	18.7
Q_4^s 坝体填筑土	1.66	2.7×10^{-3}	0.601	300	0.31	4.4	30.9	0.8
Q_4^{1+al} 含细粒土砂	1.72	2.3×10^{-3}	0.552	300	0.23	3.7	30.9	0.9
J_3 强风化凝灰岩	2.30	2.2×10^{-4}	0.5	630	0.28	5	30	0
J_3 弱风化凝灰岩	2.58	4×10^{-5}	0.5	1900	0.23	100	35	5

（3）边界条件。模型底部全约束，上下游以及左右两侧截面法向约束，不同材料之间设置接触，弹性模量大的材料对应的面为主面，法向硬接触，摩擦系数取 0.5。

（4）计算程序。

1）地应力平衡，计算模型先期应力，同时模拟模型现状，考虑到整个模型已经完成了沉降，将此步计算得到的应变与变形置为 0。

2）利用生死单元去除塑性混凝土防渗墙，在坝上游施加高程为 287m 的水头（河床高程 271m），形成稳定渗流场。

3）水位降为 0，利用生死单元去除防渗墙位置的土体，并激活塑性混凝土防渗墙单元。

4）在坝上游施加高程为 287m 的水头，形成稳定渗流场。

2. 计算结果及分析

防渗墙墙体的应力和变形示于图 6.2～图 6.3 中，同时图 6.4～图 6.7 列出了不同配比的塑性混凝土防渗墙变形及应力云图进行对比。通过分析得到以下结论：

（1）墙体主应力。墙体主应力如图 6.2 所示，其最大主应力从高到低逐渐减小，墙体上部大部分区域出现了拉应力，且其最大值达到了 811kPa。上下游面应力分布规律相似，但下游面最大主应力相对于上游面总体更小一些。防渗墙最小主应力分布较为均匀，随着高程的增加而逐渐增大，且并未出现拉应力。

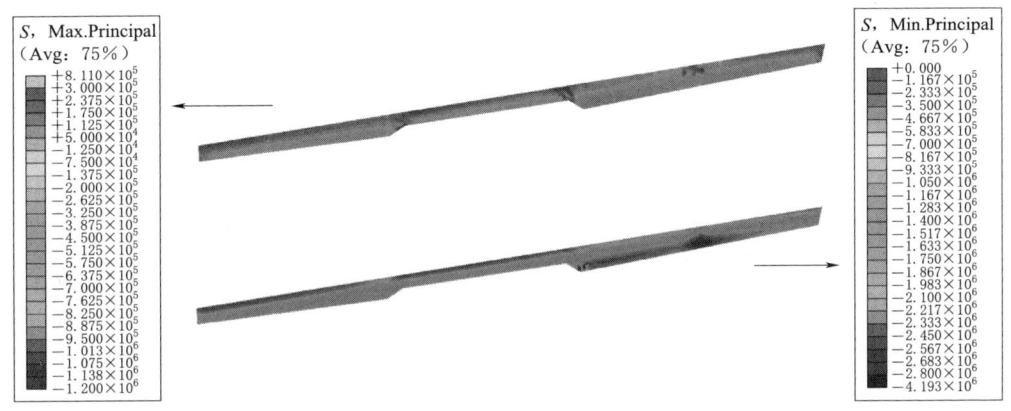

图 6.2 墙体主应力

（2）墙体变形。墙体变形如图 6.3 所示，水平变形均向下游，其最大值约为 55.25mm，发生在右坝肩附近，墙体右岸一侧整体变形大于左岸一侧。墙体垂向变形整体为右岸一侧沉降，左岸一侧隆起，最大沉降约为 41.87mm，发生在右坝肩附近，最大隆起约为 6.988mm，发生在模型最左侧。

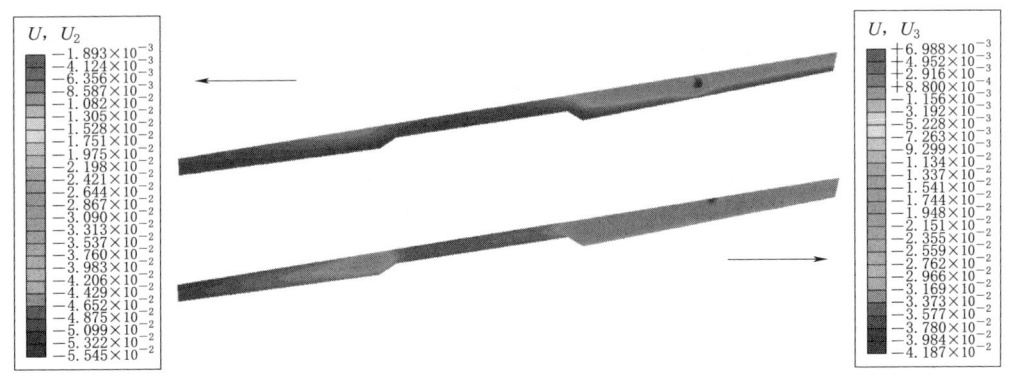

图 6.3 墙体横、垂向位移

（3）不同配比塑性混凝土防渗墙对比。不同配比塑性混凝土防渗墙对比如图 6.4～图 6.7 所示。如图 6.4 所示为 K3 配比、K8 配比、K12 配比塑性混凝土最大主应力的对比，从图中可以看出，三种配比的塑性混凝土在如图所示的相同位置出现了应力集中，最大主应力最大值均出现于该处，只是值的大小略有差异。

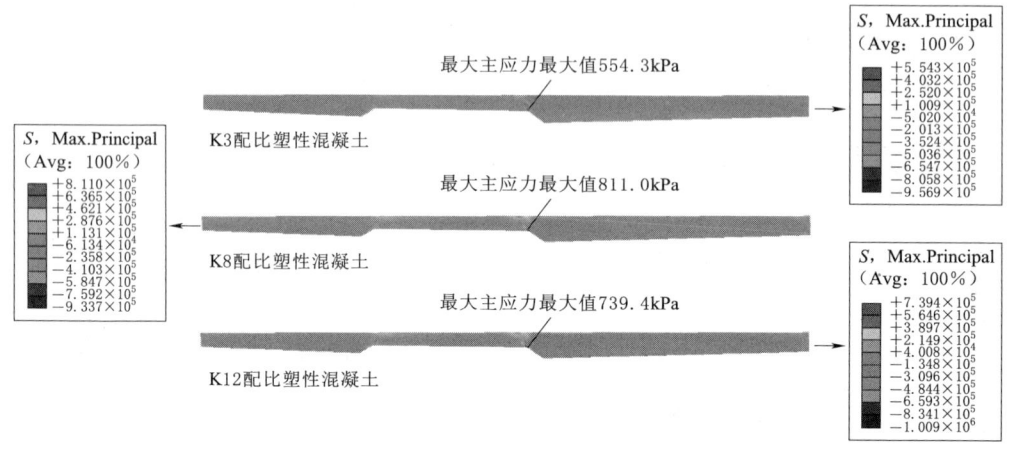

图 6.4　最大主应力对比

图 6.5 所示为三种配比塑性混凝土最小主应力的对比，从图中可以看出，三种配比的塑性混凝土防渗墙均在如图所示的相同位置出现了应力集中，其最小主应力最大值均出现于防渗墙体形状发生变化的位置，K3 配比与 K8 配比的值大小近似，小于 K12 配比的最小主应力最大值。

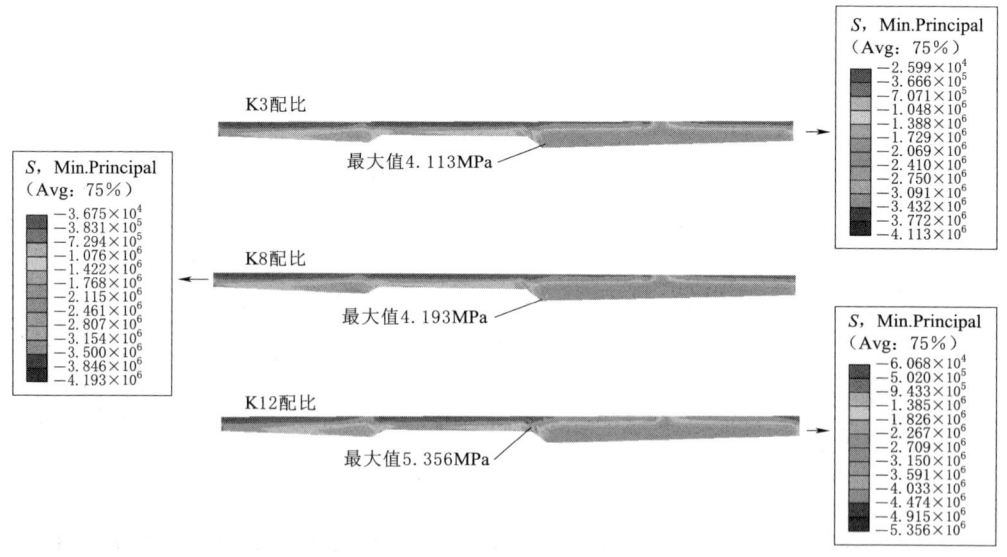

图 6.5　最小主应力对比

图 6.6 所示为三种配比塑性混凝土水平向变形的对比，从图中可以看出，三种配比的塑性混凝土防渗墙均完全向下游移动，左岸变形整体上大于右岸。变形分布规律几乎一致，值的大小也相差无几，最大值均出现于右岸坝肩附近的墙体下游面中上部，为50～55mm。

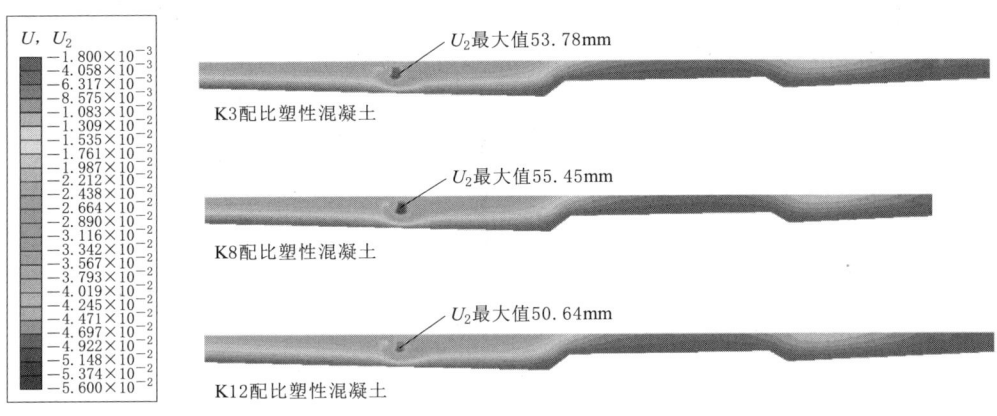

图 6.6　水平向变形对比

图 6.7 所示为三种配比塑性混凝土垂向变形的对比，从图中可以看出，三种配比的塑性混凝土防渗墙均为右岸隆起，左岸大部分区域沉降，小部分区域隆起。变形分布规律几乎一致，沉降最大处均为右岸坝肩下游面上部，隆起最大处均为墙体最左侧。不同配比的塑性混凝土之间沉降、隆起的大小相差无几，沉降最大值为41～44mm，隆起最大值为6.8～7.5mm。

（4）变形协调分析。不同配比塑性混凝土变形协调分析如图6.8～图6.10

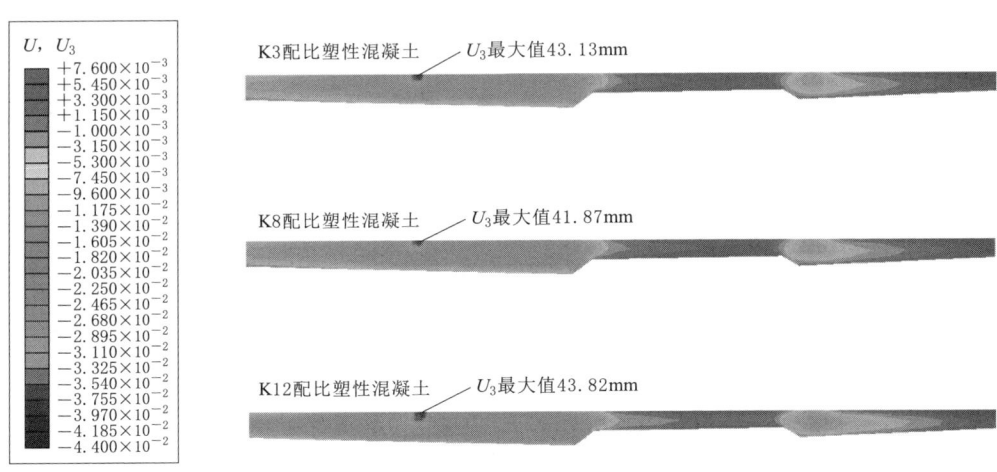

图 6.7　垂向变形对比

所示。图 6.8 所示为高程 275.0m 处，K3 配比、K8 配比、K12 配比塑性混凝土沿水流方向的垂向变形对比，防渗墙两侧为坝体填筑土，墙体垂向变形明显与墙两侧存在差异。K8 配比防渗墙弹性模量为两侧土体的 4.032 倍，墙体与两侧土体位移均值之差约为 2.34mm；K12 配比防渗墙弹性模量为两侧土体的 2.902 倍，墙体与两侧土体位移均值之差约为 1.50mm；K3 配比防渗墙弹性模量为两侧土体的 4.244 倍，墙体与两侧土体位移均值之差约为 2.27mm。

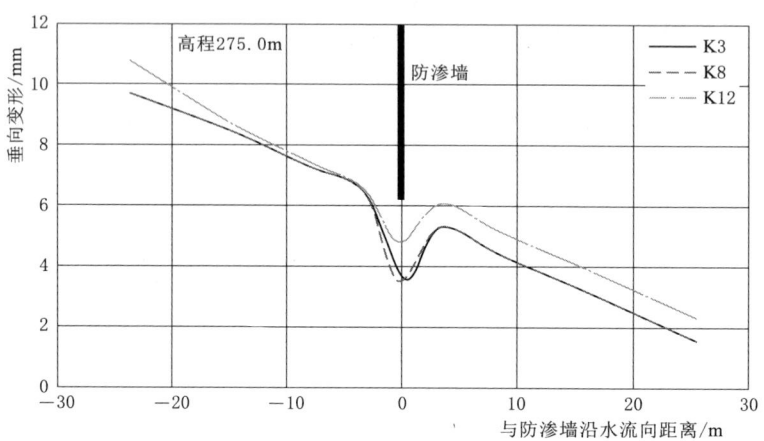

图 6.8　高程 275.0m 处垂向变形

图 6.9 所示为高程 265.0m 处，K3 配比、K8 配比、K12 配比塑性混凝土沿水流方向的垂向变形对比，防渗墙所在位置的垂向变形明显与墙两侧存在差异，K8 配比防渗墙弹性模量为两侧土体的 4.032 倍，墙体与两侧土体位移均值之差约为 1.97mm；K12 配比防渗墙弹性为两侧土体的 2.902 倍，墙体与两侧土体位

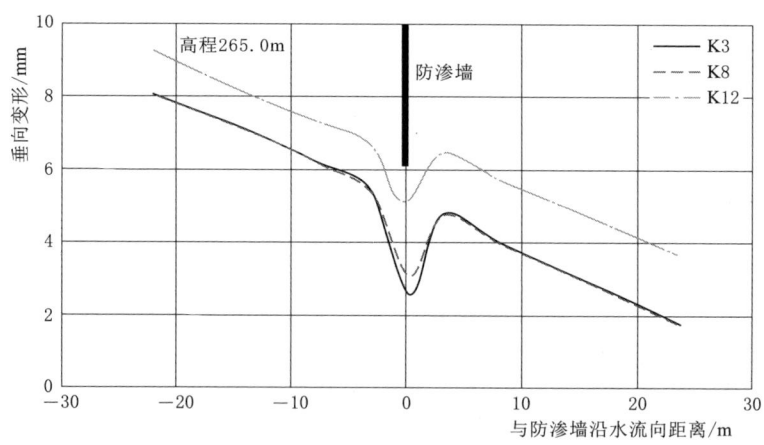

图 6.9　高程 265.0m 处垂向变形

移均值之差约为 1.48mm；K3 配比防渗墙弹性模量为两侧土体的 4.24 倍，墙体与两侧土体位移均值之差约为 2.53mm。

图 6.10 所示为高程 260.0m 处，K3 配比、K8 配比、K12 配比塑性混凝土沿水流方向的垂向变形对比，防渗墙所在位置的垂向变形明显与墙两侧存在差异，K8 配比防渗墙弹性模量为两侧土体的 1.920 倍，墙体与两侧土体位移均值之差约为 1.04mm；K12 配比防渗墙弹性为两侧土体的 1.382 倍，墙体与两侧土体位移均值之差约为 0.57mm。K3 配比防渗墙弹性模量为两侧土体的 2.021 倍，墙体与两侧土体位移均值之差约为 1.11mm。

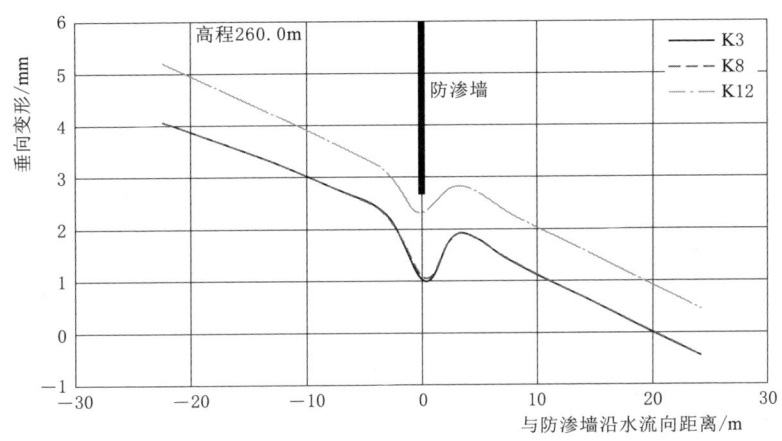

图 6.10 高程 260.0m 处垂向变形

总体来看，塑性损伤模型的防渗墙体与周围土体垂向变形均值的差值较小，最大也未超过 3mm，说明其变形协调性较好，且防渗墙弹性模量为 4~5 倍周围土体弹性模量时，变形协调性要好于防渗墙弹性模量小于 4 倍周围土体弹性模量时。

6.1.4 基于硬化土模型的塑性混凝土防渗墙结构计算分析

1. 计算模型及条件

硬化土本构的数值模拟采用了 PLAXIS 有限元计算软件，主要对 K8 配比的塑性混凝土防渗墙进行了数值模拟，并与 K3、K12 配比塑性混凝土防渗墙进行了对比。由于地质条件存在差异，情况较为复杂，因此为了计算方便，对模型进行了一定的简化，硬化土模型的简化与上节中提到的塑性损伤模型的简化一致。

(1) 模型建立及网格剖分。硬化土模型尺寸及边界条件与塑性损伤模型完全一致。网格剖分如图 6.11 所示，划分网格时，全部单元采用的四面体单元。

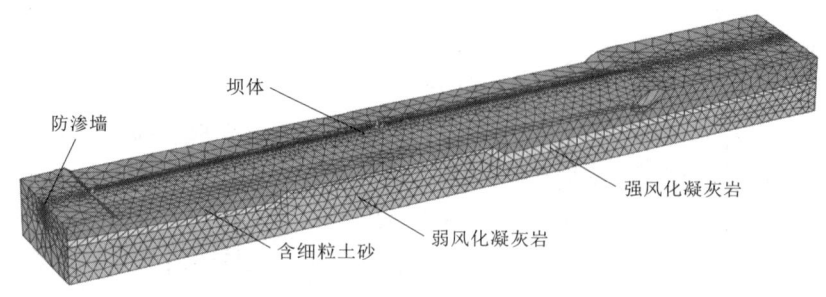

图 6.11 网格剖分

（2）计算参数。本模型对工程进行简化后，共涉及 5 种材料，包括 Q_4^s 坝体填筑土、Q_4^{l+al} 含细粒土砂、J_3 强风化凝灰岩、J_3 弱风化凝灰岩以及塑性混凝土。其中，塑性混凝土采用硬化土模型，其余材料采用摩尔-库仑模型。除塑性混凝土外，其他材料参数均取自《兴安盟科尔沁右翼中旗翰嘎利水库除险加固初步设计阶段工程地质勘察报告》，塑性混凝土材料由本书第 2 章进行的室内试验确定。最终材料所选的计算参数见表 6.2。

表 6.2　　　　　　　　材　料　参　数

材料	干密度 /(g/cm³)	湿密度 /(g/cm³)	渗透系数 /(cm/s)	弹性模量 /MPa	泊松比	黏聚力 /kPa	内摩擦角 /(°)	剪胀角 /(°)
K3 配比	2.27	2.3	3.8×10^{-7}	1273.4	0.2	1111	28.8	11.8
K8 配比	2.30	2.40	3.8×10^{-7}	1209.6	0.2	836	47	18.4
K12 配比	2.30	2.40	3.8×10^{-7}	873.6	0.2	1178	33.9	18.7
坝体填筑土	1.66	1.76	2.7×10^{-3}	300	0.31	4.4	30.8	0.8
含细粒土砂	1.72	2.00	2.3×10^{-3}	300	0.23	3.7	30.9	0.9
强风化凝灰岩	2.30	2.35	2.2×10^{-4}	630	0.28	5	30	0
弱风化凝灰岩	2.58	2.60	4×10^{-5}	1900	0.23	100	35	5

（3）边界条件。不同材料之间建立界面单元来模拟摩擦作用，界面单元属性随周围土体，残余强度取 0.8，界面法向完全可渗透，切向不排水。

（4）计算程序。

1）地应力平衡，计算模型先期应力，同时模拟模型现状，考虑到整个模型已经完成了沉降，将此步计算得到的应变与变形置为 0。

2）在坝上游施加高程为 287m 的水头（河床高程 271m），形成稳定渗流场。

3）水位降至 0，取消激活防渗墙位置土体，激活防渗墙。

4）蓄水至汛限水位 287m，形成稳定渗流场。

2. 计算结果及分析

防渗墙墙体的应力和变形示于图 6.12～图 6.13 中，同时图 6.14～图 6.17 列出了不同配比的塑性混凝土防渗墙的变形及应力云图进行对比。通过分析得到以下结论。

(1) 墙体主应力。墙体主应力如图 6.12 所示，其最大主应力分布与最小应力分布规律较为相似。防渗墙最大主应力在墙体最上部出现拉应力，且其最大值达到了 286.5kPa。最大主应力在上下游面上的分布规律相近，但下游面最大主应力相对于上游面总体更小一些。防渗墙最小主应力分布较为均匀，随着高程的增加而逐渐较小，且并未出现拉应力。

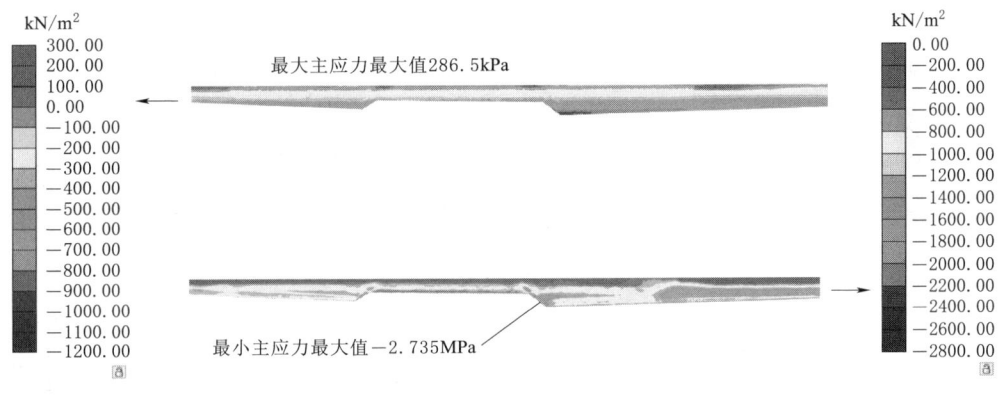

图 6.12　墙体主应力

(2) 墙体变形。墙体变形如图 6.13 所示，其中水平变形均向下游，其最大值约为 46mm，发生在墙体偏右岸一侧，墙体右岸一侧整体变形大于左岸一侧。墙体垂向变形整体均为沉降，且右岸一侧沉降明显大于左岸。其中沉降最大值位于右岸一侧，约为 27mm，沉降最小值位于模型最左侧，几乎为 0。

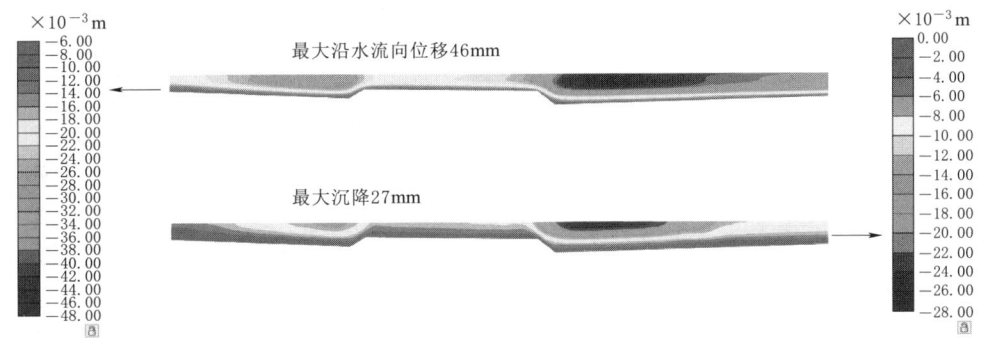

图 6.13　墙体垂向、水平向位移

（3）不同配比塑性混凝土防渗墙对比。不同配比塑性混凝土防渗墙对比如图 6.14～图 6.17 所示。图 6.14 所示为 K3 配比、K8 配比、K12 配比塑性混凝土最大主应力的对比，从图中可以看出，最大主应力最大值均出现于墙顶，只是值的大小略有差异。三种配比的防渗墙均为下游面应力略小于上游面。K12 配比的防渗墙最大主应力要小于 K3 以及 K8 配比。

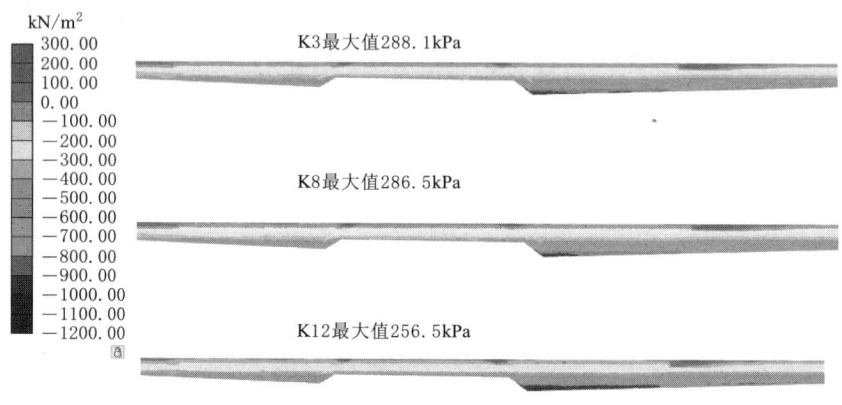

图 6.14　最大主应力对比

图 6.15 所示为三种配比塑性混凝土最小主应力的对比，从图中可以看出，三种配比的塑性混凝土防渗墙的最小主应力分布规律相近，均在如图所示的相同位置出现了压应力最大值，并且其值的大小相近。应力随着高程的降低而逐渐增加，上游面应力整体略大于下游面。

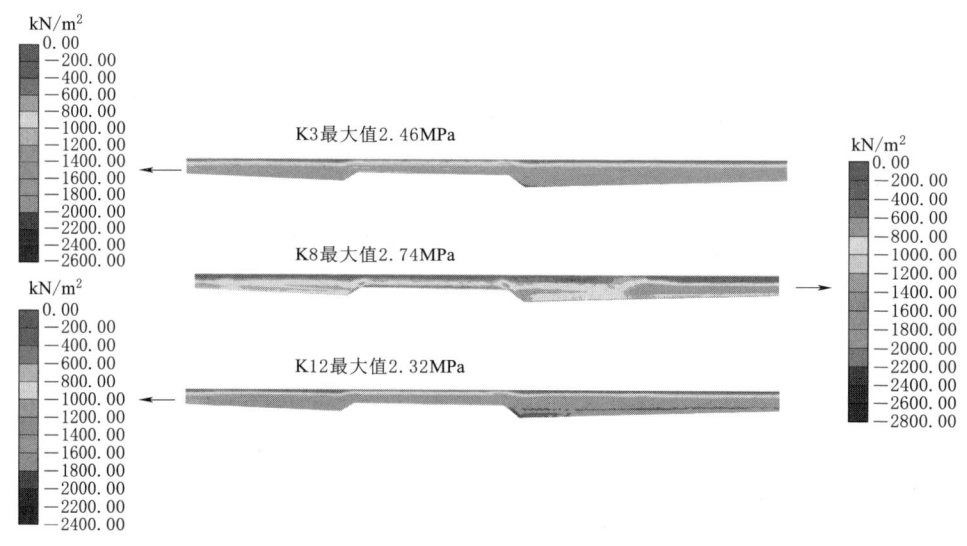

图 6.15　最小主应力对比

图 6.16 所示为三种配比塑性混凝土横向位移的对比,从图中可以看出,混凝土防渗墙与三种配比的塑性混凝土防渗墙均完全向下游移动,左岸位移整体上大于右岸。位移分布规律几乎一致,值的大小也相差无几,最大值均出现于右岸坝肩附近的墙体下游面中上部,为 44~46mm。上游面与下游面变形几乎一致。

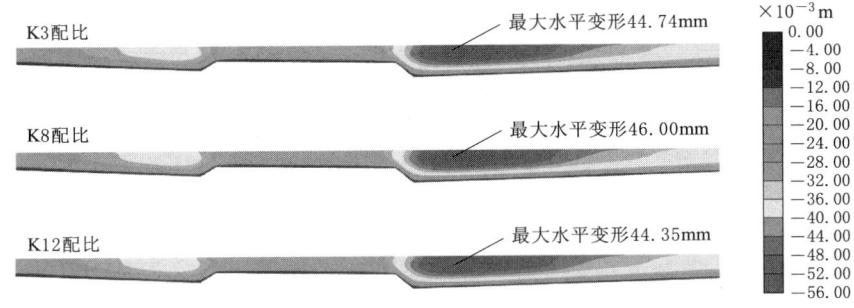

图 6.16 水平向变形对比

图 6.17 所示为三种配比塑性混凝土垂向变形的对比,从图中可以看出,三种配比的塑性混凝土防渗墙均只发生沉降,位移分布规律几乎一致,右岸一侧沉降明显大于左岸一侧,不同配比的塑性混凝土之间沉降的大小相差无几,沉降最大值为 27~31mm。

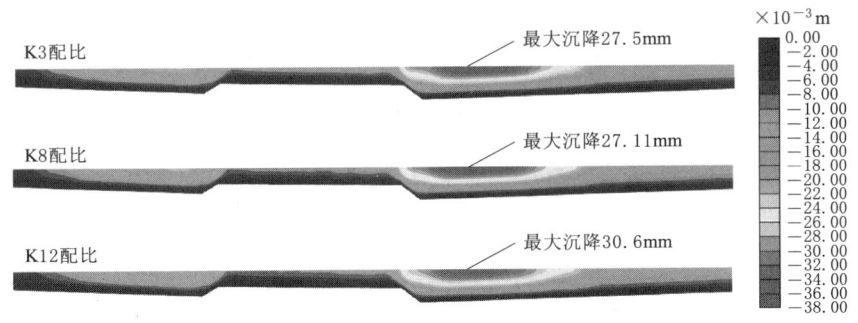

图 6.17 垂向变形对比

(4) 变形协调分析。不同配比塑性混凝土变形协调分析如图 6.18~图 6.20 所示。如图 6.18 所示为高程 275.0m 处,K3 配比、K8 配比、K12 配比塑性混凝土沿水流方向的垂向变形对比,防渗墙所在位置的垂向变形明显与墙两侧存在差异,但差异值不大。K8 配比防渗墙弹性模量为两侧土体的 4.032 倍,墙体与两侧土体位移均值之差约为 0.49mm。K12 配比防渗墙弹性模量为两侧土体的 2.902 倍,墙体与两侧土体位移均值之差约为 0.38mm。K3 配比防渗墙弹性模量为两侧土体的 4.244 倍，墙体与两侧土体位移均值之差约为 0.64mm。

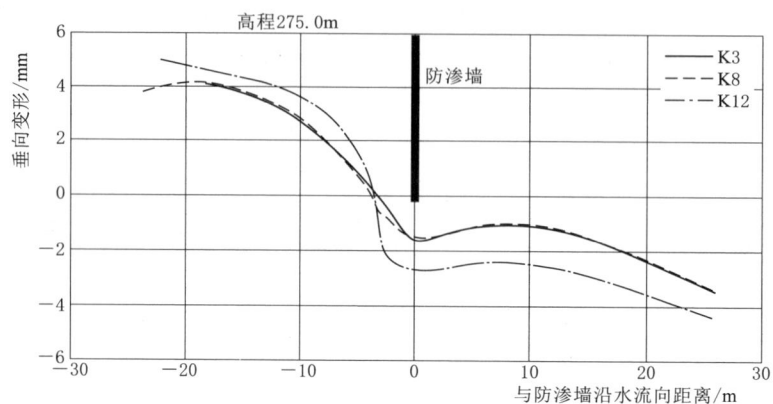

图 6.18　高程 275.0m 处垂向变形

图 6.19 所示为高程 265.0m 处，K3 配比、K8 配比、K12 配比塑性混凝土沿水流方向的垂向变形对比，防渗墙所在位置的垂向变形明显与墙两侧存在差异。K8 配比防渗墙弹性模量为两侧土体的 4.032 倍，墙体与两侧土体位移均值之差约为 0.75mm。K12 配比防渗墙弹性模量为两侧土体的 2.902 倍，墙体与两侧土体位移均值之差约为 0.39mm。K3 配比防渗墙弹性模量为两侧土体的 4.24 倍，墙体与两侧土体位移均值之差约为 0.72mm。

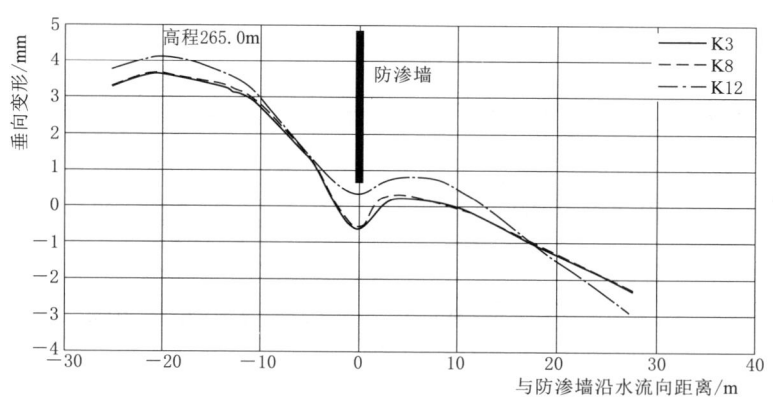

图 6.19　高程 265.0m 处垂向变形

图 6.20 所示为高程 260.0m 处，K3 配比、K8 配比、K12 配比塑性混凝土沿水流方向的垂向变形对比，防渗墙所在位置的垂向变形明显与墙两侧存在差异，K8 配比防渗墙弹性模量为两侧土体的 1.920 倍，墙体与两侧土体位移均值之差约为 0.58mm。K12 配比防渗墙弹性为两侧土体的 1.382 倍，墙体与两侧土体位移均值之差约为 0.42mm。K3 配比防渗墙弹性模量为两侧土体的 2.021 倍，

墙体与两侧土体位移均值之差约为0.88mm。

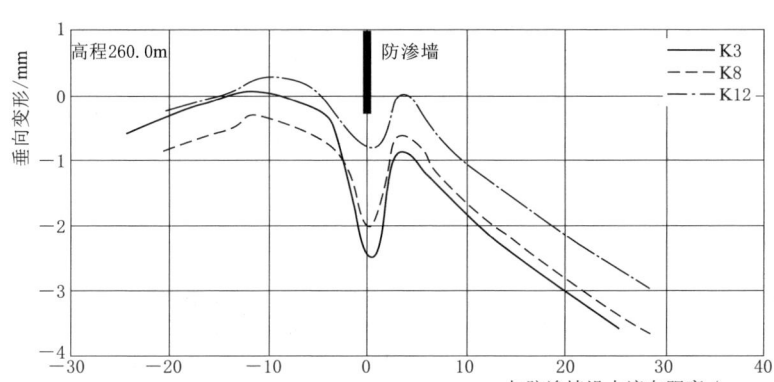

图 6.20　高程 260.0m 处垂向变形

总体来看，硬化土模型的防渗墙体与周围土体垂向变形均值的差值较小，最大也未超过 1mm，说明其变形协调性较好，且防渗墙弹性模量为 4～5 倍周围土体弹性模量时，变形协调性要好于防渗墙弹性模量小于 4 倍周围土体弹性模量时。

6.1.5　塑性损伤模型与硬化土模型的对比

1. 应力对比

（1）最大主应力。图 6.21 所示为 K8 配比防渗墙，由于应力集中，塑性损伤模型计算得到的最大主应力最大值要大于硬化土模型。除去应力集中的区域后，可以看出两个模型的应力分布情况较为接近。

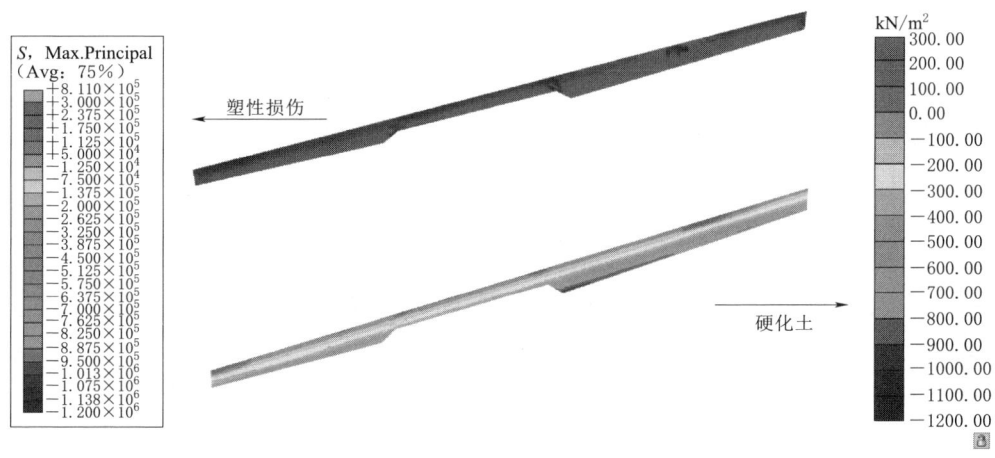

图 6.21　最大主应力对比

（2）最小主应力。图 6.22 所示为 K8 配比防渗墙，塑性损伤模型与硬化土模型得到的最小主应力分布情况较为接近，但塑性损伤计算出现了应力集中的现象，得到的防渗墙最小主应力最大值要大于硬化土模型，但除去应力集中的区域后，防渗墙右岸一侧的平均最小主应力也是塑性损伤模型得到的结果更大一些。

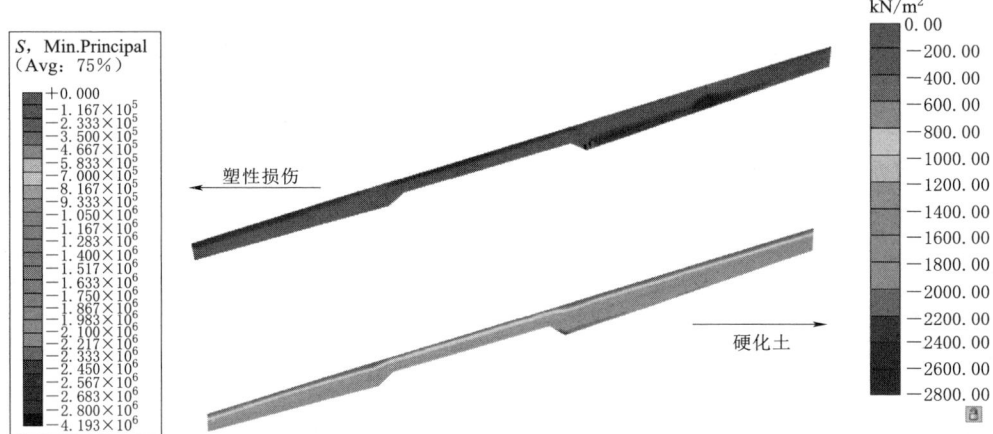

图 6.22　最小主应力对比

2. 变形对比

（1）水平向变形。图 6.23 所示为 K8 配比防渗墙，塑性损伤模型计算得到的水平向变形最大值出现在右岸坝肩附近的墙体中部，而硬化土模型计算的最大值位于墙体最顶端，且距离右坝肩稍远一些，但二者距离并不远。两个模型

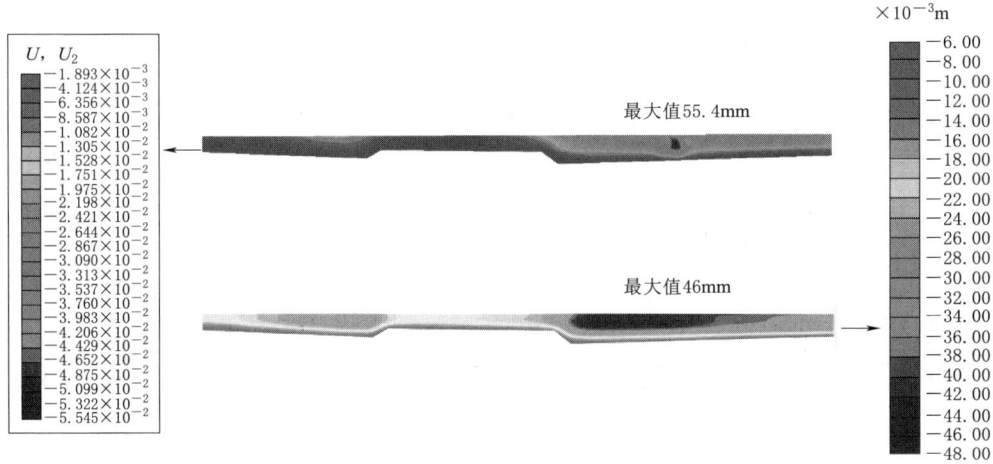

图 6.23　水平向变形对比

得到的水平向位移分布规律一致,但塑性损伤模型得到的变形值要大于硬化土模型。

(2)垂向变形。图 6.24 所示为 K8 配比防渗墙,塑性损伤模型计算得到的垂向变形,最大值出现在右岸坝肩附近的墙体顶端,硬化土模型计算的最大值同样位于墙体最顶端,但距离右坝肩稍远一些。塑性损伤模型计算的最大沉降要大于硬化土模型,但由于塑性损伤模型沉降最大处出现应力集中,因此其余位置与硬化土模型的沉降相差并不大。

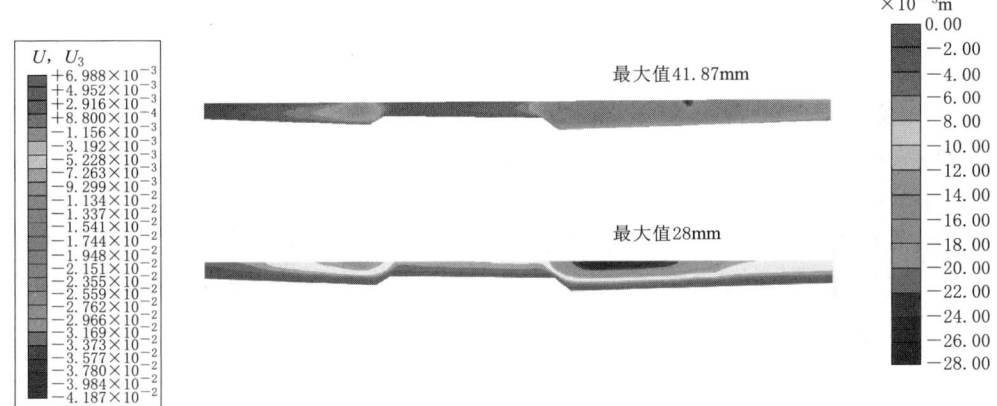

图 6.24　沉降对比

6.2　尾矿坝塑性混凝土防渗墙数值模拟

6.2.1　工程概况

本节计算所采用的另一项工程为西藏自治区拉萨市墨竹工卡县甲玛沟尾矿库-拦水坝工程。根据设计,拦水坝是拟建甲玛沟尾矿库主要排水设施之一,目的是减少尾矿库建设对当地水环境的影响,实现库内库外清污分流,充分补充坝址下游生态环境需水。在甲玛沟上游段修筑拦水坝,拦水坝坝址上游汇水面积 58.123km^2,拦水坝上游形成一定蓄水库容进行年调节,以满足下游生态环境用水要求。正常运行时期,拦水坝上游来水通过库外排水隧洞进入尾矿库下游;洪水运行期库外排水隧洞来不及排泄的洪水通过坝肩溢洪道进入尾矿库库内,由库内调洪库容进行调蓄后,通过库内排水井—排水隧洞排出。

拦水坝在尾矿库库尾的东支沟处修筑,大坝原设计为面板堆石坝。最大坝高 75.0m，坝顶宽度 5.0m，坝轴线长度 364.0m，坝顶高程 4355.0m，上下游坝坡为 1∶1.6，设计最高水位为 4350.0m，死水位为 4300.0m。拦水坝上游坝坡坡脚以下基础进行帷幕注浆，注浆深度至基岩以下 3m 以防渗漏。拦水坝左坝肩设置溢洪道排洪，溢洪道总长 375m，断面为矩形，$B×H$ 为 4m×2.5m。右坝肩另设隧洞，将上游来水排往尾矿库下游，补充库区下游生活灌溉用水，主隧洞位于尾矿库库区东侧，总长 7027m，库内备用排洪系统与拦水坝共用主隧洞。

中国瑞林工程技术有限公司（原南昌有色冶金设计研究院）受西藏巨龙铜业有限公司委托对西藏自治区墨竹工卡县甲玛沟尾矿库工程进行可行性研究，积极开展尾矿库拦水坝可行性研究阶段的勘测、设计，并实施了地质环境影响评价、地震安全性评价、安全预评价、地质灾害危险性评估、地质环境影响评价、水文勘测等工作，为开发西藏自治区墨竹工卡县甲玛沟尾矿库-拦水坝工程奠定了良好的基础。

根据相关资料和规范，本工程建（构）筑物工程重要性等级为一级，场地复杂程度为一级（即复杂场地），地基复杂等级为一级（即复杂地基）。

6.2.2 地质条件

该工程坝基地层由上而下为侏罗系中统叶巴组二段绢云千枚岩⑥-1 至⑥-3。本节计算所建模型坝体采用闪长岩、黏质砾砂。坝基采用强风化绢云千枚岩、中等风化绢云千枚岩以及弱风化绢云千枚岩。

（1）单元层⑥-1。强风化绢云千枚岩呈黄色、黄褐色、浅灰色，破碎、鳞片变晶结构，弱定向构造。岩芯多为碎块状、短柱状、少量长柱状，岩石大部分铁质浸染呈褐色，局部岩块保持原有颜色呈灰色，部分岩石的结构遭到破坏，风化裂隙发育，锤击声哑，易击碎。裂隙呈张开至微张开状，张开度 1～3mm，裂隙面粗糙，无充填；部分裂隙呈半闭合状至闭合状，闭合裂隙石英细脉充填，水蚀痕迹明显，局部岩体表面见溶蚀小洞。岩石质量指标 RQD 为 20%～40%，岩石质量差，质量等级Ⅳ，是基岩承压水的主要含水层。

该层与上覆第四系土层呈假整合关系，主要位于坝轴线北侧下部地层，防渗墙底部剥蚀殆尽，仅 LZK06 钻孔见有分布，厚度介于 7.70～34.49m，平均厚度为 17.47m，层顶高程 4232.21～4373.10m，层底高程 4210.80～4358.10m。

（2）单元层⑥-2。中等风化绢云千枚岩呈灰白色、灰色、青灰色，岩芯多为短柱状、部分长柱状，局部破碎，鳞片变晶结构，沿裂隙面褐铁矿化锈蚀强烈，断口处多呈灰色，岩石的原始组织结构清楚完整，锤击声哑。裂隙多为微张开—闭合状，张开裂隙张开度 0.5～2mm，裂隙面粗糙，部分断口呈黄褐色，无充填；闭合裂隙多为石英细脉充填，脉宽 0.1～2mm。RQD 为 45%～65%，岩石质量差至较差，质量等级Ⅲ。河床段的 LZK09、LZK10、LZK24、LZK16 钻孔中局部段岩心呈碎块状、粉末状。

该层与强风化绢云千枚岩呈整合接触，局部段与上覆第四系土层呈假整合关系。该层主要分布于甲玛沟河床底部，有少部分钻孔未揭穿见底，钻孔揭露地层厚度为 7.16～47.70m。层顶高程 4210.80～4387.13m。

（3）单元层⑥-3。微风化绢云千枚岩呈深灰色、青灰色，鳞片变晶结构，岩芯多为长柱状，少为短柱状，长度为 10～40cm，岩石的组织结构无破坏，锤击声清脆，蚀变以绿泥石化、绢云母化、硅化为主。裂隙以闭合状至半闭合为主，少量张开状，闭合裂隙多为石英细脉充填，脉宽 0.1～2mm，局部可见石英巨脉，厚度可达 20～50cm。RQD 为 65%～90%，岩石质量较差至较好，质量等级为Ⅲ级。

该层整个场地均有分布，钻孔均未揭穿见底，揭露厚度为 7.06～105.83m，层顶高程 4197.26～4371.51m。拦水坝范围内出露地层有：侏罗系中统叶巴组二段绢云千枚岩，第四系更新统冰水堆积黏质卵石、黏质砾砂，第四系更新统坡积碎石，第四系全新统洪积碎石，第四系全新统冲洪积漂石。

6.2.3 基于塑性损伤模型的塑性混凝土防渗墙结构计算分析

1. 计算模型及条件

在 ABAQUS 有限元计算软件中对该工程防渗墙采用塑性损伤本构模型（CDP）进行计算，对 K3、K8 配比的塑性混凝土防渗墙进行了数值模拟。考虑方便分析计算，在建立模型时忽略厚度不足一米的砂石土层，并将各个地层材料视为均匀连续分布的。

（1）模型建立及网格剖分。如图 6.25 所示为依托工程所建立的模型，该模型以工程实际为依据，长取 493m，其中坝轴线长度 364m，左岸长 40m，右岸长 89m；宽 600m；高 180m。网格单元采用的六面体单元，共 43240 个单元，并对防渗墙部位的网格进行了细化。模型网格剖面如图 6.26 所示，塑性混凝土防渗墙与沥青混凝土心墙用柔性支护相连接。

（2）计算参数。本模型对工程进行简化后，计算涉及的材料包括：闪长岩、强风化绢云千枚岩、中等风化绢云千枚岩、弱风化绢云千枚岩以及塑性混凝土。其中，防渗墙采用塑性损伤模型，其余材料均采用摩尔-库仑模型。除塑性混凝土外，其他材料参数均取自《西藏巨龙铜业有限公司驱龙铜多金属矿甲玛沟尾矿库岩土工程勘察报告》，塑性混凝土材料由本书第 2 章进行的室内试验确定。最终材料所选的计算参数见表 6.3。

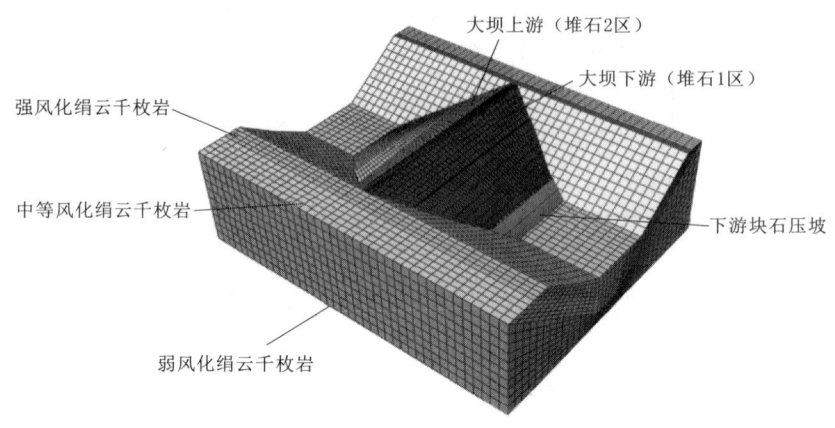

图 6.25 网格模型

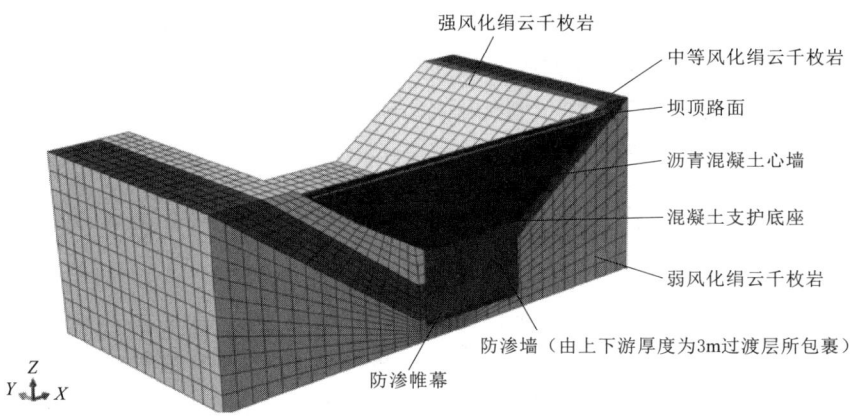

图 6.26 网格剖面

表 6.3 材料参数

材料	密度 /(g/cm³)	渗透系数 /(cm/s)	孔隙比	弹性模量 /kPa	泊松比	黏聚力 /kPa	内摩擦角 /(°)	剪胀角 /(°)
K3 配比	2.27	3.8×10^{-7}	0.05	1273.4	0.2	1111	28.8	11.8
K8 配比	2.30	3.8×10^{-7}	0.05	1209.6	0.2	836	47	18.4
闪长岩	2.88	2.7×10^{-10}	0.5	10102	0.26	10000	48	0
强风化绢云千枚岩	2.79	2.4×10^{-4}	0.552	16800	0.23	4140	41.9	0
中风化绢云千枚岩	2.76	5.12×10^{-5}	0.5	31500	0.21	6820	46.6	0
弱风化绢云千枚岩	2.88	5.53×10^{-6}	0.5	58800	0.17	10410	49.4	0

(3) 边界条件。对该模型地基上下游面和侧面设置法相约束,对模型底部设置全约束,大坝底部与强风化绢云千枚岩地层设置接触,塑性混凝土防渗墙

与坝顶、坝体、中等风化绢云千枚岩以及弱风化绢云千枚岩设施接触,接触方式为法向硬接触,并将大坝和各岩基的接触面作为主面,摩擦系数取 0.5。

(4) 计算程序。

1) 地应力平衡,计算模型先期应力,同时模拟模型现状,考虑到整个模型已经完成了沉降,将此步计算得到的应变与变形置为 0。

2) 利用生死单元去除塑性混凝土防渗墙,在坝上游施加高程为 4350m 的水头,形成稳定渗流场。

3) 水位降为 0,利用生死单元去除防渗墙位置的土体,并激活塑性混凝土防渗墙单元。

4) 在坝上游施加高程为 4350m 的水头,形成稳定渗流场。

2. 计算结果及分析

(1) 墙体主应力。图 6.27 和图 6.28 分别为 K3 和 K8 配比塑性混凝土防渗墙墙体主应力分布。

K3 配比塑性混凝土防渗墙墙体主应力如图 6.27 所示,其最大主应力从高到低逐渐减小,墙体部分区域出现了拉应力,且其最大值达到了 393.5kPa。上下游面应力分布规律相似,但下游面最大主应力相对于上游面总体偏小一些。防渗墙最小主应力分布较为均匀,随着高程的增加而逐渐增大,最小主应力最大值达到 1.625MPa,且并未出现拉应力。

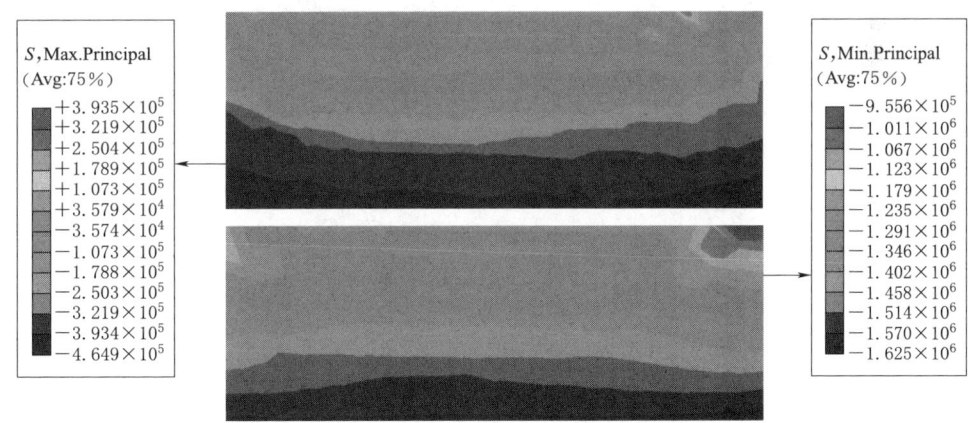

图 6.27　K3 配比塑性混凝土防渗墙墙体主应力

K8 配比塑性混凝土防渗墙墙体主应力如图 6.28 所示,墙体靠上部分区域出现了拉应力,且其最大主应力最大值达到了 431.10kPa。防渗墙最小主应力分布较为均匀,随着高程的增加而逐渐增大,最小主应力最大值达到 1.66MPa,且并未出现拉应力。

(2) 墙体变形。图 6.29 和图 6.30 分别为 K3 配比塑性混凝土和 K8 配比塑

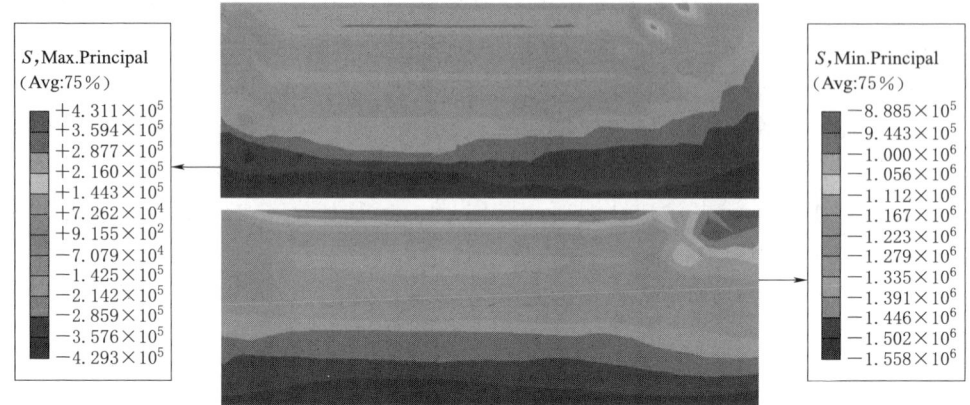

图 6.28 K8 配比塑性混凝土防渗墙墙体主应力

性混凝土防渗墙墙体变形。

K3 配比塑性混凝土防渗墙墙体变形如图 6.29 所示，水平向变形整体沿水流向下游偏移，其最大值约为 31.24mm，发生在与强风化地层接触段。防渗墙顶部区域垂向变形最大，墙体变形为整体隆起，最大隆起约为 47.50mm。

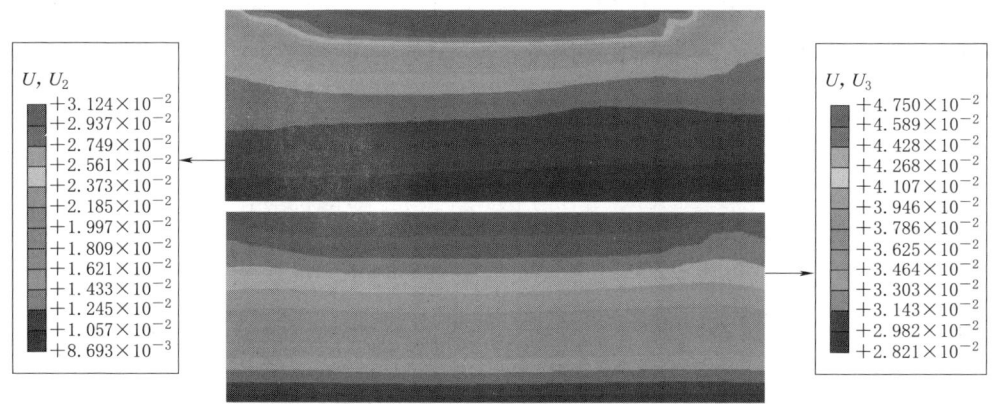

图 6.29 K3 配比塑性混凝土防渗墙墙体变形

K8 配比塑性混凝土防渗墙墙体变形如图 6.30 所示，水平变形均向下游，变形最大值分布在墙体上部区域，且其最大值约为 32.08mm。防渗墙顶部区域垂向变形最大，墙体变形为整体隆起，最大隆起约为 48.23mm。

（3）K3、K8 配比塑性混凝土防渗墙对比。不同配比塑性混凝土防渗墙对比如图 6.31～图 6.34 所示。

图 6.31 所示为 K3 配比和 K8 配比塑性混凝土最大主应力的对比，从图中可以看出，两种配比塑性混凝土防渗墙应力分布规律较为一致，且应力集中区也

相似，二者最大主应力最大值相差不大。

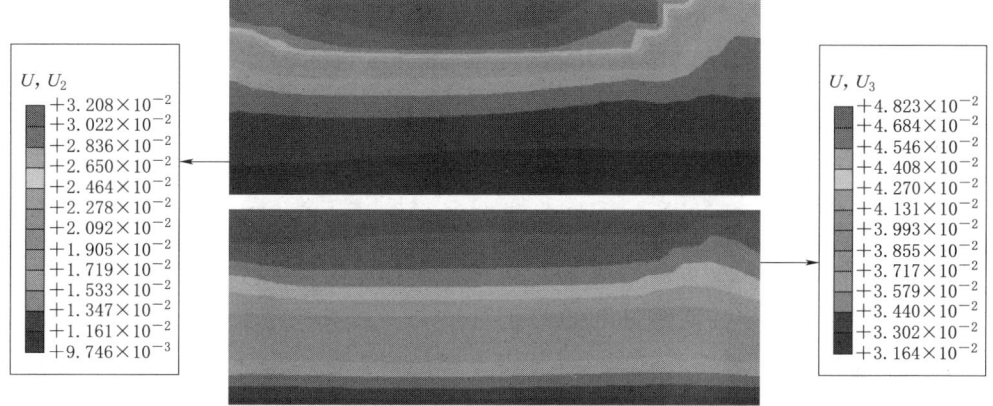

图 6.30　K8 配比塑性混凝土防渗墙墙体变形

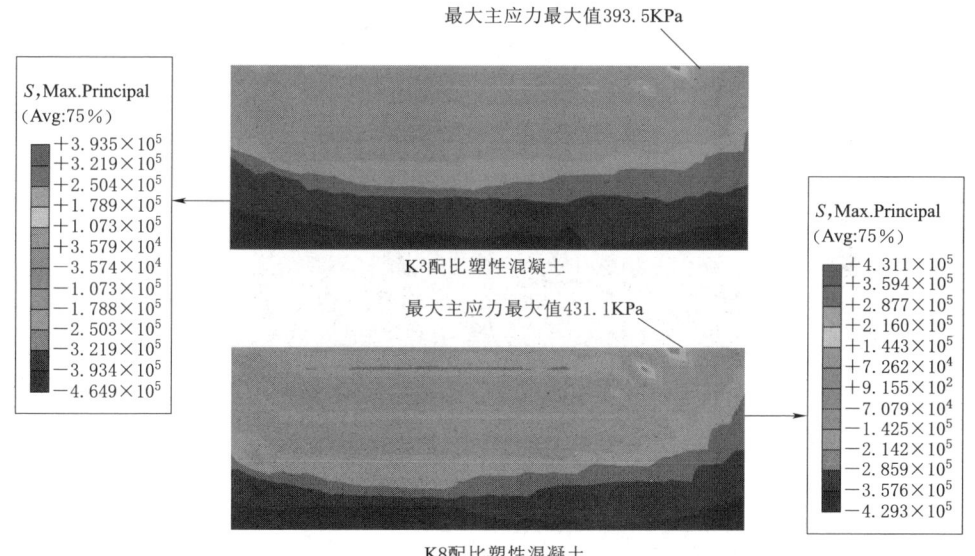

图 6.31　最大主应力对比

图 6.32 所示为两种配比塑性混凝土最小主应力的对比，从图中可以看出，两种配比的塑性混凝土防渗墙应力分布相似，其最小主应力最大值均出现于防渗墙体形状发生变化的位置，K3 配比与 K8 配比的最小主应力最大值近似相同。

图 6.33 所示为两种配比塑性混凝土水平向变形的对比，从图中可以看出，两种配比的塑性混凝土防渗墙整体均沿水流向下游移动，而二者在水流的作用下均呈现出左岸变形较右岸略大，K8 配比塑性混凝土出现变形较大的区域分布

明显靠近左岸。但二者整体变形分布规律相似，变形最大值分别 31.24mm 和 32.08mm，相差不大。

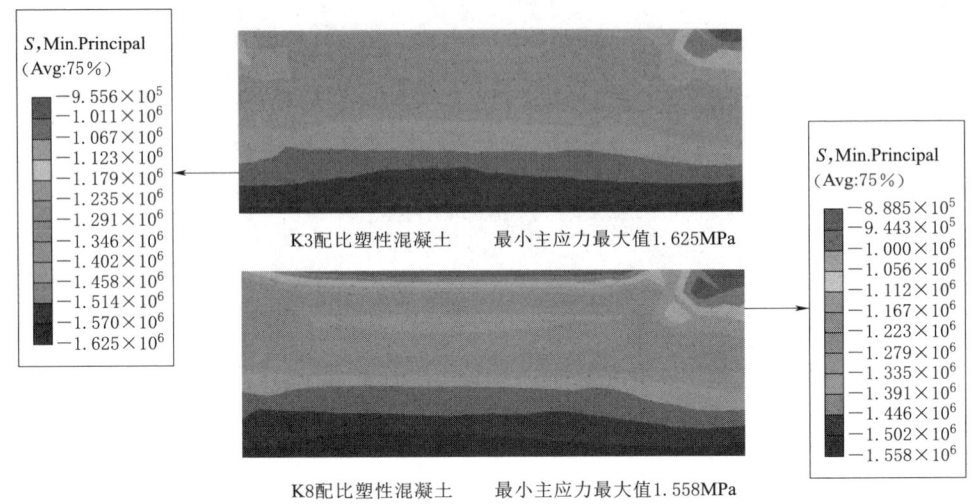

图 6.32　最小主应力对比

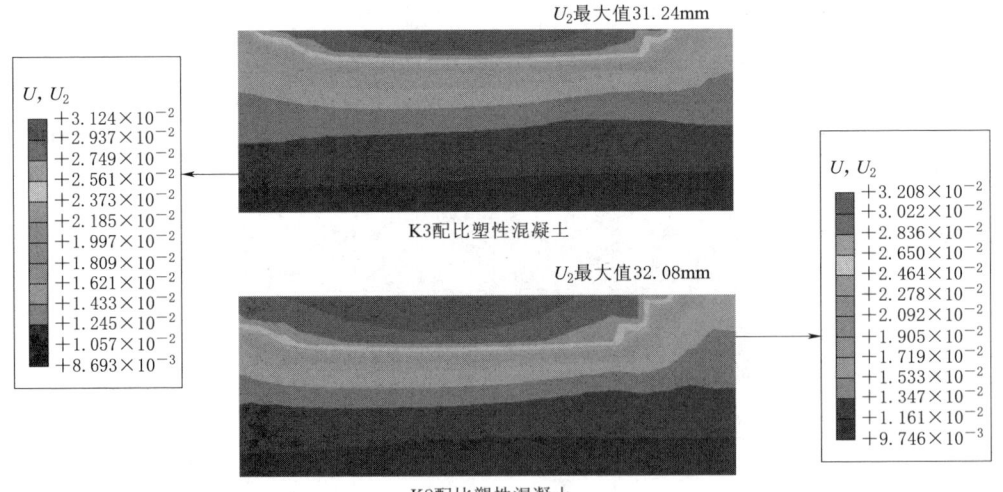

图 6.33　水平向变形对比

图 6.34 所示为两种配比塑性混凝土垂向变形的对比，从图中可以看出，两种配比的塑性混凝土防渗墙整体变形状态均表现为隆起，无沉降。变形分布规律几乎一致，隆起最大处均为墙体上部，两种配比塑性混凝土隆起最大值相差较小，分别为 47.50mm 和 48.23mm。

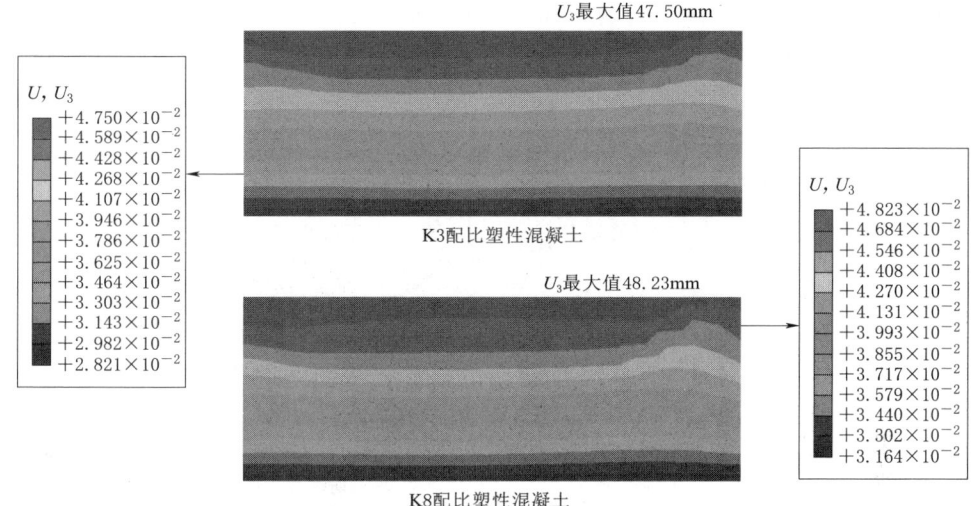

图 6.34　垂向变形对比

（4）变形协调分析。不同配比塑性混凝土变形协调分析如图 6.35～图 6.37 所示。

图 6.35 所示为高程 4280.0m 处，K3 配比与 K8 配比塑性混凝土沿水流方向的垂向变形对比。防渗墙两侧上部邻近强风化层，中部邻近中等风化层，下部邻近弱风化层，墙体垂向变形明显与墙两侧存在差异。K3 配比塑性混凝土防渗墙墙体与两侧土体位移均值之差约为 2.51mm。K8 配比塑性混凝土防渗墙墙体与两侧土体位移均值之差约为 2.84mm。

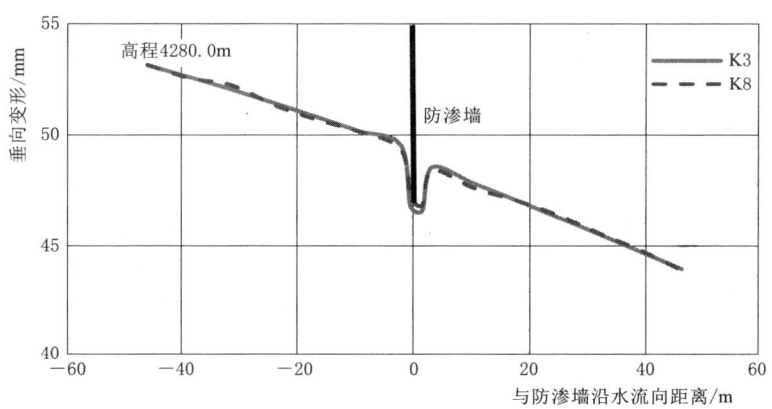

图 6.35　高程 4280.0m 处垂向变形

图 6.36 所示为高程 4270.0m 处，K3 配比与 K8 配比塑性混凝土沿水流方向的垂向变形对比，防渗墙所在位置的垂向变形明显与墙两侧存在差异。K3 配

比塑性混凝土防渗墙墙体与两侧土体位移均值之差约为 1.99mm。K8 配比塑性混凝土防渗墙墙体与两侧土体位移均值之差约为 2.56mm。

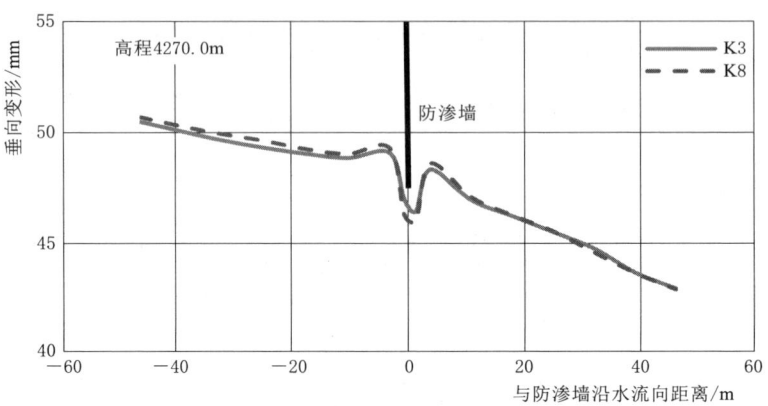

图 6.36　高程 4270.0m 处垂向变形

图 6.37 所示为高程 4260.0m 处，K3 配比与 K8 配比塑性混凝土沿水流方向的垂向变形对比，防渗墙所在位置的垂向变形明显与墙两侧存在差异，K3 配比防渗墙墙体与两侧土体位移均值之差约为 1.61mm。K8 配比防渗墙墙体与两侧土体位移均值之差约为 1.70mm。

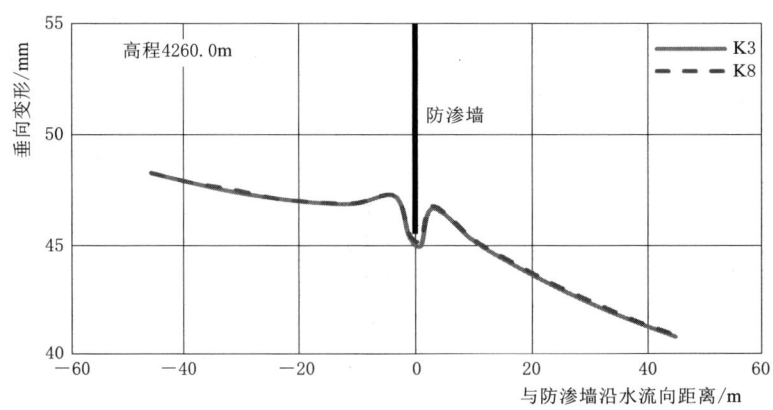

图 6.37　高程 4260.0m 处垂向变形

通过对 K3 和 K8 配比塑性混凝土在甲玛沟尾矿库拦水坝防渗墙工程中进行有限元分析，发现采用塑性损伤模型的塑性混凝土防渗墙墙体与周围地层水平向变形和垂向变形均值的差值较小，选取三个高程点并对塑性混凝土防渗墙位移与墙体两侧变形均值计算后，得到变形范围为 1.61~2.84mm，最大差值不超过 3mm。综上，塑性混凝土防渗墙在该工程中变形协调性表现良好。

6.2.4 基于硬化土模型的塑性混凝土防渗墙结构计算分析

1. 计算模型及条件

硬化土本构的数值模拟采用了 PLAXIS 3D 有限元计算软件,对 K3 配比的塑性混凝土防渗墙进行了数值模拟,由于地质条件存在差异,情况较为复杂,因此为了计算方便,对模型进行了一定的简化,硬化土模型的简化与上节中提到的塑性损伤模型的简化一致。

(1) 模型建立及网格剖分。硬化土模型尺寸及边界条件与塑性损伤模型完全一致。网格剖分如图 6.38 所示,划分网格时,全部单元采用的四面体单元。

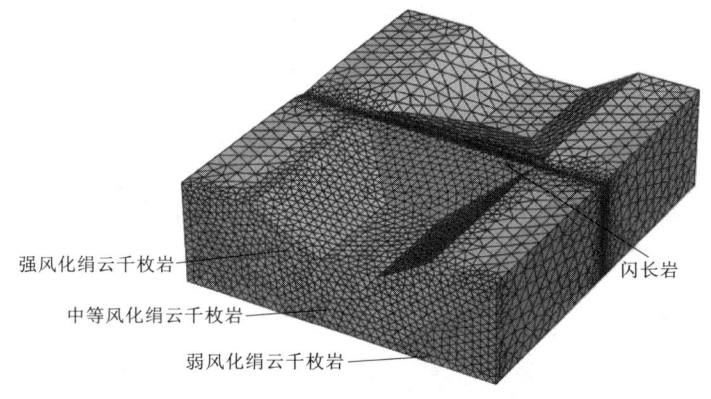

图 6.38 网格剖分

(2) 计算参数。本模型对工程进行简化后,计算涉及的材料包括:闪长岩、强风化绢云千枚岩、中等风化绢云千枚岩、弱风化绢云千枚岩以及塑性混凝土。其中,防渗墙采用硬化土模型,其余材料均采用摩尔-库仑模型。除塑性混凝土外,其他材料参数均取自《西藏巨龙铜业有限公司驱龙铜多金属矿甲玛沟尾矿库岩土工程勘察报告》,塑性混凝土材料由本书第 2 章进行的室内试验确定。最终材料所选的计算参数见表 6.4。

表 6.4　材　料　参　数

材料	密度 /(g/cm^3)	渗透系数 /(cm/s)	孔隙比	弹性模量 /kPa	泊松比	黏聚力 /kPa	内摩擦角 /(°)	剪胀角 /(°)
K3 配比	2.27	3.8×10^{-7}	0.05	1273.4	0.2	1111	28.8	11.8
K8 配比	2.30	3.8×10^{-7}	0.05	1209.6	0.2	836	47	18.4
闪长岩	2.88	2.7×10^{-10}	0.5	10102	0.26	10000	48	0
强风化绢云千枚岩	2.79	2.4×10^{-4}	0.552	16800	0.23	4140	41.9	0
中风化绢云千枚岩	2.76	5.12×10^{-5}	0.5	31500	0.21	6820	46.6	0
弱风化绢云千枚岩	2.88	5.53×10^{-6}	0.5	58800	0.17	10410	49.4	0

(3) 边界条件。不同材料之间建立界面单元来模拟摩擦作用，界面单元属性随周围土体，残余强度取 0.8，界面法向完全可渗透，切向不排水。

(4) 计算程序。

1) 地应力平衡，计算模型先期应力，同时模拟模型现状，考虑到整个模型已经完成了沉降，将此步计算得到的应变与变形置为 0。

2) 在坝上游施加高程为 4350m 的水头，形成稳定渗流场。

3) 水位降至 0，取消激活防渗墙位置土体，激活防渗墙。

4) 蓄水至汛限水位 4350m，形成稳定渗流场。

2. 计算结果及分析

(1) 墙体主应力。墙体主应力如图 6.39 所示，从图中可以看出，其最大主应力分布与最小应力分布规律较为相似。防渗墙最大主应力在墙体最上部出现拉应力，且其最大值达到了 696.1kPa。最大主应力在上下游面上的分布规律相近，但下游面最大主应力相对于上游面总体更小一些。防渗墙最小主应力分布较为均匀，随着高程的增加而逐渐减小，防渗墙顶部小部分区域出现拉应力，拉应力最大值为 205.1kPa，远小于压应力最大值 2.09MPa。

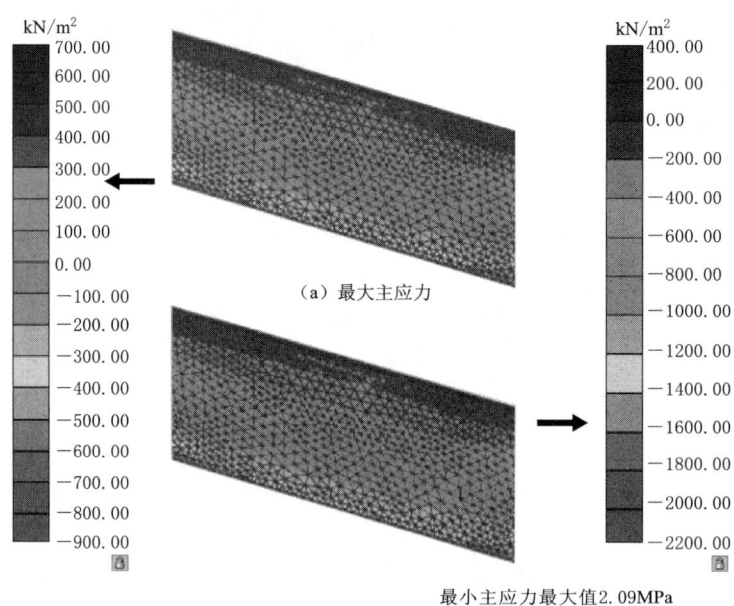

图 6.39 墙体主应力

(2) 墙体变形。墙体变形如图 6.40 所示。从图中可以看出，其水平变形均向下游，最大值约为 0.58mm，发生在墙体偏右岸一侧，墙体右岸一侧整体变形大于左岸一侧。墙体垂向变形整体均为沉降，沉降最大值位于墙顶约为 6.00mm，沉降最小值位于墙底部，几乎为 0。

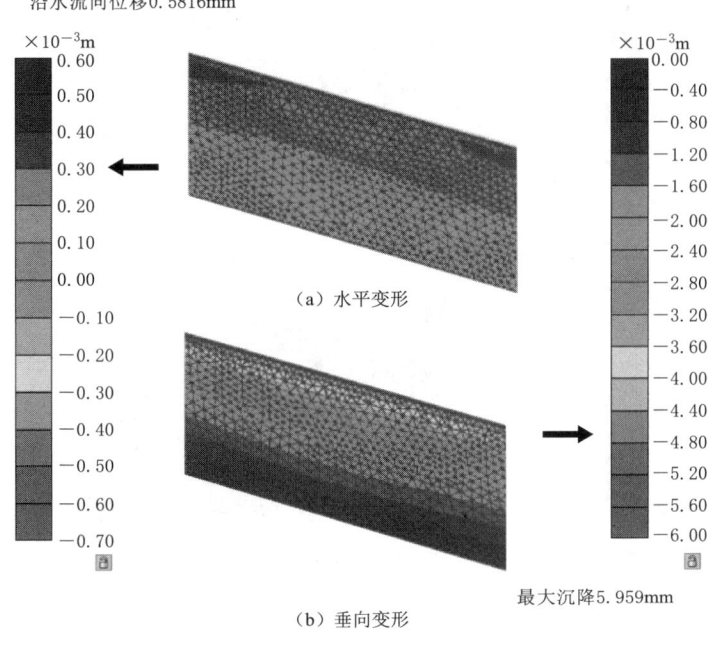

图 6.40 墙体变形

（3）不同配比塑性混凝土防渗墙对比。图 6.41～图 6.44 分别为 K3 配比塑性混凝土和 K8 配比塑性混凝土防渗墙最大主应力、最小主应力、横向位移和垂向变形的对比。

图 6.41 所示为两种配比塑性混凝土防渗墙最大主应力对比，从图中可以看出，两种配比塑性混凝土防渗墙最大主应力最大值均出现于墙顶，只是值的大小略有差异，其中 K3 配比防渗墙最大主应力为 696.1kPa，K8 配比防渗墙最大主应力为 682.7kPa，略小于 K3 配比防渗墙。

图 6.42 所示为两种配比塑性混凝土防渗墙最小主应力的对比，从图中可以看出，两种配比的塑性混凝土防渗墙的最小主应力分布规律相近，均在如图所示的相同位置出现了压应力最大值，并且其值的大小相近。应力随着高程的降低而逐渐增加，两种配比防渗墙最小主应力最大值位于墙底，分别为 2.09MPa 和 2.32MPa。

图 6.43 所示为两种配比塑性混凝土横向位移的对比，从图中可以看出，两种配比的塑性混凝土防渗墙位移分布规律几乎一致，数值的大小也相差无几，K3 和 K8 塑性混凝土防渗墙水平向变形位移最大值分别为 0.58mm 和 0.94mm，

第6章 塑性混凝土防渗墙工程的数值模拟

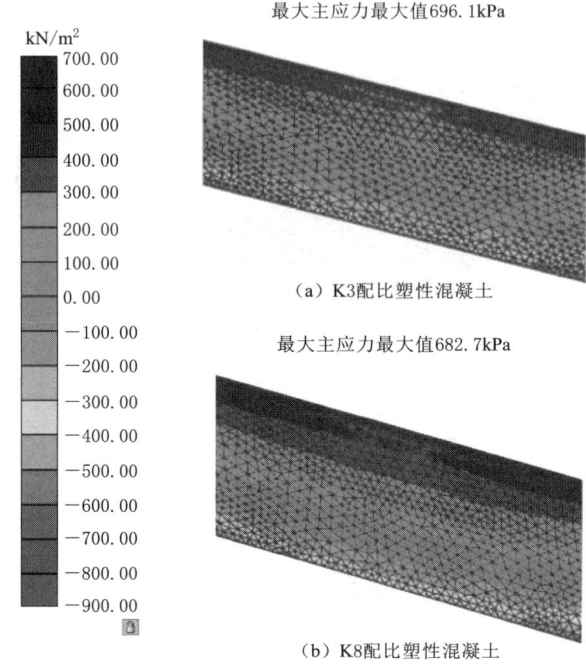

图6.41 两种配比混凝土防渗墙最大主应力对比

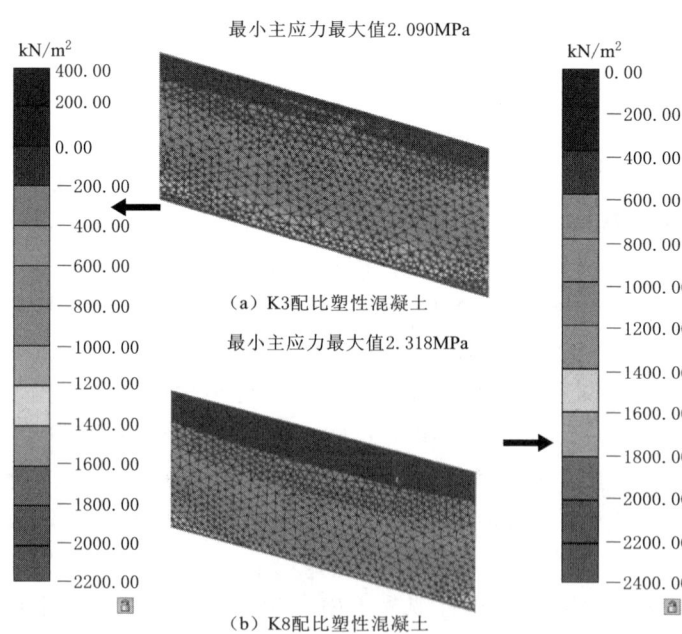

图6.42 两者配比混凝土防渗墙最小主应力对比

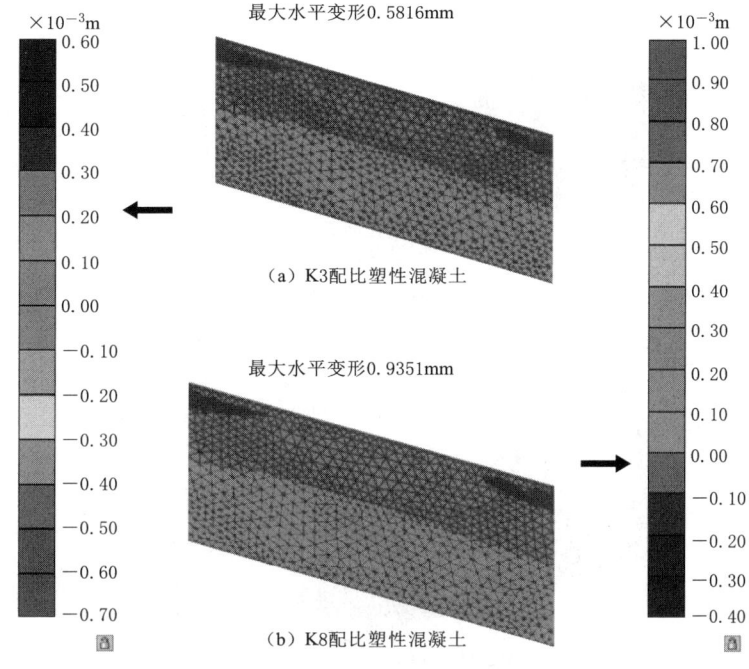

图 6.43 两种配比混凝土防渗墙横向位移对比

且均出现于墙体下游面底部。

图 6.44 所示为两种配比塑性混凝土垂向变形的对比,从图中可以看出,两种配比的塑性混凝土防渗墙均只发生沉降,位移分布规律几乎一致,不同配比的塑性混凝土之间沉降的大小相差无几,沉降最大值分别为 5.96mm 和 5.83mm。

(4) 变形协调分析。图 6.45 和图 6.46 分别为高程 4280m 和 4260m 处 K3 和 K8 两种配比塑性混凝土沿水流方向的垂向变形对比结果。

图 6.45 所示为高程 4280.0m 处,两种配比塑性混凝土沿水流方向的垂向变形对比,从图中可以看出,防渗墙所在位置的垂向变形明显与墙两侧存在差异,但差异值不大。K3 配比防渗墙墙体与两侧土体位移均值之差约为 0.13mm,K8 配比防渗墙墙体与两侧土体位移均值之差约为 0.13mm。

图 6.46 所示为高程 4260.0m 处,K3 配比和 K8 配比塑性混凝土沿水流方向的垂向变形对比,防渗墙所在位置的垂向变形明显与墙两侧存在差异,但差异值不大。K3 配比防渗墙墙体与两侧土体位移均值之差约为 0.09mm,K8 配比防渗墙墙体与两侧土体位移均值之差约为 0.07mm。

通过对 K3 和 K8 配比塑性混凝土在甲玛沟尾矿库拦水坝防渗墙工程中的有限元分析,发现采用硬化土模型的塑性混凝土防渗墙墙体与周围地层水平向变

第6章 塑性混凝土防渗墙工程的数值模拟

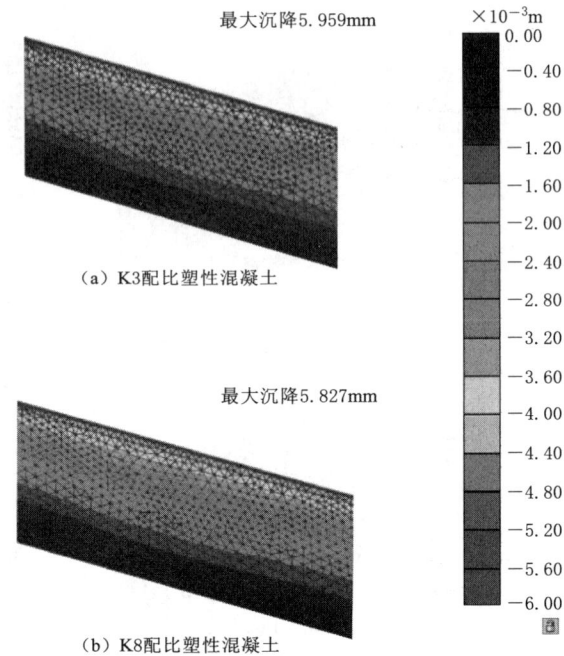

图 6.44 两种配比混凝土防渗墙垂向变形对比

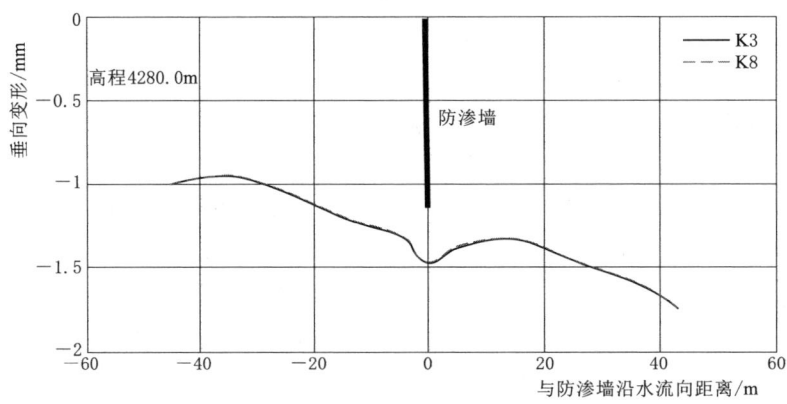

图 6.45 高程 4280.0m 处垂向变形

形和垂向变形均值的差值较小，选取两个高程点并对塑性混凝土防渗墙位移与墙体两侧一定水平向距离范围内变形均值计算后得到，K3 配比防渗墙垂向变形值分别为 0.125～0.091mm，K8 配比防渗墙垂向变形值分别为 0.134mm 和 0.075mm，两种配比防渗墙垂向变形值最大差值不超过 1mm。综上，塑性混凝土防渗墙在该工程中变形协调性表现良好。

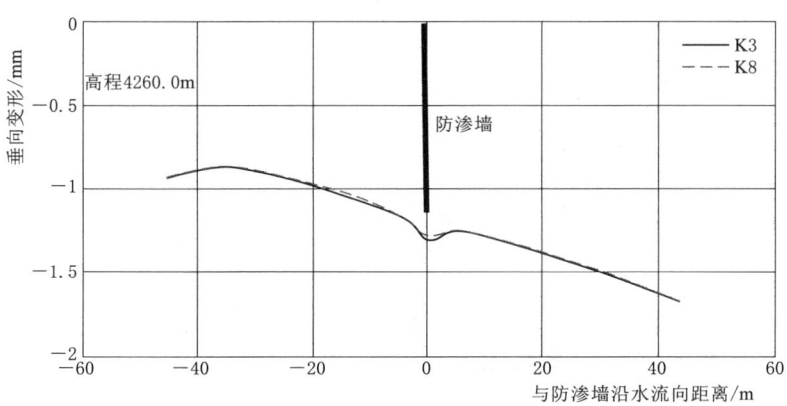

图 6.46　高程 4260.0m 处垂向变形

6.2.5　塑性损伤模型与硬化土模型的对比

1. 应力对比

图 6.47 所示为 K3 配比防渗墙，由于应力集中，硬化土模型计算得到的拉应力最大值要大于塑性损伤模型。除去应力集中的区域后，可以看出两个模型

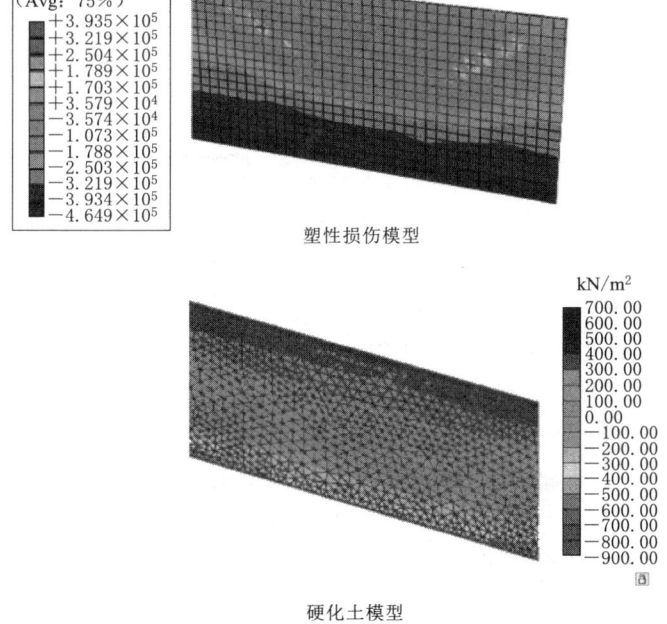

图 6.47　最大主应力对比

的应力分布情况较为接近。图 6.48 所示为 K3 配比防渗墙,塑性损伤模型与硬化土模型得到的最小主应力分布情况较为接近,但塑性损伤计算出现了应力集中的现象,得到的防渗墙最小主应力最大值略小于硬化土模型,除去应力集中的区域后,防渗墙也是塑性损伤模型得到的结果更大一些。

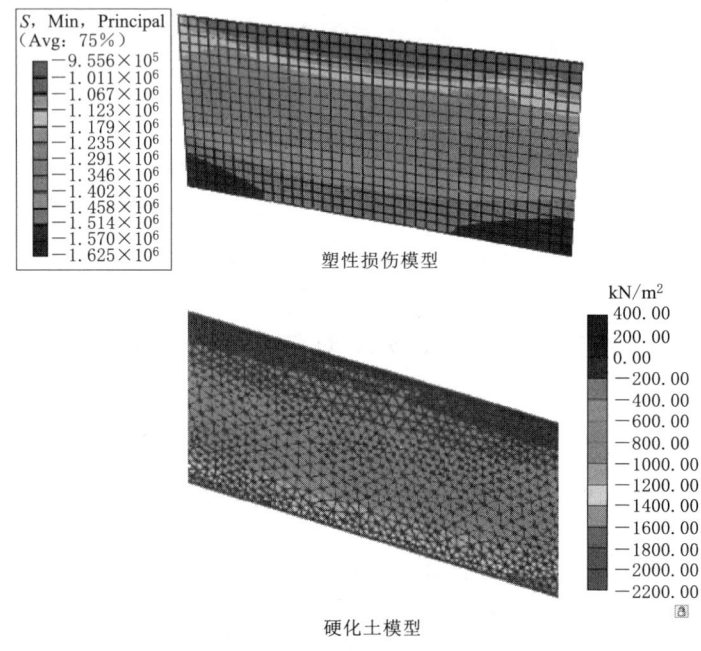

图 6.48 最小主应力对比

2. 变形对比

(1) 水平向变形。图 6.49 所示为 K3 配比防渗墙,塑性损伤模型计算得到的水平向变形,最大值出现在墙体顶部,硬化土模型计算的最大值也位于墙体最顶端,但集中区域较小。两个模型得到的水平向位移分布规律一致,但塑性损伤模型得到的变形值要远大于硬化土模型,硬化土模型对墙体水平向变形适应性较好。

(2) 垂向变形。图 6.50 所示为 K3 配比防渗墙垂向对比,塑性损伤模型计算得到的垂向变形最大值出现在墙体顶端,硬化土模型计算的最大值同样位于墙体最顶端。塑性损伤模型计算的垂向变形值要远大于硬化土模型,塑性损伤模型计算的防渗墙垂向变形值最大为 47.5mm。而硬化土模型计算的防渗墙垂向变形值最大仅为 5.96mm,硬化土模型对墙体垂向变形适应性较好。

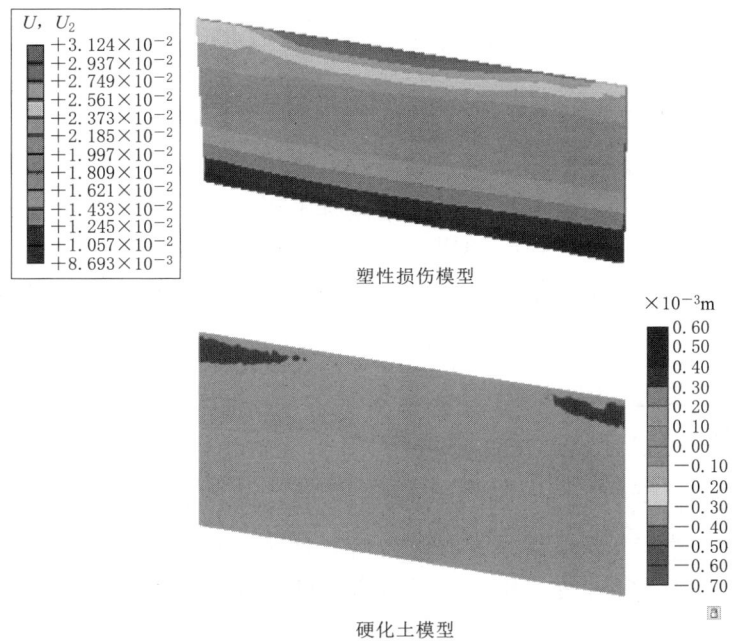

图 6.49 水平向变形对比

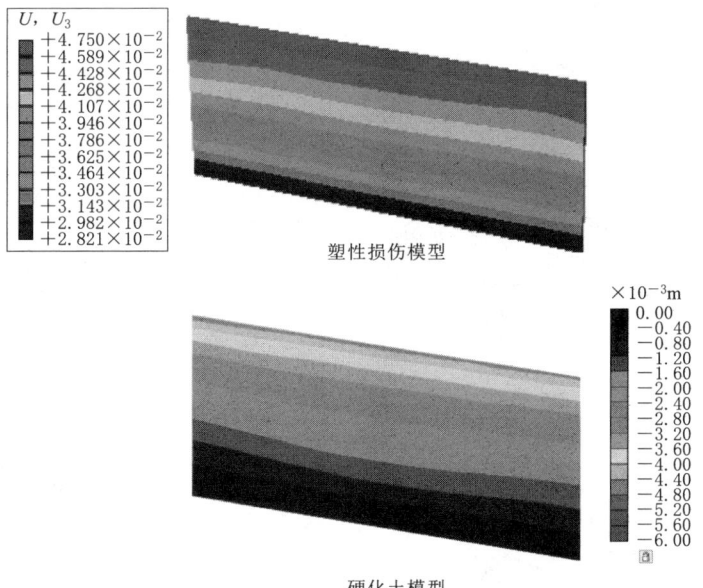

图 6.50 垂向变形对比

6.3 考虑损伤的塑性混凝土防渗墙数值模拟

为进一步验证开发的本构模型对塑性混凝土应力-应变的描述效果，以及在实际地下防渗墙工程中数值模拟的适用性，本章节以第 5 章提出的塑性混凝土损伤本构模型为基础，通过第 2 章塑性混凝土室内试验获得模型参数，借助差分进化（differential evolution，DE）算法反演损伤演化方程中的参数，深入探究塑性混凝土防渗墙在实际工况下的应力响应、变形特性以及与地基的变形协调性。

6.3.1 计算模型建立及损伤参数反演

1. 计算模型及条件

本次有限元分析采用开发的塑性混凝土模型子程序，选取 Case5 配比设置防渗墙材料属性。为了兼顾分析的便利性和计算效率，建模过程中对局部范围有限且厚度微薄的砂石覆盖层进行了合理简化，并将各地层视为均匀且连续分布的地质单元。

（1）模型建立及网格剖分。甲玛沟尾矿库拦水坝工程有限元分析模型如图 6.51 所示。该模型依据工程实际情况建立，长取 493m，其中坝轴线长 364.0m，左岸长 60m，右岸长 69m。模型宽 600m、高 200m，覆盖层自上而下分为 3 层。网格单元采用的六面体单元，共 203006 个单元，并对防渗墙的网格进行了细化。塑性混凝土防渗墙与沥青混凝土心墙用柔性填料相连接。

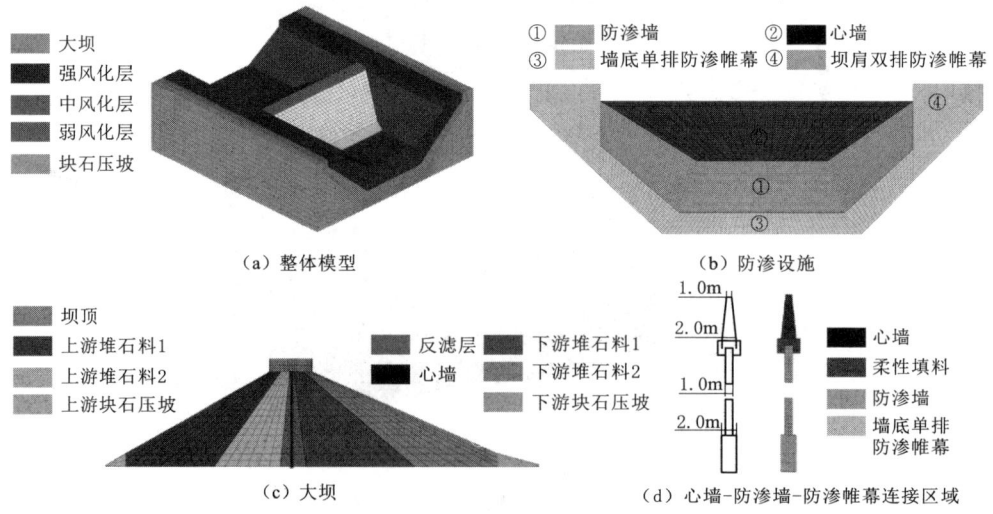

图 6.51 有限元计算模型网格

（2）计算参数。有限元分析涉及到的材料主要为：闪长岩、强风化绢云千枚岩、中等风化绢云千枚岩、弱风化绢云千枚岩以及塑性混凝土。除塑性混凝土外，材料均采用摩尔-库仑模型，材料参数依据《西藏巨龙铜业有限公司驱龙铜多金属矿甲玛沟尾矿库岩土工程勘察报告》选取，塑性混凝土材料由本书第2章进行的室内试验确定。最终材料所选的计算参数见表6.4，所选的Case5配比塑性混凝土参数见表5.6。

（3）边界条件及计算步骤。对该模型地基上下游面和侧面设置法相约束，对模型底部设置全约束，大坝底部与强风化绢云千枚岩地层设置接触，塑性混凝土防渗墙与强风化、中等风化绢云千枚岩以及弱风化绢云千枚岩设置接触，接触方式为法向硬接触，并将大坝和各岩基的接触面作为主面，摩擦系数取0.3[116]。

首先，进行地应力平衡，基于本书使用的UMAT子程序需在初始应力场设置先期应力（主应力方向为大气压强、偏应力方向为0），考虑到防渗墙与覆盖层已经完成了沉降，再进入下一步计算之前，将地应力平衡步计算结果中应变与变形清零。其次，利用生死单元法分层填筑坝体，进入竣工期。最后，在坝上游施加高程为4350m（模型河床高程为4280m）的水头，形成稳定渗流场，进入蓄水期。

2. 基于DE算法的损伤参数反演

（1）反演分析的基本概念。塑性混凝土本构模型参数的反演问题，主要是在已知塑性混凝土本构模型参数与塑性混凝土防渗墙应力变形之间关系的情况下，由实际监测得到的塑性混凝土防渗墙沉降变形资料，反演出代表塑性混凝土防渗墙物理力学性能的本构模型参数。它是以在塑性混凝土防渗墙中不同位置布设的监测仪器监测到的沉降值等物理信息为基础，通过寻找本构模型与塑性混凝土防渗墙监测点沉降值之间的关系，反演推算出塑性混凝土防渗墙的本构模型参数，其最终的目的是修正描述塑性混凝土应力-应力关系的本构模型参数，得到更能反映塑性混凝土物理力学性能、更加真实有效的本构模型参数，以便更加准确地对塑性混凝土防渗墙的安全问题作出评价。

本构模型与塑性混凝土防渗墙应力变形之间关系的建立，即塑性混凝土防渗墙应力变形的计算规模庞大、结构复杂，对于此类问题，通常采用有限元的方法来解决。那么在基于实际监测资料进行反演时，所面临的就是一个十分复杂的非线性函数优化问题，即将塑性混凝土本构模型参数反演问题转化为一个目标函数寻优问题。而解决优化问题，智能算法无疑是最好的选择，本节选择差分进化（differential evolution，DE）算法作为塑性混凝土本构模型参数反演的智能算法。以塑性混凝土防渗墙观测点沉降的计算值和实测值之间的误差作为DE算法进化的驱动力，不断地通过迭代计算修正塑性混凝土的模型参数，进而获得更加真实有效的塑性混凝土模型参数。由于在塑性混凝土参数反演过程中需要反复循环进行有限元计算，计算量庞大，尤其对于塑性混凝土本构模型参数反演这样复杂的多参数非线性问题更是如此，为了提高整个反演过程的效率，利用 Matlab、Python 和 ABAQUS 联合调用进行有限元计算。

（2）差分进化算法简介。DE 算法源自遗传算法，是一种基于群体差异的启发式随机搜寻算法，该算法在 1995 年由 R. Storn 和 K. Price 为了求解切比雪夫多项式问题而提出，具有全局性不易陷入局部寻优、鲁棒性强易收敛、结构简单易实现等优点[117]。

差分进化是基于群体智能理论，通过群体内个体间的合作与竞争产生的群体智能来指导优化搜索的优化算法。DE 算法不仅具有记忆个体最优解和种群内信息共享以及较强的全局搜索收敛能力和鲁棒性等特点，而且不需要借助问题的特征信息，不受问题性质的限制，可有效地求解复杂环境中的优化问题。与确定性算法相比，DE 算法具有普遍的适应性，已成为一种求解非线性、不可微、多极值和高维的复杂函数的一种有效方法。

从工程的角度分析，DE 算法是一种自适应的迭代寻优过程；从数学角度分析，它是一种随机搜索优化算法。其基本思想是根据自然界生物进化"物竞天择，适者生存"的竞争策略，根据父代个体间的差分向量进行变异（mutation）、交叉（crossover）和选择（selection）操作，即从初始种群开始，随机选择种群中任意两个不同的个体，然后将它们的向量作差，再加权，然后按一定的规则与第三个个体向量求和以产生新个体，这一过程称为"变异"。然后将变异个体和目标个体按照一定的规则来产生试验个体向量，该操作称为"交叉"。如果试验个体的适应度值优于与之相比较的当前个体的适应度值，则试验个体取代当前个体保存在下一代中，否则当前个体仍保存下来，此过程称为"选择"。种群以这样的方式不断地进行迭代计算，淘汰劣质个体，保留优良个体，使搜索过程不断向最优解逼近。

DE 算法核心思想是通过模拟生物进化过程中的突变、交叉和选择操作，生成新的候选解，并以此驱动搜索空间中的解向最优解区域靠近。具体步骤如下：

1）初始化种群：首先在一个预定义的解空间内随机生成一组初始解（个体），构成初始种群。

2）变异操作：对于每一个当前解（个体），DE 算法选取另外三个不同的个体，通过一定的差分算子生成一个试验解。

3）交叉操作：将变异生成的新个体与原始个体进行交叉操作，产生混合后代。通常采用 binomial 交叉或 exponential 交叉等方式，决定新个体的哪些部分来自变异个体，哪些部分保留父代特征。

4）选择操作：比较新产生的个体与原个体的目标函数值，如果新个体的目标函数值更小,则接受新个体,否则保留原个体。

5)迭代更新:重复以上步骤,直到满足停止条件。

(3)损伤参数反演。本书建立的损伤演化方程中包含损伤阈值 ε_{1d}、形状参数 m、尺度参数 ε_0 和残余强度系数 η_{rf},在不同小主应力 σ_3 下损伤方程参数取值存在差异,由于实际工程中防渗墙小主应力 σ_3 存在未知性且无法通过试验获取,为使得防渗墙工程有限元计算时本构模型的损伤参数取值合理化,确保本构模型描述防渗墙力学行为演变规律的准确性,本书通过建立智能位移反分析程序,采用 DE 算法求解防渗墙实测竖向位移与有限元计算竖向位移均方根误差的最小值,进而反演出损伤方程中的参数。

本书以防渗墙在实际工程中垂向位移监测数据作为目标函数实测数据,以相应测点有限元模拟数据作为计算数据,建立实测位移与计算位移差异的目标函数如下:

$$\min f(x_1, x_2, \cdots, x_n) = \frac{1}{m} \sum_{i=1}^{n} [H_i^{\text{true}} - H_i]^2 \quad (6.1)$$

将损伤方程中损伤阈值 ε_{1d}、形状参数 m、尺度参数 ε_0 和残余强度系数 η_{rf} 作为待反演参数的个体,即 $x_i = [\varepsilon_{1d}, m, \varepsilon_0, \eta_{rf}]^T$,并设置约束条件如下:

$$x_i^l \leqslant x_i \leqslant x_i^u \quad (i = 1, 2, \cdots, n) \quad (6.2)$$

式中:H_i^{true} 为防渗墙实测垂向位移值;H_i 为有限元计算相应测点的垂向位移值,其为关于待反演参数 x_i 的函数;x_i^l、x_i^u 分别为待反演参数的下限和上限。

基于 DE 算法的参数反演流程如图 6.52 所示。

反演过程中,防渗墙位移计算测点布设位置与实际工程中防渗墙位移监测点布设位置相同。考虑到有限元计算中部分位置测点位移变化较小,影响反演结果的准确性,同时减少观测数量可以提高迭代收敛速度。因此,最终确定有限元反演模型位移监测点布置区域如图 6.53 所示。

根据防渗墙实测垂向位移值与计算值的残差构建的目标函数,通过 Matlab、Python 联合调用 ABAQUS 反演本构模型中损伤参数至目标函数满足要求为止,最终得到四个参数的反结果见表 6.5。

表 6.5　　Case5 配比塑性混凝土损伤参数反演结果

沉降测点	实测值/mm	计算值/mm	相对误差/%	损伤参数	反演值
M1	−28.4	−29.3	3.2	m	0.1776
M2	−19.2	−20.1	4.8	ε_0	2.587×10^{-5}
M3	−19.1	−19.7	3.1	η_{rf}	0.558
M4	−27.6	−28.9	4.7	ε_{1d}	2.887×10^{-3}

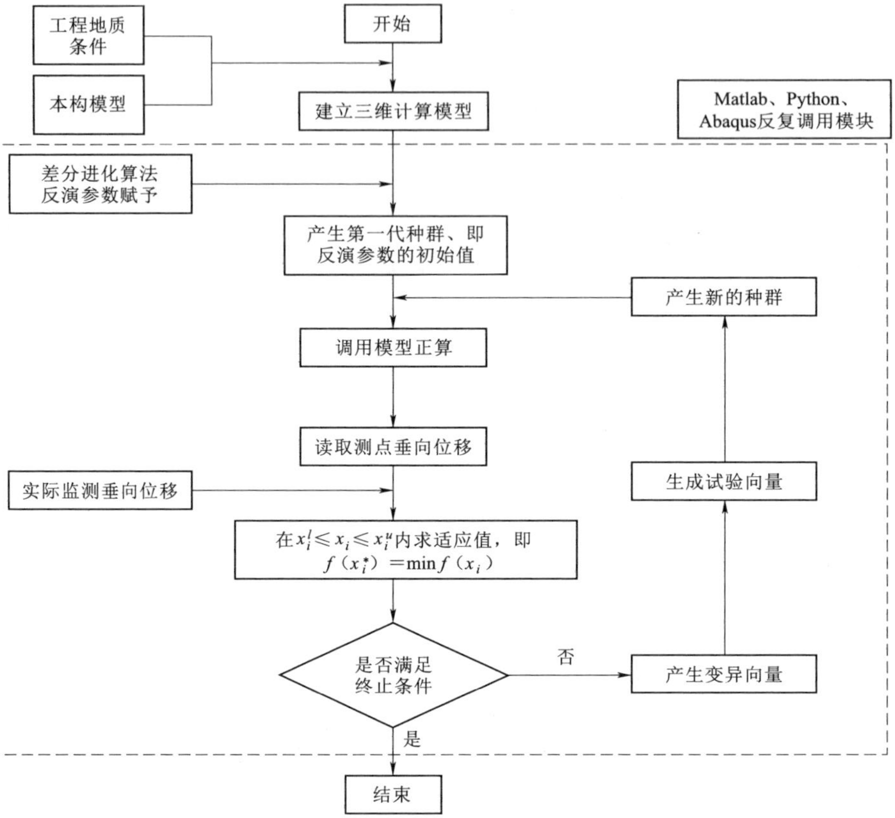

第6章 塑性混凝土防渗墙工程的数值模拟

图 6.52 损伤参数反演流程图

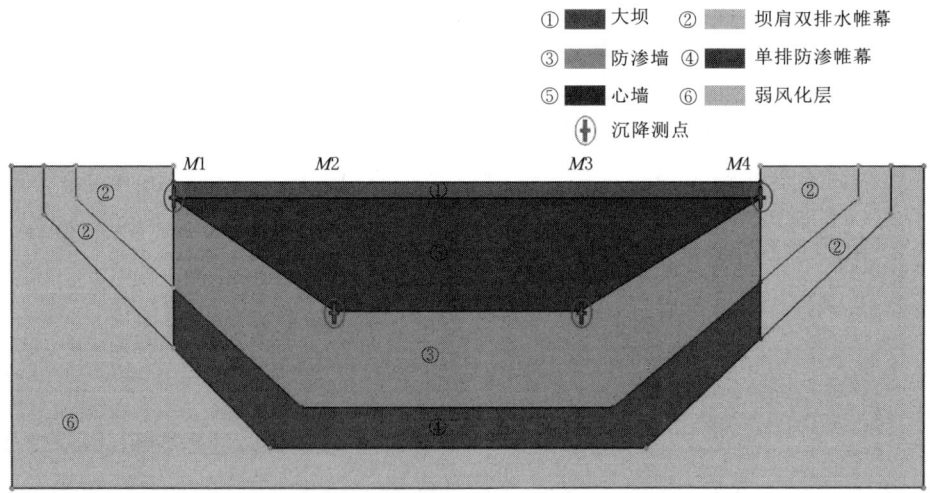

图 6.53 防渗墙位移监测点布置示意图

6.3.2 计算结果分析

1. 防渗墙应力及损伤分析

图 6.54 所示为竣工期和蓄水期塑性混凝土防渗墙最大主应力云图。

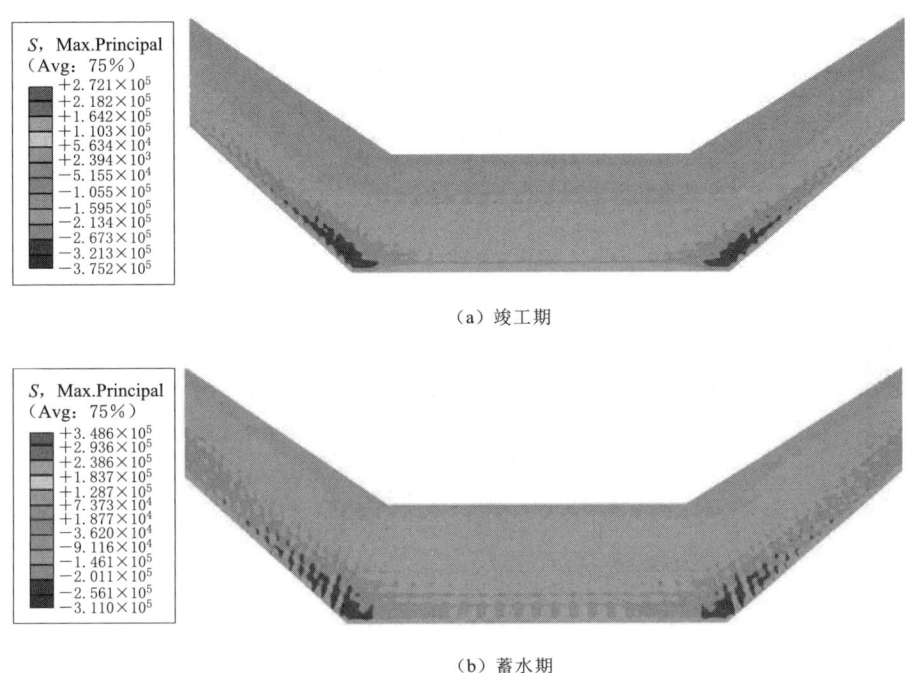

图 6.54 不同时期防渗墙最大主应力云图

在防渗墙承受上部坝体重量、水压力及两侧覆盖层不均衡沉降产生的摩擦效应下，墙体内部承受显著压应力。从图中可清晰显示出压应力随墙体深度递增的趋势，尤其在防渗墙墙体中下部两端区域，压应力达到峰值-0.38MPa。水库蓄水后，坝体对覆盖层的压力效应由于水浮力具有减缓趋势，减轻了对塑性混凝土防渗墙的压力，防渗墙压应力整体呈减小趋势，最大值为-0.31MPa。蓄水状态下，墙体在弯矩作用影响下，其应力峰值区逐渐向两岸边坡及墙体底部位置迁移。塑性混凝土防渗墙在坝上游水的高水压力下，呈现向下游方向的弯曲形变趋势。从图中可以看出防渗墙总体处于压应力状态，仅在左右两岸端部及防渗墙与边坡接触的局部区域出现拉应力，且蓄水期拉应力相比竣工期出现增大趋势，这是由于大坝沉降变形时，墙体与坝顶接触区域受到向下摩阻力，结合墙体底部嵌入的防渗帷幕具备较强的刚性约束效应，与此同时，考虑基岩四周约束的三维河谷效应影响，从而使得边坡两端产生局部拉应力，蓄水期水压力增大了大坝对边坡墙体的作用力，因此最大拉应力达到 0.35MPa，但远小于一般塑性混凝土材料的抗拉强度（1MPa），整体受力处于稳定状态。

图 6.55 所示为竣工期和蓄水期塑性混凝土防渗墙最小主应力云图。

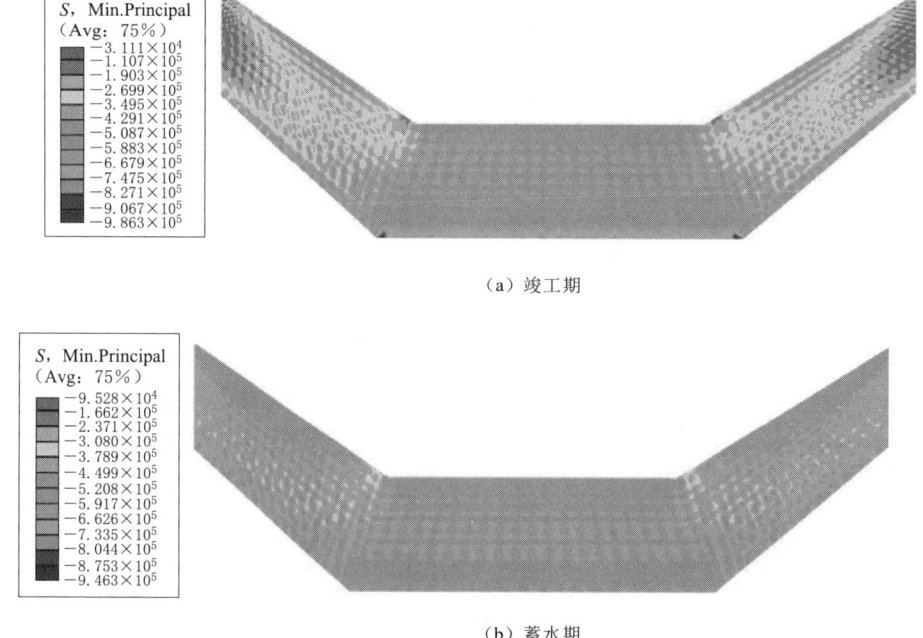

(a) 竣工期

(b) 蓄水期

图 6.55　不同时期防渗墙最小主应力云图

由图 6.55 中可知，塑性混凝土防渗墙整体处于压应力状态，竣工期压应力分布在墙体中部区域且压应力随着深度增加而增加，峰值为 -0.99MPa。在上层构筑物压力作用下，压应力范围呈现向两岸坡脚扩散趋势。蓄水期最小主应力分布在防渗墙与强风化岩层底端及中等风化层顶端接触区域，压应力峰值为 -0.95MPa，相比竣工期有小幅度增加，这是由于蓄水期上下游水位差会导致基岩渗流产生孔隙水压力，同时水对大坝产生向上的浮托力，二者形成的扬压力减弱了大坝的抗滑力及岩层不均匀沉降对防渗墙的压力效应。

图 6.56 所示为极端工况下（校核洪水位）墙体损伤分布图。由图可知，防渗墙未出现较大范围的损伤区域，损伤主要分布在墙体两岸边坡顶端位置，这是由于墙体一侧受基础接触约束，一侧受大坝上游高水头压力，边坡处防渗墙呈拖曳状态，进而发生损伤，最大损伤因子为 0.37，在左岸更加显著。由于水浮力减小了大坝底部的抗滑力，因而墙体中下部未出现损伤。

2. 防渗墙变形分析

图 6.57 所示为塑性混凝土防渗墙水平位移云图（图中负值方向指向下游）。

由上图可知，塑性混凝土防渗墙在竣工期的水平位移较小，最大水平位移

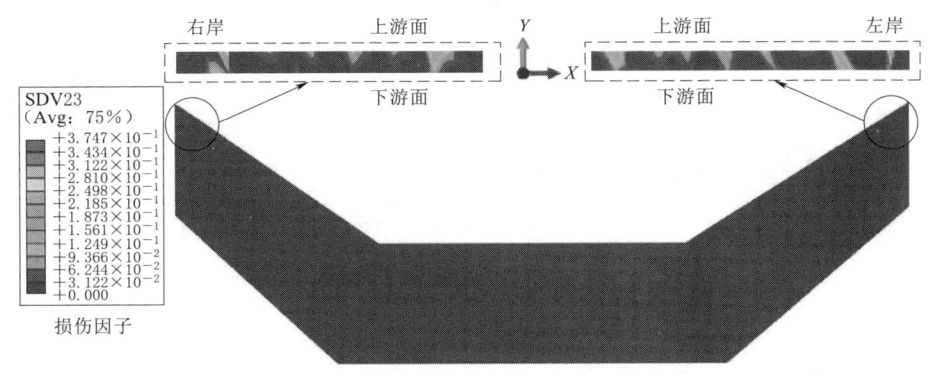

图 6.56　防渗墙损伤云图

分别为 0.22mm（指向下游）和 0.25mm（指向上游），施工阶段墙体主要承受上部坝体重力，墙体两侧水、土压力差别较小，而墙体两侧水平位移分布规律具有明显差异，这是由于坝体填筑阶段造成的地基不均匀沉降对防渗墙产生不同的压力作用。蓄水期时，大坝上游水位增加，防渗墙两侧压力差增大，由于上游面水、土压力的作用，产生向下游的水平位移，最大水平位移为顺水方向2.49mm。自上而下随着深度的增加，基岩渗透系数逐渐降低，基岩含水量逐渐减小，对塑性混凝土防渗墙的侧向压力逐渐减小，因此，墙体水平向位移自下而上逐渐增加。

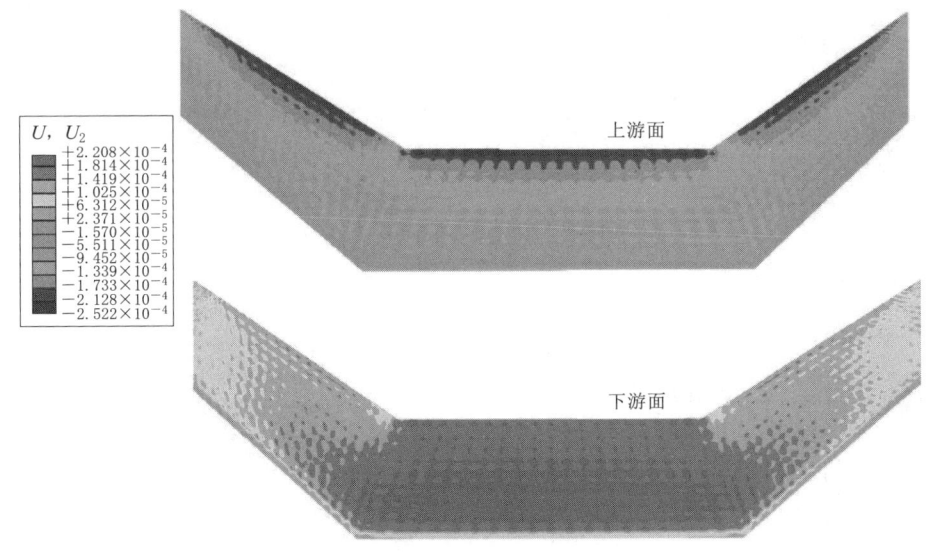

(a) 竣工期

图 6.57（一）　不同时期防渗墙水平位移云图

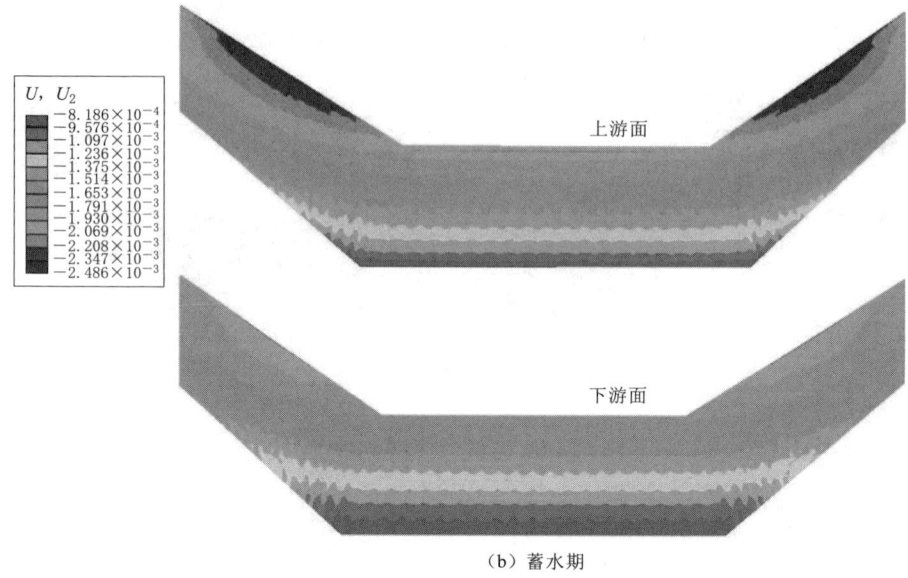

(b)蓄水期

图 6.57（二） 不同时期防渗墙水平位移云图

图 6.58 所示为塑性混凝土防渗墙垂向位移云图。

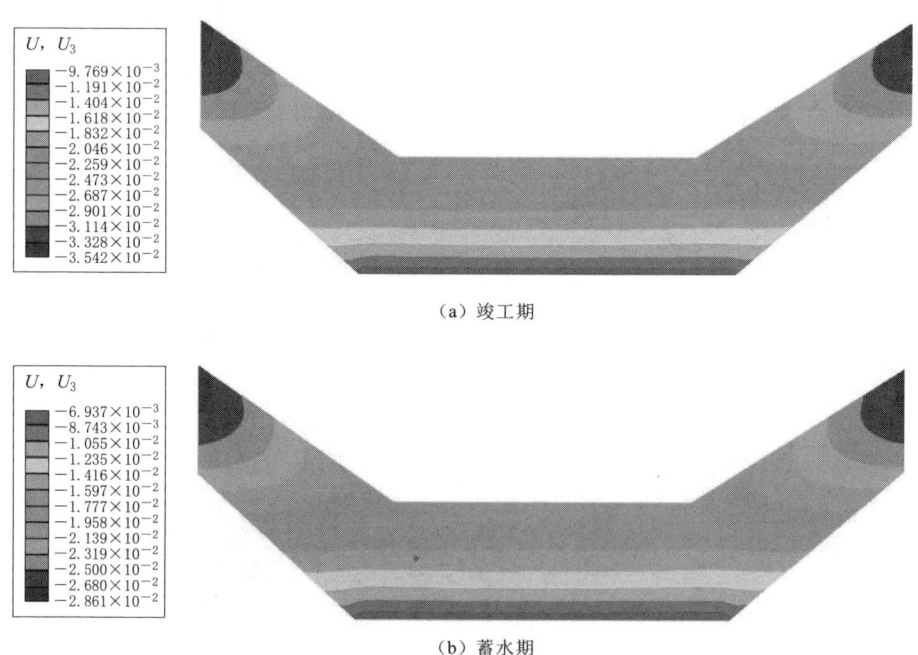

图 6.58 不同时期防渗墙垂向位移云图

由上图可知，塑性混凝土防渗墙在垂直方向发生沉降变形，由于墙体两端顶部无约束，底端嵌入基岩，因此墙体沉降自上而下呈减小趋势。竣工期最大沉降为－35.4mm，主要分布在墙体与大坝接壤区域。蓄水期沉降相比竣工期有所降低，最大沉降为－28.6mm，这是由于上游水对大坝的浮托力减弱了大坝对基岩及墙体的压力作用。

为了更加清晰地展示深地中塑性混凝土防渗墙的受力状态与变形协调性，图 6.59 所示为防渗墙最深断面处侧向压力、摩阻力、防渗墙及墙体相邻上下游地层沉降。

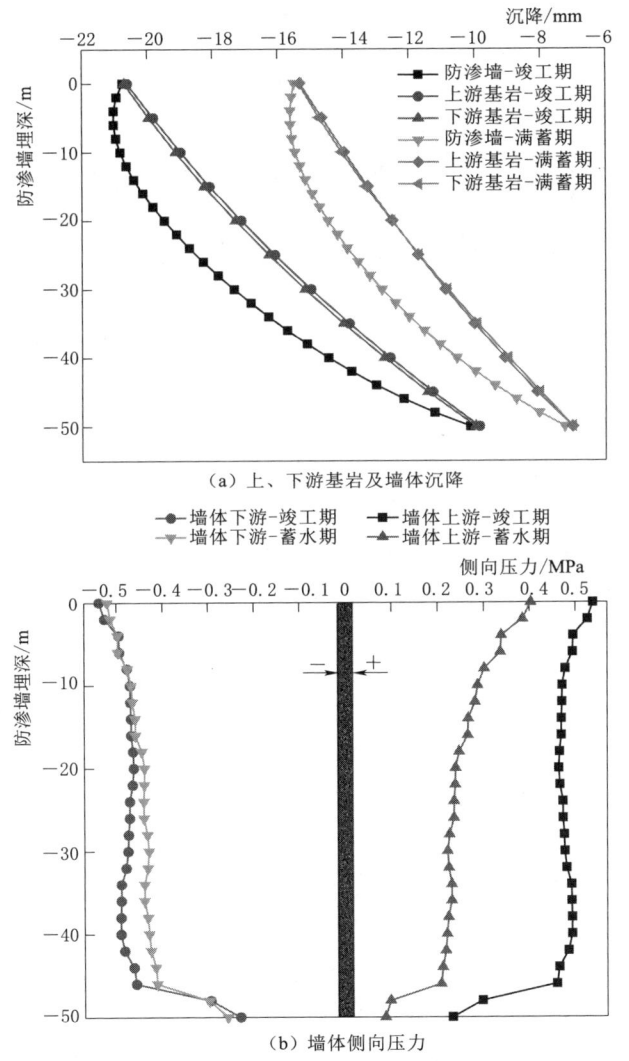

(a) 上、下游基岩及墙体沉降

(b) 墙体侧向压力

图 6.59（一） 不同时期防渗墙最大深度断面受力状态及变形分布

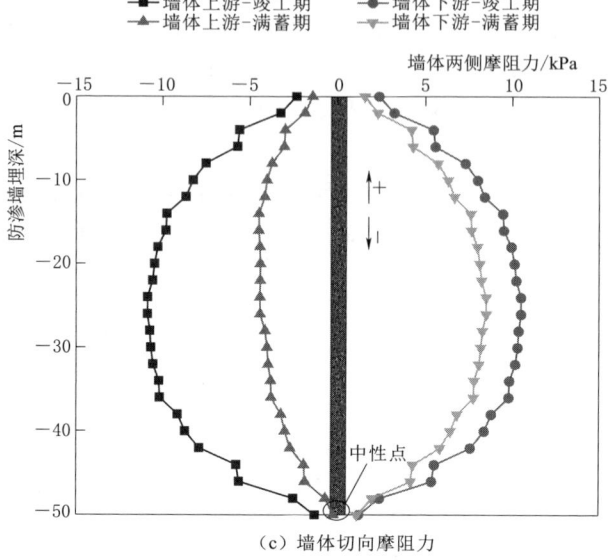

图 6.59（二） 不同时期防渗墙最大深度断面受力状态及变形分布

由于塑性混凝土防渗墙与相邻地基具有刚性差异，防渗墙与上下游基岩会产生较大沉降差，由图 6.59（a）可知，随着深度增加，墙体与两侧基岩沉降差分布规律呈现先增大后减小趋势。满蓄期沉降值均有所减小，塑性混凝土防渗墙与相邻基岩最大沉降比分别为 1.23 和 1.16。

大坝在填筑阶段会引起岩层地基的水平位移进而产生侧向压力效应，塑性混凝土防渗墙在深地中主要受水压力和基地侧向压力作用。如图 6.59（b）所示，防渗墙所承受的侧向压力呈现出随深度递增的非线性特征。竣工期，上游面和下游面受到的最大侧向压力分别为 0.54MPa 和 0.53MPa。蓄水期，受水的托浮力作用，防渗墙上游侧向压力明显减弱，而下游侧向压力较竣工期变化较小。

由于塑性混凝土防渗墙与相邻基岩具有刚性差异，沉降差所引起的相对变形会产生阻尼效应。如图 6.59（c）所示，竣工期防渗墙上游面承受向上的摩阻力而下游面承受向下的摩阻力。计算所得竣工期上游面最大摩阻力为 10.9kPa，略大于下游面向上的摩阻力。蓄水作用对防渗墙上下游摩阻力演化规律产生影响，上游面摩阻力明显减小，上、下游面最大摩阻力分别为 4.4kPa 和 8.5kPa，均发生在塑性混凝土防渗墙中部埋深区域。防渗墙与相邻两侧基岩在垂向变形相吻合的部位，摩阻力降至 0，此现象所对应的深度点为变形协调一致点，称为墙体的"中性点"。值得注意的是，在中性点以上区域，防渗墙的垂向变形相对显著增强。无论是竣工期还是蓄水期，中性点以上的中部防渗墙均需承受较大摩阻力，而这正是导致该区域墙体产生较大垂向变形及承受较高压应力的关键因素。

参 考 文 献

［1］ 王清友，孙万功，熊欢. 塑性混凝土防渗墙［M］. 北京：中国水利水电出版社，2008.
［2］ 顾晓鲁，钱鸿缙，刘惠珊，等. 地基与基础［M］. 3版. 北京：中国建筑工业出版社，2003.
［3］ GUPT C B, BORDOLOI S, SAHOO R K, et al. Mechanical performance and micro-structure of bentonite - fly ash and bentonite - sand mixes for landfill liner application［J］. Journal of Cleaner Production，2021，292：126033.
［4］ DAVID A S, KOTAN E, DEHN F. Plastic concrete for cut - off walls：A review［J］. Construction and Building Materials，2020，255：119248.
［5］ DAVID A S, DEHN F. Experimental study into the mechanical properties of plastic concrete：compressive strength development over time, tensile strength and elastic modulus ［J］. Case Studies in Construction Materials，2023，19：E02521.
［6］ 王四巍. 单轴和三轴应力下塑性混凝土性能研究［D］. 郑州：郑州大学，2010.
［7］ 杜松岗. 基坑防渗墙及墙体材料配比的研究［D］. 天津：天津大学，2011.
［8］ 宋力，刘璐璐，高玉琴. 塑性混凝土相对弹性变形特性试验研究［J］. 长江科学院院报，2016，33（03）：147-150.
［9］ 李红梅，李树山，刘璐璐，等. 塑性混凝土弹性模量试验方法的探讨［J］. 混凝土，2016（11）：152-154.
［10］ HU L M, GAO D Y, LI Y Z, et al. Analysis of the influence of long curing age on the compressive strength of plastic concrete［J］. Advanced Materials Research，2012，382：200-203.
［11］ 李松. 防渗墙塑性混凝土的性能研究［D］. 杨凌：西北农林科技大学，2016.
［12］ MAHBOUBI A, AJORLOO A. Experimental study of the mechanical behavior of plastic concrete in triaxial compression［J］. Cement and Concrete Research，2005，35（2）：412-419.
［13］ HINCHBERGER S, WECK J, NEWSON T. Mechanical and hydraulic characterization of plastic concrete for seepage cut - off walls［J］. Canadian Geotechnical Journal，2010，47（4）：461-471.
［14］ 李杨. 塑性混凝土弹性模量的计算方法［J］. 三峡大学学报（自然科学版），2013，35（4）：74-76.
［15］ FARAJZADEHHA S, ZIAEI M R, MAHDIKHANI M. Comparative study on uniaxial and triaxial strength of plastic concrete containing nano silica［J］. Construction and Building Materials，2020，244：118212.
［16］ MEMON S, ARSALAN R, KHAN S, et al. Utilization of Pakistani bentonite as partial replacement of cement in concrete［J］. Construction and Building Materials，2012，30：237-242.

[17] KRAUSS P, PARET T. Review of properties of concrete, 5th Ed., by A. M. Neville [J]. Journal of Performance of Constructed Facilities, 2014, 28 (3): 630.

[18] BECKER A, VRETTOS C. Laboruntersuchungen zum materialverhalten von tonbeton [J]. Bautechnik, 2015, 92 (2): 152-160.

[19] JAFARZADEH F, MOUSAVI H. Effect of specimen's age on mechanical properties of plastic concrete walls in dam foundations [J]. Electronic Journal of Geotechnical Engineering, 2012, 17 (D): 473-482.

[20] PISHEH Y P, HOSSEINI S M M M. Stress-strain behavior of plastic concrete using monotonic triaxial compression tests [J]. Journal of Central South University, 2012, 19 (4): 1125-1131.

[21] 李家正,王迪友,杨华全. 塑性混凝土配合比设计及试验方法探讨 [J]. 长江科学院院报, 2002 (4): 58-61.

[22] 张岩,杜应吉,张文剑. 水胶比对塑性混凝土主要性能影响的试验研究 [J]. 混凝土, 2020 (1): 15-18.

[23] 焦凯,党发宁,谢凯军. 膨润土与水泥掺比对塑性混凝土强度特性的影响 [J]. 水力发电学报, 2016, 35 (3): 11-18.

[24] 张鹏,李清富. 塑性混凝土抗剪强度试验研究 [J]. 水力发电, 2008, 34 (8): 19-21, 24.

[25] 高丹盈,宋帅奇. 塑性混凝土弯拉性能 [J]. 水力发电学报, 2015, 34 (12): 24-32.

[26] LI Y, LIU Y Z, LIN H, et al. Study of flexural strength of concrete containing mineral admixtures based on machine learning [J]. Scientific Reports, 2023, 13 (1): 18061.

[27] RUMER R, MITCHELL J. Assessment of barrier containment technologies: a comprehensive treatment for environmental reemedi [M]. Willminton: DuPont Company, 1995.

[28] BAGHERI A R, ALIBABAIE M, BABAIE M. Reduction in the permeability of plastic concrete for cut-off walls through utilization of silica fume [J]. Construction and Building Materials, 2008, 22 (6): 1247-1252.

[29] HE K, YE C W, DENG Y E, et al. Study on the microscale structure and anti-seepage properties of plastic concrete for cut-off walls modified with silica fume: Experiment and modelling [J]. Construction and Building Materials, 2020, 261: 120489.

[30] LIANG J R, XU H Q, JIANG P M, et al. Study on the hydraulic conductivity of plastic concrete vertical cutoff walls [J]. Urban Climate, 2023, 52: 101754.

[31] TRIVEDI D P, HOLMES R G G, BROWN D. Monitoring the in-situ performance of a cement/bentonite cut-off wall at a low level waste disposal site [J]. Cement and Concrete Research, 1992, 22 (2-3): 339-349.

[32] COMBRINCK R, STEYL L, BOSHOFF W P. Interaction between settlement and shrinkage cracking in plastic concrete [J]. Construction and Building Materials, 2018, 185 (10): 1-11.

[33] WANG S W, YAN M, WANG Q. $PbCl_2$ effects on the strength and permeability of plastic concrete cutoff walls [J]. Construction and Building Materials, 2023,

400:132650.

[34] KAZEMIAN S, GHAREH S, TORKANLOO L. To investigation of plastic concrete bentonite changes on it's physical properties [J]. Procedia Engineering,2016,145:1080-1087.

[35] 高丹盈,宋帅奇,杨林. 真三轴应力下塑性混凝土性能及破坏准则 [J]. 水利学报,2014,45(3):360-367.

[36] 姜彤,李洪军,王英豪,等. 塑性混凝土在真三轴下的强度试验研究 [J]. 华北水利水电学院学报,2009,30(2):92-94.

[37] 胡良明,贾欣,张长辉,等. 塑性混凝土三轴受压本构关系影响因素分析 [J]. 人民黄河,2018,40(8):132-136.

[38] 胡良明,朱军福,贾欣,等. 塑性混凝土三轴受压本构关系试验研究 [J]. 中国农村水利水电,2020(1):136-141.

[39] HU M, LI S Y, ZHU J F, et al. Mathematical model of constitutive relation and failure criteria of plastic concrete under true triaxial compressive stress [J]. Materials,2021,14(1):102.

[40] 住房和城乡建设部. 混凝土结构设计规范:GB 50010—2010 [S]. 北京:中国建筑工业出版社,2010.

[41] 过镇海,张秀琴,张达成,等. 混凝土应力-应变全曲线的试验研究 [J]. 建筑结构学报,1985(1):1-12.

[42] 王四巍,潘旭威,高丹盈,等. 三轴应力下塑性混凝土应力-应变关系试验研究 [J]. 建筑材料学报,2014,17(1):42-46,59.

[43] FLESSATI L, VECCHIA G D, Musso G. Mechanical behavior and constitutive modeling of cement-bentonite mixtures for cutoff walls [J]. Journal of Materials in Civil Engineering,2021,33(3):4020483.

[44] KOTLAR M M, AKHTARPOUR A, KHORRAMI M. A modified strain softening-hardening constitutive model for plastic concrete cut-off Wall [J]. Geotechnical and Geological Engineering,2023,42(1):389-407.

[45] FENG L Y, CHEN A J, LIU H D. Stress-strain behavior and constitutive relation of rubberized plastic concrete under uniaxial and triaxial compression [J]. Structural Concrete. 2023,24(5):6436-6450.

[46] HU L M, ZHU J F, XIN J, et al. Study on stress-strain constitutive relationship of super-long-age plastic concrete under triaxial compression [J]. IOP Conference Series:Materials Science and Engineering,2019,585(1):012018.

[47] 王清友,王綦正. 塑性混凝土防渗墙结构非线性分析及其设计 [J]. 水力发电,1992,18(8):18-23.

[48] 王丹净. 浸水时间对塑性混凝土力学与声发射特征的影响 [J]. 水电能源科学,2021,39(12):156-159.

[49] 邓明基. 东平湖围坝塑性混凝土防渗墙性能研究 [D]. 北京:清华大学,2005.

[50] 滕彦磊. 塑性混凝土防渗墙应力变形有限元分析 [D]. 郑州:郑州大学,2010.

[51] 吴子牛,王莎,卢欣奇. 基于C#语言的ABAQUS二次开发及其在边坡稳定性计算中的应用 [J]. 黄金,2022,43(2):61-64.

参考文献

[52] 徐祥. ABAQUS中岩土材料子程序的二次开发及应用 [D]. 福州:福州大学,2016.

[53] 戴自航,何振. 广义双剪应力准则的一种角隅模型的数值实现及应用 [J]. 岩石力学与工程学报,2021,40(11):2320-2329.

[54] 黄雨,周子舟. 下负荷面剑桥模型在ABAQUS中的开发实现 [J]. 岩土工程学报,2010,32(1):115-119.

[55] 司海宝,蔡正银. 基于ABAQUS建立土体本构模型库的研究 [J]. 岩土力学,2011,32(2):599-603.

[56] 司海宝,杨为民,黄伟. 基于ABAQUS二次开发状态相关砂土本构模型的研究 [J]. 安徽工业大学学报(自然科学版),2013,30(3):301-307.

[57] 冯嵩,郑颖人,孔亮,等. 广义塑性力学多重屈服面模型隐式积分算法及其ABAQUS二次开发 [J]. 岩石力学与工程学报,2011,30(10):2019-2025.

[58] 庄海洋,黄春霞,左玉峰. 某砂土液化大变形本构模型参数的敏感性分析 [J]. 岩土力学,2012,33(1):280-286.

[59] 庄海洋,陈国兴. 砂土液化大变形本构模型及在ABAQUS软件上的实现 [J]. 世界地震工程,2011,27(2):45-50.

[60] 黄炜,刘季,赵冬,等. 基于统一强度理论的生态复合墙结果ABAQUS二次开发平台建设 [J]. 工业建筑,2012,42(8):6-11.

[61] 方雨菲,姚仰平,舒文俊. 考虑时间效应的粒状材料的UH模型 [J]. 岩土工程学报,2019,41(S2):17-20.

[62] 唐洪祥,韦文成,林荣烽. 考虑强度各向异性的黏性土应变局部化有限元分析 [J]. 岩石力学与工程学报,2019,38(7):1485-1497.

[63] 郑力嘉. 基于ABAQUS平台考虑中主应力的Duncan-Chang模型子程序的开发及应用 [D]. 福州:福建农林大学,2018.

[64] 崔旋,董威信,周汉民. 基于广义塑性理论的尾矿本构模型在ABAQUS中的二次开发 [J]. 岩土力学,2018,39(2):745-752.

[65] 杨曼娟. ABAQUS用户材料子程序开发及应用 [D]. 武汉:华中科技大学,2005.

[66] 岑威钧,陈司宁,邓同春,等. 土石料双屈服面弹塑性模型的二次开发算法与应用 [J]. 西南交通大学学报,2018,53(3):582-588.

[67] SCHANZ T, VERMEER P A, BONNIER P G. The hardening soil model: formulation and verification [J]. Beyond in Computational Geotechnics,1999.

[68] 董正方,过晴,王仁辉,等. 硬化土模型在OpenSees中的实现 [J]. 中国科技论文,2023,18(2):193-203.

[69] 王仁辉. 硬化土模型在OpenSees中的实现与应用 [D]. 开封:河南大学,2021.

[70] 王祥秋,杨柱,郑士永. 珠三角典型软土硬化土模型及其工程应用研究 [J]. 山东理工大学学报(自然科学版),2022,36(1):9-26,32.

[71] 姜兆华,张永兴. 硬化土模型在FLAC 3D中的二次开发 [J]. 解放军理工大学学报(自然科学版),2013,14(5):524-529.

[72] 王春波,丁文其,乔亚飞. 硬化土本构模型在FLAC 3D中的开发与应用 [J]. 岩石力学与工程学报,2014,33(1):199-208.

[73] KACHANOV L M. Time of the rupture process under creep conditions, izvestiya akademii [J]. Nauk SSSR. Otdelenie Tekhnicheskikh Nauk,1958,8:26-31.

[74] 刘新东，郝际平. 连续介质损伤力学［M］. 北京：国防工业出版社，2011.

[75] 李翻翻，陈卫忠，于洪丹，等. 基于塑性损伤的黏土岩本构模型及其数值实现［J］. 煤炭学报，2020，45（2）：633-642.

[76] 李翻翻，陈卫忠，雷江，等. 基于塑性损伤的黏土岩力学特性研究［J］. 岩土力学，2020，41（1）：132-140.

[77] 许梦飞. Hoek-Brown 弹塑性损伤多场耦合模型算法与工程应用［D］. 大连：大连海事大学，2022.

[78] 黄海峰. 红层泥岩的损伤和蠕变特性研究［D］. 成都：成都理工大学，2018.

[79] ZHANG W H, CAI Y Q. Continuum damage mechanics and numerical applications［M］. 杭州：浙江大学出版社，2010.

[80] 曹文贵，赵衡，张玲，等. 考虑损伤阈值影响的岩石损伤统计软化本构模型及其参数确定方法［J］. 岩石力学与工程学报，2008（6）：1148-1154.

[81] 曹文贵，张升，赵明华. 基于新型损伤定义的岩石损伤统计本构模型探讨［J］. 岩土力学，2006（1）：41-46.

[82] 陈松，乔春生，叶青，等. 基于摩尔-库仑准则的断续节理岩体复合损伤本构模型［J］. 岩土力学，2018：3612-3622.

[83] 蒋邦友，谭云亮，王连国，等. 基于 Mogi-Coulomb 准则的弹塑性损伤本构模型及其数值实现［J］. 中国矿业大学学报，2019，48（4）：784-792.

[84] 伍文龙，袁林娟，张锐，等. 基于统计损伤理论的邓肯张修正模型研究［J］. 水利水电技术，2017，48（4）：131-135.

[85] 刘世藩，王伟，曹亚军，等. 基于相场方法的岩石弹塑性损伤模型研究及其数值实现［J］. 岩石力学与工程学报，2023，42（4）：896-905.

[86] 王卫华，王永强，张恒根. 岩石峰后应变软化模型的构建与验证［J］. 地下空间与工程学报，2021，17（S2）：546-551，608.

[87] 王一伟，刘润，孙若晗，等. 基于抗转模型的颗粒材料宏-细观关系研究［J］. 岩土力学，2022，43（4）：945-956，968.

[88] 胡世兴，靳晓光，孙国栋，等. 土石混合体材料大型三轴试验及 PFC-FLAC 耦合仿真研究［J］. 岩石力学与工程学报，2021，40（S2）：3344-3356.

[89] 许江波，曹宝花，余洋林，等. 基于 PFC3D 的黄土三轴试验细观参数敏感性分析［J］. 工程地质学报，2021，29（5）：1342-1353.

[90] M Y H BANGASH. Concrete and concrete structure［M］. Amsterdam：Elsevier Publication，1989.

[91] WAI-FAH CHEN, ATEF F SALEEB. Constitutive equations for engineerg minaterials：elasticity and modelling［M］. Amsterdam：Elsevier Publications，1994.

[92] M F KAPLAN. Crack propagation and the fracture of concrete［J］. Journal of the American Concrete Institute，1961，58（6）：590-610.

[93] A HILLERBORG, M Modéer, P E PETERSSON. Analysis of crack formation and crack growth in concrete by means of fracture mechanics and finite elements［J］. Cement and Concrete Research，1976，6（6）：773-781.

[94] Bažant Z P, Oh B H. Crack band theory for fracture of concrete［J］. Matériaux et Constructions，1983，16（3）：155-177.

[95] SHILANG XU, H W REINHARDT. Determination of double-K criterion for crack propagation in quasi-brittle fracture, Part II: Analytical evaluating and practical measuring methods for three-point bending notched beams [J]. International Journal of Fracture, 1999, 98 (2): 151-177.

[96] KIRK VALANIS. A theory of visco-plasticity with out a yield surface, Part I: general theory [J]. Archives of Mech, 1971 (23): 517-551.

[97] Zdeněk P Bažant, M ASCE, PARAMESHWARA D BHAT. Endochronic theory of inelasticity and failure of concrete [J]. Engrg. Mech., ASCE, 1976 (106): 701-721.

[98] GEOFFREY INGRAM TAYLOR. Plastic strain in metals [J]. Journal of the Institute of Matel, 1938, 62: 307-324.

[99] Zdeněk P Bažant, F ASCE, BYUNG H Oh, et al. Microplane model for progressive fracture of concrete and rock [J]. Journal of Engineering Mechanics-asce, 1985, 111 (4): 559-598.

[100] 胡乐生. 基于细观模型的混凝土开裂过程数值研究 [D]. 杭州: 浙江大学, 2011.

[101] L M KACHANOV. On the creep fracture time [J]. International Journal of Fracture, 1958 (8): 26-31.

[102] D KRAJCINOVIC, G U FONSEKA. The continuous damage theory of brittle materials Part I: general theory [J]. App. Mech, 1981 (48): 809-815.

[103] BURLAND J B. On the compressibility and shear strength of natural clays [J]. Géotechnique, 1990, 40 (3): 329-378.

[104] LADE P V. Elasto-plastic stress-strain theory for cohesionless soil with curved yield surfaces [J]. International journal of solids and structures, 1977, 13: 1019-1035.

[105] DESAI C S, SAMTANI N C. Constitutive modeling and analysis of creeping slopes [J]. Journal of Geotechnical Engineering, 1995, 121 (1): 43-56.

[106] 高红. 岩土材料屈服破坏准则研究 [D]. 武汉: 中国科学院研究生院（武汉岩土力学研究所），2007.

[107] BRINKGREVE R B J. Selection of Soil Models and Parameters for Geotechnical Engineering Application [C]. Geo-Frontiers Congress 2005.

[108] KRAJCINOVIC D. Damage mechanics [J]. Mechanics of Materials, 1989, 8 (2): 117-197.

[109] ZHANG K, HOLMEDAL B, DUMOULIN S, et al. An explicit integration scheme for hypoelastic viscoplastic crystal plasticity [J]. Transactions of Nonferrous Metals Society of China, 2014, 24 (7): 2401-2407.

[110] 王仁超，曹婷婷，刘严如. 亚塑性模型不同积分算法的实现 [J]. 岩土力学, 2017, 38 (5): 1510-1516.

[111] 贾逸，魏良帅，黄安邦，等. 高应力区岩石统计损伤本构模型研究 [J]. 水文地质工程地质，2019, 46 (2): 118-124.

[112] BRINKGREVE R B J. Selection of soil models and parameters for geotechnical engineering application [C] //Geo-Frontiers Congress, 2005, 69-98.

[113] N G C W W. An evaluation of soil-structure interaction associated with a multi-propped excavation [D]. Bristol: University of Bristol, 1992.

[114] OU C Y, SHIAU B Y, WANG I W. Three-dimensional deformation behavior of the Taipei National Enterprise Center (TNEC) excavation case history [J]. Canadian Geotechnical Journal, 2000, 37 (2): 438-448.

[115] JANBU N. Soil Compressibility as determined by oedometer and triaxial tests [C]. Proceedings of the 3rd European Conference on Soil Mechanics and Foundation Engineering. 1963.

[116] 温立峰, 李炎隆, 柴军瑞. 混凝土面板堆石坝地基防渗墙塑性损伤数值分析 [J]. 水利学报, 2021, 52 (6): 673-688.

[117] STORN R M, PRICE K V. Differential evolution-a simple and efficient heuristic for global optimization over continuous spaces [J]. Journal of Global Optimization, 1997 (11): 341-369.

附　　录

附录1　UMAT 子程序接口代码

UMAT 子程序接口代码如下所示：

```
SUBROUTINE UMAT(STRESS,STATEV,DDSDDE,SSE,SPD,SCD,
1 RPL,DDSDDT,DRPLDE,DRPLDT,
2 STRAN,DSTRAN,TIME,DTIME,TEMP,DTEMP,PREDEF,DPRED,CMNAME,
3 NDI,NSHR,NTENS,NSTATV,PROPS,NPROPS,COORDS,DROT,PNEWDT,
4 CELENT,DFGRD0,DFGRD1,NOEL,NPT,LAYER,KSPT,JSTEP,KINC)
C
INCLUDE 'ABA_PARAM. INC'
C
CHARACTER * 80 CMNAME
DIMENSION STRESS(NTENS),STATEV(NSTATV),
1 DDSDDE(NTENS,NTENS),DDSDDT(NTENS),DRPLDE(NTENS),
2 STRAN(NTENS),DSTRAN(NTENS),TIME(2),PREDEF(1),DPRED(1),
3 PROPS(NPROPS),COORDS(3),DROT(3,3),DFGRD0(3,3),DFGRD1(3,3),
4 JSTEP(4)
user coding to define DDSDDE,STRESS,STATEV,SSE,SPD,SCD
and,if necessary,RPL,DDSDDT,DRPLDE,DRPLDT,PNEWDT
RETURN
END
```

附录2　塑性混凝土本构模型关键代码

关键部分代码1：

```
C    读取弹性应变分量、塑性应变分量,并旋转(调用 ROTSIG),分别保存在 EELAS、EPLAS
     CALL ROTSIG(STATEV(1),DROT,EELAS,2,NDI,NSHR)
     CALL ROTSIG(STATEV(NTENS+1),DROT,EPLAS,2,NDI,NSHR)
C    读取剪切硬化参数、体积硬化参数、历史偏应力、历史最大应力水平
     GAMMA=STATEV(1+2*NTENS)
     PC=STATEV(2+2*NTENS)
     Q=STATEV(3+2*NTENS)
```

```
          SS0=STATEV(4+2*NTENS)
C    读取损伤变量
          D=STATEV(5+2*NTENS)
          DO I=1,NTENS
               EELAS(I)=EELAS(I)+DSTRAN(I)
          END DO
          CALL SPRINC(STRESS,PS,1,NDI,NSHR)
          DO I=1,2
            DO J=I+1,3
              IF(PS(I).LT.PS(J))THEN
                PPS=PS(I)
                PS(I)=PS(J)
                PS(J)=PPS
              END IF
            END DO
          END DO
C    ***************************************************************
          Qf=TWO*SIN(FAI)*(-PS(1)+C*coTAN(FAI))/(ONE-sin(fai))
C    更新渐进线偏应力
          Qa=Qf/Rf
C    更新加载模量
          E50=E50_Ref*((-PS(1)+c*cotan(fai))/(cegma_Ref+c*cotan(fai)))**m
C    更新卸载模量
          Eur=Eur_Ref*((-PS(1)+c*cotan(fai))/(cegma_ref+c*cotan(fai)))**m
C    转化弹性模量
          E=TWO*E50*(ONE-(PS(1)-PS(3))/Qa)**TWO
C    计算应力水平
          S=(ONE-SIN(FAI))*(PS(1)-PS(3))
          IF((TWO*C*COS(FAI)+TWO*(-PS(1))*SIN(FAI).NE.0.0)THEN
               S=S/(TWO*C*COS(FAI)+TWO*(-PS(1))*SIN(FAI))
          ELSE
               S=ZERO
          END IF
          IF(S.GT.SS0)SS0=S
          IF(S.GE.0.95)THEN
               S=0.95
          END IF
C    加卸载状态判断
          IF((PS(1)-PS(3)).LT.Q.AND.S.LT.SS0)THEN
               ET=EUR
          ELSE
```

```
              ET=E
          END IF
C     求弹性刚度矩阵
      DO K1=1,NTENS
        DO K2=1,NTENS
            D_E(K1,K2)=ZERO
        END DO
      END DO
      DO K1=1,NDI
        DO K2=1,NDI
            D_E(K1,K2)=ET*(ONE-MU)/(ONE+MU)/(ONE-TWO*MU)
     1              *(MU/(ONE-MU))
        END DO
        D_E(K1,K1)=ET*(ONE-MU)/(ONE+MU)/(ONE-TWO*MU)
      END DO
      DO K1=NDI+1,NTENS
          D_E(K1,K1)=ET/(ONE+MU)/TWO
      END DO
C     计算弹性预测应力
      DO K1=1,NTENS
        DO K2=1,NTENS
            STRE(K2)=STRESS(K2)+D_E(K2,K1)*DSTRAN(K1)
        END DO
      END DO
C     ****************************************************************
C     偏应力的度量 q~
      DELTA=(THREE+SIN(FAI))/(THREE-SIN(FAI))
      Q_DELTA=PS(1)+(DELTA-ONE)*PS(2)-DELTA*PS(3)
C     求 K0,Kc,KS,H,M_MOCA
      K0=ONE-SIN(FAI)
      KC=Eoed_REF*(ONE+TWO*K0)/THREE
      KS=EUR_REF/(THREE*(ONE-TWO*MU))
      H=KS*KC/(KS-KC)
      M_MOCA=SIX*SIN(FAI)/(THREE-SIN(FAI))
C     求机动临界摩擦角、机动摩擦角和机动剪涨角
      FAI_CV=Asin((sin(fai)-sin(psi))/(ONE-sin(fai)
     1          *sin(psi)))
      FAI_m=ASIN((PS(1)-PS(3))/(PS(1)
     1          +PS(3)-TWO*C*coTAN(FAI)))
      PSI_M=ASIN((sin(fai_m)-sin(Fai_cv))/
          (ONE-sin(fai_m)*sin(fai_cv)))
```

C 不允许发生负剪胀
   IF(PSI_M.LT.ZERO)THEN
      PSI_M=ZERO
   END IF
C 6个应力张量分量
   CEGMA_X=STRE(1)
   CEGMA_Y=STRE(2)
   CEGMA_Z=STRE(3)
   TAO_XY=STRE(4)
   TAO_YZ=STRE(5)
   TAO_ZX=STRE(6)
C 平均应力
   CEGMA_CP=(CEGMA_X+CEGMA_Y+CEGMA_Z)/THREE
C 6个应力偏张量分量
   CEGMA_SX=CEGMA_X-CEGMA_CP
   CEGMA_SY=CEGMA_Y-CEGMA_CP
   CEGMA_SZ=CEGMA_Z-CEGMA_CP
   TAO_SXY=TAO_XY
   TAO_SYZ=TAO_YZ
   TAO_SZX=TAO_ZX
C 应力张量第一不变量 I_1,I_2,I_3
   I_1=(CEGMA_X+CEGMA_Y+CEGMA_Z)
   I_2=(CEGMA_X*CEGMA_Y+CEGMA_Y*CEGMA_Z+CEGMA_X*CEGMA_Z
1   -TAO_XY**TWO-TAO_YZ**TWO-TAO_ZX**TWO)
   I_3=CEGMA_X*CEGMA_Y*CEGMA_Z+TWO*TAO_XY*TAO_YZ*TAO_ZX-
1   TAO_XY**TWO*CEGMA_Z-TAO_YZ**TWO*CEGMA_X-TAO_ZX**TWO
2   *CEGMA_Y
C 应力偏张量第二不变量 J_2
   J_2=(I_1**TWO)/THREE-I_2
C 应力偏张量第三不变量 J_3
   J_3=(TWO*I_1**THREE)/(THREE**THREE)-(I_1*I_2/THREE)+I_3
C 求解应力洛德角 lode
   lode=(acos((three*sqrt(three)*J_3)/
1   (two*sqrt(J_2**three)))/THREE
C 定义剪切屈服函数 FS
   FS=(Qa/E50)*((TWO*SQRT(J_2)*COS(LODE))/(Qa-TWO*
1   SQRT(J_2)*COS(LODE)))-(FOUR*SQRT(J_2)*COS(LODE)/EUR)-GAMMA
C 定义压缩屈服函数 FV
C 硬化参数为前期固结应力
   IF(-PS(1).GT.PC)PC=-PS(1)

FV=(TWO * SQRT(J_2/THREE)) * ((SIN(LODE+TWO * PI/THREE)+(DELTA-ONE)
1   * SIN(LODE)-DELTA * SIN(LODE-TWO * PI/THREE))/(M_MOCA * * TWO))+
2   ((I_1/THREE) * * TWO)-PC * * TWO

关键部分代码2：

```
C     基于RK4迭代更新应力
      DO L=1,NH
C ********* 计算K1 ****************
      STRE0=ZERO
      DO K1=1,NTENS
          STRE0(K1)=STRE0(K1)+STRE(K1)
      END DO
      STRE=ZERO
      DO K1=1,NTENS
          STRE(K1)=STRE(K1)+STRE0(K1)
      END DO
      CALL matrix_S(NTENS,Dep,D_E,stre)
      DSTRESS1=ZERO
      DO K1=1,NTENS
         DO K2=1,NTENS
            DSTRESS1(K2)=DSTRESS1(K2)+DEP(K2,K1)*H1(K1)
         END DO
      END DO
      STRE=ZERO
      DO K=1,NTENS
          STRE(K)=STRE(K)+STRE0(K)+DSTRESS1(K)/TWO
      END DO
C ********* 计算K2 *****************
      CALL matrix_S(NTENS,Dep,D_E,STRE)
      DSTRESS2=ZERO
      DO K1=1,NTENS
         DO K2=1,NTENS
            DSTRESS2(K2)=DSTRESS2(K2)+DEP(K2,K1)*H1(K1)
         END DO
      END DO
      STRE=ZERO
      DO K=1,NTENS
          STRE(K)=STRE(K)+STRE0(K)+DSTRESS2(K)/TWO
      END DO
C ********* 计算K3 *****************
      CALL matrix_S(NTENS,Dep,D_E,STRE)
      DSTRESS3=ZERO
```

```
        DO K1=1,NTENS
            DO K2=1,NTENS
                DSTRESS3(K2)=DSTRESS3(K2)+DEP(K2,K1)*H1(K1)
            END DO
        END DO
        STRE=ZERO
        DO K=1,NTENS
            STRE(K)=STRE(K)+STRE0(K)+DSTRESS3(K)/TWO
        END DO
C********* 计算 K4 *******************
        CALL matrix_S(NTENS,Dep,D_E,STRE)
        DSTRESS4=ZERO
        DO K1=1,NTENS
            DO K2=1,NTENS
                DSTRESS4(K2)=DSTRESS4(K2)+DEP(K2,K1)*H1(K1)
            END DO
        END DO
        DSTRESS=ZERO
        DO K=1,NTENS
            DSTRESS(K)=DSTRESS(K)+(DSTRESS1(K)+TWO*DSTRESS2(K)+
     1      TWO*DSTRESS3(K)+DSTRESS4(K))/SIX
        END DO
C    循环更新应力
        DO K=1,NTENS
            STRE0(K)=STRE0(K)+DSTRESS(K)
        END DO
        END DO
C    R-K 迭代结束更新增量步结束时的应力
        STRESS=ZERO
        DO K=1,NTENS
            STRESS(K)=STRESS(K)+STRE0(K)
        END DO
C*********************************************
        STRE=ZERO
        DO K1=1,NTENS
            STRE(K1)=STRE(K1)+STRESS(K1)
        END DO
C    更新增量步结束时的雅各比弹塑性矩阵
        CALL MATRIX_S(NTENS,DEP,D_E,STRE)
        DDSDDE=ZERO
        DO I=1,NTENS
```

```
        DO J=1,NTENS
            DDSDDE(I,J)=DDSDDE(I,J)+DEP(I,J)
        END DO
END DO
```

附录3 调试方法设置

本书在 UMAT 子程序的变量声明段和代码执行段添加的子程序运行暂停代码如下:

```
LOGICAL::FIRSTCALL=.TRUE.
INTEGER TEMP
IF (FIRSTCALL) THEN
   WRITE(*,*)"PLEASE INPUT AN INTEGER:"
   READ(*,*)TEMP
   FIRSTCALL=.FALSE.
ENDIF
TEMP=1234！设置断点
```